普通高等教育"十一五"国家级规划教材

系统安全工程

樊运晓　罗　云　编著

化学工业出版社
·北京·

本书以生命周期为时间序列，以危险辨识—危险分析—风险评价—危险控制为空间序列介绍系统安全分析方法，方法强调其产生发展过程、适用条件、应用优势及局限性。全书共十一章，其中第一章是绪论，介绍这门学科的发展、基本概念及研究内容；第二章是针对危险的类型、辨识方法以及重大危险源作以介绍，它是后面章节危险分析的基础。第三至八章是基本的危险分析方法，第九章和第十章分别介绍常用的危险分析和风险评价方法，第十一章是基于生命周期的概念对前面各种分析方法应用的模拟实践。本教材适用于安全工程专业及其他相关专业的本科教学，也可作为广大安全工程教学与研究工作者和从事生产安全实践工作者的参考读本。

图书在版编目（CIP）数据

系统安全工程/樊运晓，罗云编著．—北京：化学工业出版社，2009.1（2024.8重印）
普通高等教育"十一五"国家级规划教材
ISBN 978-7-122-04035-0

Ⅰ.系… Ⅱ.①樊…②罗… Ⅲ.安全工程-高等学校-教材 Ⅳ.X93

中国版本图书馆 CIP 数据核字（2008）第 180544 号

责任编辑：满悦芝　　　　　　装帧设计：关　飞
责任校对：宋　玮

出版发行：化学工业出版社（北京市东城区青年湖南街 13 号　邮政编码 100011）
印　　装：北京科印技术咨询服务有限公司数码印刷分部
720mm×1000mm　1/16　印张 16¼　字数 329 千字　2024 年 8 月北京第 1 版第 3 次印刷

购书咨询：010-64518888（传真：010-64519686）　　售后服务：010-64518899
网　　址：http://www.cip.com.cn
凡购买本书，如有缺损质量问题，本社销售中心负责调换。

定　　价：29.80 元　　　　　　　　　　　　　　　　　版权所有　违者必究

前　　言

　　安全系统工程是一门依据工学、理学、管理学、法学等学科基础理论，针对系统、项目、活动等生命循环周期各阶段，通过危险辨识与控制从而确保其安全的综合交叉学科；其知识体系不仅是安全工程专业学生未来从事安全管理和安全技术工作所必备的基础，更是在国民经济建设不同行业和领域有效进行安全生产风险管控实践的根本。党的二十大报告指出，提高公共安全治理水平。坚持安全第一、预防为主，建立大安全大应急框架，完善公共安全体系，推动公共安全治理模式向事前预防转型。推进安全生产风险专项整治，加强重点行业、重点领域安全监管。系统安全工程是践行安全发展理念、最具特色的课程，党的二十大报告不仅为系统安全工程指明了方向，更为教材建设和课程教学提出了更高的要求。鉴于此，本教材重印修改以安全发展观和系统思维为原则，具体如下：

　　首先，基于多年的课程思政建设的积累，将课程思政元素有机地融入知识体系中。系统安全工程以生命周期为时间序列，以危险辨识－危险分析－风险评价－危险控制为逻辑序列介绍常用系统安全分析方法和评价方法。中国地质大学（北京）系统安全工程课程2017年获批校级首批思政建设试点课程，2022年获批安全科学与工程类专业教学指导委员会专业课程思政教学指南建设高校课程，2023年获批第二批国家级一流本科课程。因此，课程形成了"建立'生命至上，人民至上''预则立，不预则废'的安全理念，树立安全发展理念和安全责任心，具备系统思维和高阶能力"的思政目标，在时间序列，本次修改强化突出"预则立，不预则废"优秀传统理念，旨在引导学生掌握危险分析在生命循环周期开展得越早，安全投入则越低，事故预防效果则越好。在逻辑序列方面，本次修改注重安全发展理念的引入，旨在弘扬生命至上、安全第一的思想；而针对各种危险分析的方法，将"健全公共安全体系，完善安全生产责任制，坚决遏制重特大安全事故，提升防灾减灾救灾能力"的安全方针与原则贯穿于方法分析之中，意在培养学生"信念执着，品德优良"。其次，基于系统安全思维，为了使学生更好地了解系统安全工程课程在专业知识体系中的作用以及与其他课程之间的关系，本次教材修改增加了相关内容的视频，旨在引导学生在课程学习之初，能较好地建立系统思维并从宏观视角了解专业知识体系，促进本课程与后续课程的学习。

樊运晓
2024 年 7 月

导言

目 录

第一章 绪论

第一节 系统安全工程发展简史 …………… 1
第二节 系统安全工程基本概念 …………… 3
  一、系统 …………… 3
  二、危险与事故 …………… 4
  三、事故风险 …………… 5
  四、安全 …………… 6
  五、系统安全 …………… 6
  六、系统安全工程 …………… 7
第三节 系统的生命周期 …………… 8
  一、概念设计阶段 …………… 8
  二、定义阶段 …………… 8
  三、研发阶段 …………… 9
  四、生产阶段 …………… 9
  五、使用和维护阶段 …………… 10
  六、报废阶段 …………… 10
第四节 系统安全工程研究内容 …………… 10
  一、危险辨识 …………… 11
  二、事故风险评价 …………… 12
  三、事故风险控制 …………… 14
  四、风险减少确认 …………… 15
  五、危险跟踪 …………… 15
复习思考题 …………… 16

第二章 危险辨识

第一节 危险类型 …………… 17
  一、按《常用危险检查表》进行分类 …………… 17
  二、按《企业职工伤亡事故分类标准》进行分类 …………… 19
  三、按《生产过程危险和有害因素分类与代码》进行分类 …………… 20
  四、按《职业危害因素分类目录》进行分类 …………… 23
第二节 危险辨识方法 …………… 29
  一、对照经验法 …………… 29
  二、系统安全分析法 …………… 30
  三、危险辨识的过程 …………… 30
第三节 重大危险源 …………… 35
复习思考题 …………… 36

第三章 预先危险分析

第一节 预先危险列表 …………… 37
第二节 预先危险分析方法 …………… 38
第三节 预先危险分析工作表 …………… 39
第四节 预先危险分析举例 …………… 42
  一、新型电子压力锅预先危险分析 …………… 42
  二、载人潜艇预先危险分析 …………… 42
第五节 预先危险分析适用性说明 …………… 45
  一、适用条件 …………… 45
  二、优点 …………… 45
  三、使用局限性 …………… 45
  四、注意事项 …………… 45

复习思考题 …………………… 46

第四章　故障模式及影响分析

第一节　故障模式及影响分析
　　　　基本概念 ……………… 48
　一、故障 ………………………… 48
　二、故障模式 …………………… 48
　三、故障原因 …………………… 48
　四、故障结果 …………………… 49
　五、约定分析层次 ……………… 49
　六、可靠性框图 ………………… 49
第二节　故障模式及影响分析
　　　　方法 …………………… 50
　一、系统划分 …………………… 50
　二、方法概述 …………………… 51
第三节　故障模式及影响分析
　　　　工作表 ………………… 54
第四节　故障模式及影响分析
　　　　举例 …………………… 56
　一、手电筒故障模式及影响分析 … 56
　二、电子压力锅故障模式及影响
　　　分析 ………………………… 59
　三、DAP反应系统故障模式及影响
　　　分析 ………………………… 60
第五节　致命度分析 ……………… 62
第六节　故障模式及影响分析
　　　　适用性说明 …………… 63
　一、适用条件 …………………… 63
　二、优点 ………………………… 64
　三、使用局限性 ………………… 64
　四、注意事项 …………………… 64
复习思考题 ………………………… 65

第五章　危险与可操作性研究

第一节　危险与可操作性研究基本
　　　　概念 …………………… 66
　一、系统参数 …………………… 66
　二、工艺指标 …………………… 67
　三、引导词 ……………………… 67
　四、偏差 ………………………… 68
　五、偏差原因 …………………… 68
　六、偏差结果 …………………… 71
　七、安全保护 …………………… 71
第二节　危险与可操作性研究
　　　　分析方法 ……………… 71
第三节　危险与可操作性研究
　　　　工作表 ………………… 73
第四节　危险与可操作性研究
　　　　举例 …………………… 74
　一、反应器输送系统危险与可
　　　操作性研究分析 …………… 74
　二、DAP反应系统危险与可
　　　操作性研究分析 …………… 75
　三、蒸汽锅炉系统危险与可
　　　操作性研究分析 …………… 78
第五节　危险与可操作性研究
　　　　适用说明 ……………… 79
　一、适用条件 …………………… 79
　二、优点 ………………………… 79
　三、使用局限性 ………………… 80
　四、注意事项 …………………… 80
复习思考题 ………………………… 80

第六章　事故树分析

第一节　基本概念 ………………… 81
　一、树形图 ……………………… 81
　二、事件符号 …………………… 82
　三、逻辑门 ……………………… 83
　四、转移符号 …………………… 86
　五、割集 ………………………… 87

六、径集 …………………………… 89
　　七、概率风险评估 …………………… 90
第二节　事故树分析方法 ……………… 90
　　一、事故树图的编制 ………………… 90
　　二、事故树定性分析 ………………… 91
　　三、事故树定量分析 ………………… 91
　　四、事故树编制的原则 ……………… 91
第三节　事故树编制方法举例 ………… 92
　　一、"油库燃爆"事故树编制 ……… 92
　　二、"台灯不亮"事故树编制 ……… 94
　　三、"热交换器冷水供应不足"
　　　　事故树编制 ………………………… 94
　　四、"地下室溢水"事故树分析 …… 96
第四节　布尔代数基础 ………………… 98
　　一、布尔代数的概念 ………………… 98
　　二、布尔代数的性质 ………………… 99
　　三、布尔代数运算 …………………… 99
　　四、析取标准式与合取标准式 …… 100
第五节　事故树定性分析 ……………… 101
　　一、最小割集的确定 ………………… 101

　　二、最小径集的确定 ………………… 104
　　三、基本事件的结构重要度分析 …… 107
　　四、最小割集和最小径集在
　　　　事故树中所起的作用 …………… 111
第六节　事故树的定量分析 …………… 112
　　一、结构函数 ………………………… 113
　　二、基本事件的发生概率 …………… 113
　　三、顶上事件发生概率的计算 …… 117
　　四、化相交集合为不交集合理论
　　　　在事故树分析中的应用 ………… 124
　　五、基本事件的概率重要度和
　　　　临界重要度分析 ………………… 124
第七节　事故树分析的适用性
　　　　说明 ………………………………… 127
　　一、适用条件 ………………………… 127
　　二、优点 ……………………………… 127
　　三、使用局限性 ……………………… 127
　　四、注意事项 ………………………… 128
复习思考题 ………………………………… 128

第七章　事件树分析

第一节　事件树基本概念 ……………… 129
　　一、事故情境 ………………………… 129
　　二、初始事件 ………………………… 129
　　三、中间事件 ………………………… 129
　　四、概率风险评价 …………………… 130
　　五、事件树 …………………………… 130
第二节　事件树分析方法 ……………… 130
　　一、事件树分析流程 ………………… 130
　　二、元件事件树分析过程 …………… 131
　　三、事件树分析过程示例 …………… 133
第三节　事件树分析工作表 …………… 135

第四节　事件树分析举例 ……………… 135
　　一、某反应系统无冷水事件树
　　　　分析 ………………………………… 136
　　二、排水系统事件树分析 …………… 136
第五节　事件树适用性说明 …………… 137
　　一、适用条件 ………………………… 137
　　二、优点 ……………………………… 138
　　三、局限性 …………………………… 138
　　四、注意事项 ………………………… 138
复习思考题 ………………………………… 138

第八章　因果分析法

第一节　因果分析法基本概念 ………… 139
　　一、原因 ……………………………… 139
　　二、结果 ……………………………… 139
　　三、因果图基本符号 ………………… 139
第二节　因果分析法分析方法 ………… 140

　　一、因果分析法流程 ………………… 140
　　二、元件因果分析过程 ……………… 141
第三节　因果分析法举例 ……………… 142
　　一、复印室火灾事故因果分析 …… 142
　　二、某工厂电机过热因果分析 …… 143

第四节　因果分析法适用性
　　　　说明 …………………… 146
　　一、适用条件 ………………… 146
　　二、优点 ……………………… 147
　　三、局限性 …………………… 147
　　四、注意事项 ………………… 147
　　复习思考题 …………………… 148

第九章　其他危险分析方法

第一节　安全检查表 …………… 149
　　一、方法概述 ………………… 149
　　二、安全检查表的编制 ……… 149
　　三、安全检查表实例 ………… 150
　　四、适用条件 ………………… 153
第二节　故障假设分析 ………… 153
　　一、方法概述 ………………… 153
　　二、故障假设分析过程 ……… 154
　　三、故障假设分析实例 ……… 154
　　四、适用条件 ………………… 155
　　复习思考题 …………………… 155

第十章　其他事故风险评价方法

第一节　作业条件危险性
　　　　评价法 …………………… 156
　　一、方法概述 ………………… 156
　　二、适用条件 ………………… 158
　　三、评价实例 ………………… 158
第二节　美国道化学公司火灾
　　　　爆炸指数评价法 ………… 158
　　一、方法概述 ………………… 158
　　二、评价步骤 ………………… 159
　　三、应用说明 ………………… 165
第三节　英国帝国化学公司
　　　　蒙德法 …………………… 165
　　一、方法概述 ………………… 165
　　二、评价步骤 ………………… 165
　　三、应用说明 ………………… 171
　　复习思考题 …………………… 171

第十一章　系统安全工程模拟实践

第一节　TMC 公司 VCM 生产
　　　　项目概述 ………………… 172
　　一、公司及人员情况 ………… 172
　　二、工艺过程简述 …………… 173
　　三、工艺过程各阶段的说明 … 173
第二节　VCM 工艺过程的危险
　　　　性识别 …………………… 174
　　一、物质性质的分析 ………… 175
　　二、分析经验的获取 ………… 175
　　三、相容性矩阵 ……………… 176
　　四、危险性分析方法 ………… 177
第三节　VCM 研究发展阶段——
　　　　故障假设分析方法 ……… 177
　　一、背景 ……………………… 177
　　二、危险性分析方法的选择 … 179
　　三、分析准备 ………………… 179
　　四、分析过程说明 …………… 180
　　五、结果讨论 ………………… 182
　　六、小结 ……………………… 183
第四节　VCM 概念设计阶段——
　　　　预先危险分析方法 ……… 183
　　一、背景 ……………………… 183
　　二、已有资料 ………………… 184
　　三、危险分析方法的选择 …… 185
　　四、分析准备 ………………… 185
　　五、分析说明 ………………… 186
　　六、分析结果 ………………… 188
　　七、结果讨论 ………………… 189
第五节　VCM 中试装置——
　　　　HAZOP 分析 …………… 190

  一、背景 …………………… 190
  二、已有资料 ……………… 191
  三、分析方法的选择 ……… 192
  四、分析的准备 …………… 192
  五、分析过程的说明 ……… 193
  六、结果讨论 ……………… 199
  七、HAZOP 分析的后续工作 …… 201
  八、结论与启示 …………… 202
 第六节 VCM 详细工程阶段——
    事故树和事件树分析
    方法 …………………… 202
  一、背景 …………………… 202
  二、已有资料 ……………… 203
  三、分析方法的选择 ……… 204
  四、分析准备 ……………… 204
  五、分析说明 ……………… 205
  六、分析结果 ……………… 209
  七、结论和启示 …………… 210
 第七节 VCM 装置安装/开车阶段
    ——检查表分析及安全
    审查 …………………… 211
  一、背景 …………………… 211
  二、已有资料 ……………… 212
  三、选择分析方法 ………… 212
  四、分析准备 ……………… 212
  五、分析过程 ……………… 213
  六、结果讨论 ……………… 215
  七、结论和启示 …………… 216
 第八节 VCM 装置正常操作
    阶段——HAZOP 分析
    方法用于定期检查 …… 217
  一、背景 …………………… 217
  二、已有资料 ……………… 217
  三、危险性分析方法的选择 ……… 218

  四、分析准备 ……………… 219
  五、分析说明 ……………… 220
  六、结果讨论 ……………… 223
  七、结论和启示 …………… 224
 第九节 装置扩建阶段——间歇
    过程的 HAZOP 分析
    方法 …………………… 225
  一、背景 …………………… 225
  二、已有资料 ……………… 226
  三、分析方法的选择 ……… 227
  四、分析准备 ……………… 228
  五、分析说明 ……………… 228
  六、结果讨论 ……………… 232
  七、结论与启示 …………… 234
 第十节 事故调查阶段——FMEA
    分析方法 ……………… 234
  一、背景 …………………… 234
  二、已有资料 ……………… 234
  三、选择分析方法 ………… 234
  四、分析准备 ……………… 236
  五、分析说明 ……………… 236
  六、结果讨论 ……………… 240
  七、结论和启示 …………… 242
 第十一节 装置拆除阶段——故障
    假设和检查表
    分析方法 …………… 242
  一、背景 …………………… 242
  二、已有资料 ……………… 242
  三、选择分析方法 ………… 244
  四、分析准备 ……………… 245
  五、分析说明 ……………… 245
  六、结果讨论 ……………… 248
  七、结论和启示 …………… 248

参考文献

第一章 绪 论

绪论

当我们打开报纸、电视或网络的时候，时常可以看到各种各样的事故。人类社会随着科技的进步而发展，但科学技术的发展是一面双刃剑，在它给我们带来舒适、便利的同时，也给人类带来了许许多多的事故和灾难。面对事故和灾难，过去人们通常是基于单个事件进行"亡羊补牢"。这种事后型阻止事故发生的安全哲学、安全方法具有滞后性，而系统安全工程就是研究如何针对系统的生命周期采取有计划的、有规律且系统的方法进行危险识别、危险分析和危险控制，从而达到阻止或减少事故目的的一门学科。生产安全的实践推动着系统安全工程的形成与发展。

第一节 系统安全工程发展简史

1947 年 9 月，美国航空业一篇题为《为了安全的工程》的科技论文最先提出了系统安全的概念。作者认为，如同绩效、稳定性和整体结构一样，安全必须融入飞机的设计、建造之中。在制造企业的组织结构中，安全小组也应该像应力组、动力学组和重量组一样重要。系统安全工程得以真正的发展是在 20 世纪 50 年代末 60 年代初。1957 年前苏联发射了第一颗地球人造卫星之后，美国为了赶上空间优势，匆忙地进行导弹技术开发，实行所谓研究、设计、施工齐头并进的方法，由于对系统的可靠性和安全性研究不足，在一年半的时间内连续发生了四次重大事故，每一次都造成了数百万美元的损失，最后不得不全部报废，从头做起。弹道系统的发展需要一种新的方法来测验与武器系统有关的危险，正式、严谨的系统安全方案应运而生，美国空军以系统安全工程的方法研究导弹系统的可靠性和安全性，于 1962 年第一次提出了 BSD-Exhibit-62-41《弹道火箭系统安全工程学》，1963 年，这份文件被修改形成空军规范 MIL-S-38130，即《军事规范——针对系统、有关子系统和设备安全工程的通用要求》，这对以后发展多弹头火箭的成功创造了条件；1966 年 6 月美国国防部将其做了微小改动，采用了空军的安全标准，制订了 MIL-S-38130A。1969 年，这个规范被进一步修改，形成美国军标 MIL-STD-882《系统及相关子系统和设备的系统安全方案》，在这项标准中首次奠定了系统安全工程的概念以及设计、分析等基本原则。该标准起初是针对美国国防部的要求，后来适用于所有系统和产品。该标准于 1977 年、1984 年、1993 年及 2000 年分别进行了四次修订，标准号分别为 MIL-STD-882A、MIL-STD-882B、MIL-STD-882C 和

MIL-STD-882D，前三者标准名称均为《系统安全规划要求》(System Safety Programe Request)，2000版名称为《系统安全实践标准》(Standard Practice for System Safety)。

如同空军逐渐形成了系统安全的要求一样，美国国家航空和宇宙航行局（NASA）也认识到有必要将系统安全作为其管理方案的一部分，空军的成功在于提供了部件或系统的危险以及危险的控制方法等有价值的数据，NASA的成功则在于推进通过危险辨识、评价和控制的作法来实现系统安全的目的。1965年，美国波音公司和华盛顿大学在西雅图召开了系统安全工程的专门学术讨论会议，以波音公司为中心对航空工业开展了安全性、可靠性分析和设计的研究，用在导弹和超音速飞机的安全性评价方面，取得了很好的成果。但是这个新生事物在初创时期，并不能为所有的人接受，由于不重视这个方法以致造成了1967年发生的阿波罗宇航员三人被烧死的事故，这次教训使系统安全理论得以提升，陆续推广到航空、航天、核工业、石油、化工等领域。

1964年，美国道（DOW）化学公司根据化工生产的特点，开发出"火灾、爆炸危险指数评价法"，用于对化工生产装置进行安全评价，该方法历经6次修订，到1993年已发展到第七版。1974年，英国帝国化学公司（ICI）蒙德（MOND）部在道化学公司评价方法的基础上，引进了毒性的概念，并发展了某些补偿系数，提出了"蒙德火灾、爆炸、毒性指标"评价方法。

另外，英国以原子能公司为中心，从20世纪60年代中期开始收集有关核电站故障的数据，对系统的安全性和可靠性问题，采用了概率评价方法，后来进一步推动了定量评价的工作，并设立了系统可靠性服务所和可靠性数据库。它们的任务是收集核电站的设备和装置的故障数据，提供给有关单位。1974年，美国原子能委员会发表了有关核电站事故评价报告。这项报告是该委员会委托麻省理工学院的拉斯姆逊教授，组织了十几个人，用了两年时间，花了300万美元完成的，称作"拉氏报告"，即WASH-1400。报告收集了核电站各个部位历年发生的故障及其概率，采用了事件树及事故树的分析方法，做出了核电站的安全性评价。这个报告发表后，引起了世界各国同行的关注。后来，美国原子能委员会又撤消了这份报告，但在1979年美国发生三里岛核电站放射性物质泄露事故后，总统组织的调查委员会重新认定WASH-1400的分析方法是正确的。

日本引进系统安全工程的方法虽为时稍晚，但发展很快。自1971年召开"可靠性、安全性学术讨论会"以来，几十年来在电子、宇航、航空、铁路、公路、原子能、化工、冶金等领域，该方法研究十分活跃。

当前，系统安全工程已普遍引起了各国的重视，国际系统安全工程学会每两年举办一次年会。1983年在美国休斯敦召开第六次会议，参加国有四十多个，讨论议题涉及广泛，可以看出这门学科越来越引起人们的兴趣。

1981年，原国家劳动总局科技人员了解到国外关于"系统安全"思想的介绍时，出于本身的专业敏感性，立即对其产生了极其浓厚的兴趣，于是着手翻译一册较权威的著作《系统安全工程导论》，同时与设在美国的系统安全学会国际部（System Safety Society International）建立了联系，陆续得到了该学会提供的部分资料和信息。只是由于我国的经济基础较差，以及其他的一些原因，使得当时"系统安全"在我国的进展受到一定制约，但国内诸多科研单位与大专院校对"系统安全"十分关注，并在各个行业领域进行了大胆的尝试，这些研究也引起了许多大中型生产经营单位和行业管理部门的高度重视。但随着时间的推移，由于特殊的原因，系统安全工程在我国逐渐用"安全系统工程"代替，尽管名称有所改变，但其在实践中的应用仍在不断发展，特别是对安全评价工作起了很大的促进作用。1987年原机械电子部率先推出了第一个安全评价标准——《机械工厂安全性评价标准》，1991年国家"八五"科技攻关项目就"易燃、易爆、有毒重大危险源辨识、评价技术"方面进行了研究，使安全评价逐渐步入正轨。与此同时，我国安全预评价工作伴随着建设项目"三同时"工作的开展而纵深发展，《安全评价通则》以及各类安全评价导则的出台、安全评价师的资格考试都促进了系统安全工程的理论和实践的进一步发展。

第二节　系统安全工程基本概念

一、系统

系统（System）的定义很多，钱学森的定义为"由相互作用和相互依赖的若干组成部分结合成的具有特定功能的有机整体"，斋藤嘉博的定义为"由若干部件或子系统相互间有机地结合起来可完成某一功能的综合体"。MIL-STD-882 中定义系统为："系统是不同复杂程度的人员、规程、材料、工具、设备、设施及软件的组合；这些组分在拟定支持的操作环境中整合在一起完成某项给定的任务以实现某项特别的目的或使命。"在 MIL-STD-882D 中，系统的定义被进一步修改为"为满足既定需求或目标而形成的人员、生产和程序的有机组合"（An integrated composite of people, products, and processes that provide a capability to satisfy a stated need or objective）。

在生产安全领域，系统是指在特定的工作环境中，为完成某项操作任务或特定功能而整合在一起的人员、规程、设备等。不同的行业、不同的岗位、不同的工作，甚至同一工作中不同的人员所面临的系统都各不相同，在生产安全系统中，其共性的要素主要包括人、机、环，如图1-1所示。

在生产安全系统中，"人"不仅指生产操作人员，还包括安全管理人员、安全技术人员、同样还包括厂长、经理等企业的决策层；"机"是指生产过程中使用

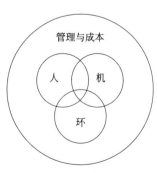

图 1-1　生产安全系统要素

的机器、设备，还包括生产设施等；而"环"主要是针对工作环境，如厂房的温度、噪声、粉尘等因素。

生产安全系统三要素间不是孤立的，它们彼此交互，相互依存，通过管理、程序、成本等加以协调。随着科技的进步和发展，要素间的交互日益复杂，许多事故的发生往往在于现代科技不能很好地辨识它们之间的相互作用。在系统安全工程中，谈到系统，必须考虑系统的生命周期。

二、危险与事故

危险（Hazard）是导致人员伤亡或疾病，或导致系统、设备、社会财富损失、损坏或环境破坏的任何真实或潜在的条件（MIL-STD-882D）。事故（Mishap, Accident）是导致人员伤亡或职业病，设备、社会财富损失、损坏或环境破坏的不希望发生的单个或一系列事件（MIL-STD-882D）。危险并不等于事故，它是导致事故的潜在条件；而事故则是已经真实发生了的损失、损坏或伤亡等。危险是事故的前兆，只有在一些触发事件刺激下，危险才可能演变为事故，二者之间的关系见图1-2。

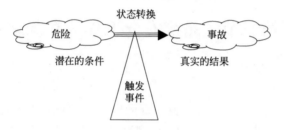

图 1-2　危险与事故关系

（来源：Clifton A. Ericson, Hazard Analysis Techniques for System Safety, John Wiley & Sons, Inc）

危险在一定的条件下转变成为事故，危险与事故就像同一事物的两个对立面，图1-3则是对此的一个说明。两个面看上去非常相似，但结果并不相同。

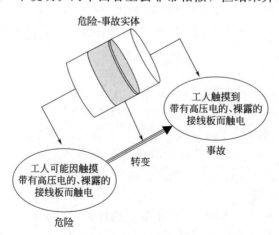

图 1-3　危险与事故，同一实体，不同状态

（来源：Clifton A. Ericson, Hazard Analysis Techniques for System Safety, John Wiley & Sons, Inc）

危险含有危险因素（Hazardous Element，HE）、触发机理（Initiating Mechanicsm，IM）和威胁目标（Target and Threat，T/T）属性。危险因素属性是促使危险产生的根源，如导致爆炸的危险的能量；触发机理属性是指触发事件导致危险发生，从而将危险转变为事故；威胁目标属性是指人或设备面对伤害、损坏的脆弱性，它反映了事故的严重度。危险的三要素可通过危险三角形表示，见图1-4，图1-5是图1-3危险属性的实例，表1-1给出几个危险属性的例子。可以看出，当危险的三个属性同时具备时，事故则会发生。

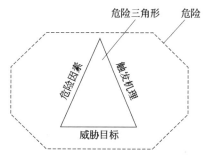

图1-4 危险三要素图

（来源：Clifton A. Ericson，Hazard Analysis Techniques for System Safety，John Wiley & Sons，Inc）

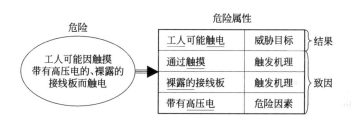

图1-5 危险属性实例

表1-1 危险属性实例

危险因素	触发机理	威胁目标
弹药	没有标识；射频能	爆炸、死伤
高压储罐	储罐破裂	爆炸、死伤
燃料	油料泄漏且遇火源	火灾、系统损坏或死伤
高电压	因暴露而触摸	触电、死伤

三、事故风险

谈及风险（Risk），人们可能更多地将这个概念与金融、财务联系在一起，生产安全领域风险的概念与它们是一致的，它所体现的是由于生产过程中的不安全而产生的事故对企业造成的损失，又称为事故风险（Mishap Risk），通过危险演变成事故的发生概率（或可能性）和危险演变成事故的事故严重度（或后果）两个维度来表示。MIL-STD-882D对事故风险的定义如下：

风险是用潜在事故的严重度（Severity）和发生概率（Probability）来表达事故的影响和可能性。

通常人们用 R＝S×P 或 R＝S·P 来表达风险，"×"和"·"是指逻辑相乘，并非真正数学意义上的"相乘"。事故风险的确定会在后面第四节事故风险评估中进一步论述。

事故风险的概念表明：风险是由两个因素确定，既要考虑后果，又要考虑其发生概率。例如乘坐交通工具有出现交通事故的可能，因而说乘坐交通工具有危险，但是乘飞机和乘汽车哪一个风险更小呢？需要从风险两个维度综合比较。由此也说明，风险虽有大小、高低之分，但任何时候风险都不可能为零。因而事故风险的存在具有绝对性。

四、安全

在安全工程领域，安全（Safety）的概念有着众多的描述。在系统安全工程学科中，安全与风险相对，它表明人们对一定事故风险的接受程度。如 MIL-STD-882D 对安全的定义如下：安全是对导致人员伤亡或职业病，或设备、社会财富损坏或环境破坏的条件的认可（Freedom from those conditions that can cause death, injury, occupational illness, damage to or loss of equipment or property, or damage to the environment.）。

例如骑自行车有致使头部受伤的危险，戴上头盔可以减少事故风险，但在我国人们很少见到骑自行车戴头盔的人，这表明我们认为骑自行车不戴头盔的风险是可以接受的，即是安全的。但澳大利亚法律明确规定，行人骑自行车必须戴上头盔。这表明：事故风险的存在是绝对的，而安全只是相对的，它随着国情的不同，企业的不同以及同一企业发展程度的不同而不同。

五、系统安全

系统安全（System Safety）是针对产品、系统、项目或活动的生命周期，应用特殊的技术手段和管理手段，进行系统的、前瞻性的危险辨识与危险控制。美国军标 MIL-STD-882D 中对系统安全定义如下。

针对系统生命周期各个阶段，应用工程和管理的原理、准则以及技术，结合操作效果及适宜性、时间及资金投入等条件约束达到可接受的事故风险水平（The application of engineering and management principles, criteria, and techniques to achieve acceptable mishap risk, within the constraints of operational effectiveness and suitability, time and cost, throughout all phases of the system life cycle.）。

系统安全的概念强调从一个产品、一项工程最初的概念设计阶段开始，直至后续的设计阶段、生产阶段、测试使用，直至其报废、放弃各阶段，始终进行安全分析与危险控制的活动。

过去人们对于安全的认识没有系统的概念，对于安全的认知往往是基于单个事件或某个部件，对于事故的预防也是基于"亡羊补牢"事后型的预防，图1-6就是航空业飞行-处理-再飞行安全方式的一个例子：建造飞机，让它飞行；如果飞机不能工作，则寻找问题所在，然后尝试让它再飞行。这种方式，只有当事故出现时，才进行事故调查，寻找事故的致因，从而确定采取什么样的措施以防止类似事故的发生。尽管对已经存在的系统进行了修改，增加了安全保护措施，甚至制定了相应的安全制度，但这些矫正会使整个系统不得不进行很大的再投入，对先前的投资也许造成巨大的浪费。这种安全方式对整个系统而言是滞后的，而系统安全则具有超前性。

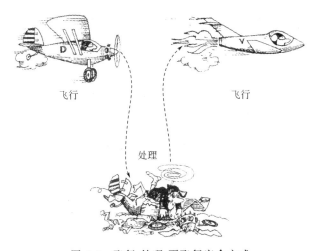

图1-6 飞行-处理-再飞行安全方式

（来源：Harold E. Roland, Brian Moriarty. System Safety Engineering and Management, New York. Wiley, 1983）

系统安全强调在产品或系统真正生产之前已经将可接受的安全要求通过严谨的计划和周密的组织融入在设计之中。在事故或损失还没有产生之前通过系统的危险辨识和评价而加以控制。只有这些危险被消除或控制在可接受的水平内才可能进一步进行研发、测试、使用或维修，因而所有的改正措施也都是在事故或损失发生前就进行的。当然这些措施不仅包括工程的手段，也还包括管理手段。

系统安全的目的就是通过危险辨识，减小危险的技术方法，以保护人员、系统、设备和环境免于危险的影响。其基本目标在于消除可能导致人员伤亡或职业病、系统损坏或环境破坏的危险。如果这些危险最终不能被消除，则采取控制措施尽可能减小其风险。当然另一基本目标则是尽可能在产品或系统的生命周期早期阶段完成危险辨识和控制，以保证最小的投入和最大的效益。

六、系统安全工程

MIL-STD-882D定义系统安全工程（System Safety Engineering）为运用理学和工学原理、准则及技术，采用专门的专业知识和技术进行危险辨识和危险控制，以减少相关事故风险的一门工程学学科（An engineering discipline that employs specialized professional knowledge and skills in applying scientific and engineering principles, criteria, and techniques to identify and eliminate hazards, in order to reduce the associated mishap risk.)。系统安全工程的关键任务主要包括：辨识危险、评估事故风险、识别或减轻事故风险的措施、减少事故风险到可接受的水平、事故风险减少的确认以及相应的跟踪等。

第三节　系统的生命周期

任何一个系统都有其生命周期（Life Cycle），包括系统的设计、研发、测试和评估以及生产、操作维护直至报废的各个阶段。系统或产品生命周期划分的粗细程度不尽相同，通常情况下包括以下六个阶段，即：概念设计阶段、定义阶段、研发阶段、生产阶段、使用维护阶段和报废阶段。为了保证系统的安全，在各个阶段有着不同的控制要点。表 1-2 给出了系统生命周期各阶段安全控制要点及相应结果。在生产安全中，要保证有足够的时间进行表中所列出的各项检查。

表 1-2　系统生命周期各阶段安全控制要点及相应结果

阶　　段	安全控制点	结　　果
概念设计	概念设计检查	为一般评估建立基本的设计
定义	预先设计检查	为专项研发建立一般的设计
研发	关键设计检查	为生产提供专项设计
生产	验收检查	为生产提供产品
使用和维护	操作和维护的审核	确保操作与维护的安全
报废	报废审核	确保报废过程的安全

一、概念设计阶段

概念设计阶段是系统的初期阶段，在这一阶段通过背景数据或历史经验以及对未来的技术预测来分析系统的危险，主要考虑产品关键性的问题，识别系统有哪些危险类型、评估这些危险可能产生的影响。在这一阶段常用方法有预先危险分析法（PHA）和风险分析法（RA），前者考虑针对某一项特定的概念可能会产生哪些危险，后者则可粗略地确定危险控制时的相应需求和安全设计标准的形成。

二、定义阶段

定义阶段为系统的预先设计和施工的进一步确认进行准备，在系统安全规划中应明确有关的安全任务，尤其应该进行对危险辨识结果的综合调查与分析，同时对相应的技术风险、投入、人因工程、适宜的操作与维修，应在该阶段的设计检查报告中进行详细说明。为了保证符合概念设计阶段的标准要求，定义阶段还应明确有关的子系统、组件等，需要对多个设计方案的危险进行比较分析，这个阶段经常采用子系统危险分析法（SSHA）和事故树分析（FTA）等方法来检测已知的特定危险及其影响。在这一阶段还需考虑设计中应安置的安全设备、有关安全设计的规范、原始安全测试计划与要求，确保在概念设计阶段提出的危险控制措施可行和有效。该阶段由于没有完成最后的设计并不能识别出所有的危险，但应形成一个可行的通用设计，一些专项设计在后续阶段需进一步细化。

三、研发阶段

研发阶段需要在系统定义的基础上考虑其对环境的影响、所需的后勤保证、制造工艺等，通常把样品分析和测试结果作为生产安全中分析人与机器相互作用的危险的基础数据。由于专项设计已较为完善，在这一阶段通常进一步采用子系统危险分析法（SSHA）进行危险分析，并完成安全设计标准，提供详细的危险控制信息。在这一阶段还应进行更加充分的测试，确保这个设计是满足需求的，发现的任何故障都应该加以检测并分析它们对安全的影响，同时，进行修改设计，设定安全警告，制定安全制度，设计安全培训。因而还常采用事故树分析法对不希望发生的较大事件进行分析。在这一阶段，产品或系统的设计与其他工程学科有着较多的交叉，特别是可靠性工程，因而常采用故障模式及影响分析（FMEA）的方法。故障模式也是在危险分析中需要辨识的危险，它为 SSHA 和 FTA 分析提供基础数据。研发阶段的工作决定着在生产之前某专项设计是否继续进行，基于全面的危险分析、严谨的安全测试结果和严格对照安全设计标准方可决定系统的进一步建设是否具有可行性。如果在这一阶段忽略了任何方面的安全检查，系统或工程的投入就会扩大，安全检查不到位常常导致系统或项目不必要的高额投入。

四、生产阶段

在生产阶段对安全的监测是最为重要的，随着生产的逐渐展开，质量控制部门将主要力量集中在系统的检查和测试上。因而，生产安全部门有必要与质量部门进行较好的协调。如果系统复杂，还有必要安排具有资质的专业人士参与制造过程，以保证能监测到各项涉及安全的事宜，确保最终系统的安全性是可接受的。在生产现场，当进行质量测试时，也有必要让系统安全负责人对其安全设施的各项功能进行检查。

这一阶段还应开始进行培训工作。有必要安排专人负责整个培训方案，以保证安全培训的顺利进行，保证操作人员和维修人员面对实际设备时进行过培训，也保证客户在使用之前也得到培训，这样才能彻底保证操作和维修过程中按照生产安全要求真正地消除了危险。

在这一阶段还要对以前各阶段进行的危险分析进行跟踪与更新，保证以前进行的危险分析在现阶段已采取正确的方式加以控制并形成文件。在最后的验收检查中，生产过程中的任何变更都要进行验证和进一步的确认以保证其是安全的。在这一阶段还应完成系统安全工程报告，报告中要交待清楚使用和维护各种情形下如何安全使用产品，这个报告也代表危险分析、测试及安全标准评估的结果，应明确安全是如何融入产品之中，已辨识的危险是如何被控制的，用户该怎样使用和维护该产品。

五、使用和维护阶段

生产阶段之后进入使用和维护阶段，这时系统变为可操作的，培训工作已经展开，相应的数据也开始通过产品使用过程中出现的问题得以积累，这时系统安全主要通过管理手段以保证解决其中出现的任何问题，负责系统安全的工作人员可能要参与到事故调查过程中，确保能够辨识危险的现场条件，确保能尽快与设计者或相关人员采取改正措施。

由于设计小组对系统在使用和维护中出现的问题加以改进，因而系统安全人员必须对变更的设计进行检查，保证变更已经控制了过去的危险而未滋生新的危险。这时往往需要重新使用PHA或其他分析方法进行分析。

六、报废阶段

鉴于系统可能存在的危险因素，报废阶段系统安全人员应该慎重检查先前形成的系统终止程序，并保证这一做法在严格监测之中。

第四节 系统安全工程研究内容

系统安全的最终目的是辨识危险，消除和控制危险，并尽可能减小残余风险，以确保系统的安全，它是通过管理监督和工程分析来提供一个综合、系统的风险管理方法。系统安全的流程如图1-7所示。正如所有学科解决实践问题所采用的方法一样，首先是确定研究对象，需要界定我们要研究的系统，包括人、机、环各要素及各要素间的交互关系，要考虑系统所能接受的风险水平和投入的计划，然后建立系统安全方案计划；在此基础上辨识系统中可能存在的危险，对它们产生的风险进行评估，提出减缓风险的控制措施及方法，并确保这些措施和方法真正地使风险降低到可接受的水平，最后通过权威人士或机构进行检验，通过文件进行管理。当然这个过程不是静态的，要时时跟踪危险，确保该流程各环节是顺利进行的。图中各模块中，白色模块所反映的是管理手段，灰色模块所反映的是工程手段，当然二者之间并没有绝对的界限。整个流程最为核心的内容就是危险辨识，最关键的环节就是危险的控制。系统安全工程的研究内容主要包括：危险辨识、事故风险评价、风险控制和控制措施的确认，以及对该过程中危险的跟踪，系统安全工程流程图见图1-8。

图1-8是系统安全工程的核心，针对产品、系统、项目或某项活动的生命循环周期，其所采用的方法并不相同，解决问题的关键也各有侧重。该工作各阶段通常以安全工作表的形式体现，工作表的基本内容如表1-3。其中"危险识别"因采用的方法不同而具有不同的辨识特点，如故障模式及影响分析通过辨识故障模式来辨识危险，而危险与可操作性研究则通过寻找偏差来辨识危险；"产生原因"和"后果"是对识别出的危险进行分析，"风险指数"是通过确定危险演变为事故的发生

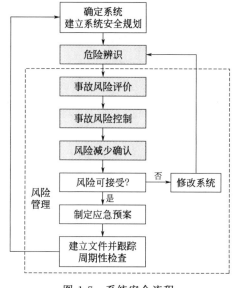

图 1-7 系统安全流程

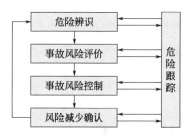

图 1-8 系统安全工程流程

概率（P）和严重度（S）从而确定其风险所在，是事故风险评估的结果，"初始事故风险指数（Initial Mishap Risk Index，IMRI）"是原始风险，指未采取控制措施时的风险，"最终事故风险指数（Final Mishap Risk Index，FMRI）"是残余风险，指采取控制措施后剩余的风险。

当然并不是每一种系统安全工程的方法都涵盖表中的各项内容，有的方法因强调某方面细节只能完成表中的一部分内容。

表 1-3 系统安全工程研究内容

危险识别	产生原因	后果	初始事故风险指数			控制措施	最终事故风险指数		
			P_1	S_1	IMRI		P_2	S_2	FMRI

一、危险辨识

危险辨识是系统安全工程的基础，也是其至关重要的一个环节。生产安全中许多事故的发生往往是对这一步骤的疏忽或者做得不够充分。这个过程是通过对系统的硬件、软件、有关的工作环境以及工程的目的进行详细分析，采用系统危险分析的方法辨识危险。当然这个过程中还要考虑本系统或相似系统以前曾经辨识过的危险和有关的事故数据、经验教训。危险辨识的过程要充分考虑系统在生命周期内不同阶段可能产生的危险。

危险辨识的过程如同头脑风暴，尽可能多、尽可能准确地辨识所有的危险，其方法有很多种，随着生产行业的不同，系统所处生命周期阶段的不同所采用的方法都不相同，每种危险辨识方法都有其适用性。

危险辨识后要进行分析，研究危险的产生原因以及它对相关系统可能造成的后果，再进一步则需要进行事故风险评估。

二、事故风险评价

要确定采取什么行动消除或控制已经辨识的危险，就要进行事故风险评价。针对所辨识的每一种危险，评估它演变为事故的风险，即严重程度和发生概率，从而确定它对人员、设备、设施、公众乃至环境的影响。事故风险评估越准确，越有利于决策者正确理解生产所面临的风险程度，有利于指导决策者进行怎样的安全投入以保证需要的安全水平。

事故风险评价的方法是基于风险概念本身。首先根据系统的三要素（人、机、环）确定事故的严重程度等级，再确定危险的发生概率等级，MIL-STD-882D 对事故风险严重度等级和发生概率等级的分级标准见表 1-4 和表 1-5，表中给出各等级的具体描述。

表 1-4　危险严重度等级分级标准

级　别	表　示	危险等级的描述
灾难性的	Ⅰ	导致： 人员死亡或永久性全部失能；或设备或社会财富损失超过 100 万美元；或违背法律、法规的不可逆转的环境破坏
严重的	Ⅱ	导致： 人员永久性部分失能或超过 3 人需要入院治疗的伤害或职业病；或设备或社会财富损失超过 20 万美元而低于 100 万美元；或违背法律、法规的、可逆转的环境破坏
中等的	Ⅲ	导致： 人员损时工日超过 1 天的伤害或职业病；或设备或社会财富损失超过 1 万美元而低于 20 万美元；或没有违背法律、法规的中等程度的、可恢复的环境破坏
可忽略的	Ⅳ	导致： 没有导致人员损时工日的伤害或疾病或设备或社会财富损失超过 2000 美元而低于 1 万美元；或没有违背法律、法规的很小的环境破坏

表 1-5　危险发生概率等级分级标准

级　别	表　示	针对某特定事件的描述	用量次表示
经常发生	A	某事件在其生命周期经常发生，发生概率大于 10^{-1}	持续发生
很可能发生	B	某事件在其生命周期发生多次，发生概率大于 10^{-2} 而小于 10^{-1}	经常发生
偶尔发生	C	事件在其生命周期发生数次，发生概率大于 10^{-3} 而小于 10^{-2}	多次发生
很少发生	D	事件在其生命周期不容易但有可能发生，发生概率大于 10^{-6} 而小于 10^{-3}	不易发生，但理论上有可能发生
不可能发生	E	事件不可能发生或假设没有经历过，发生概率小于 10^{-6}	不容易发生，但也有可能

根据表1-4和表1-5,分别以严重程度和发生概率为轴形成风险矩阵,见表1-6,现用的系统安全分析方法多采用表1-6的坐标方式表达风险指数,有时也对矩阵中每一个坐标确定其事故风险评估值,见表1-7。将对应的风险矩阵进行适当的划分形成风险等级见表1-8和表1-9。

表1-6 风险矩阵表（用矩阵坐标表示）

发生概率	严重度			
	灾难性的	严重的	中等的	可忽略的
经常发生	ⅠA	ⅡA	ⅢA	ⅣA
很可能发生	ⅠB	ⅡB	ⅢB	ⅣB
偶尔发生	ⅠC	ⅡC	ⅢC	ⅣC
很少发生	ⅠD	ⅡD	ⅢD	ⅣD
不可能发生	ⅠE	ⅡE	ⅢE	ⅣE

来源：MIL-STD-882。

表1-7 风险矩阵表（用序号表示）

发生概率	严重度			
	灾难性的	严重的	中等的	可忽略的
经常发生	1	3	7	13
很可能发生	2	5	9	16
偶尔发生	4	6	11	18
很少发生	8	10	14	19
不可能发生	12	15	17	20

来源：MIL-STD-882D。

表1-8 事故风险等级

风险指数	风险决定准则
ⅠA,ⅠB,ⅠC,ⅡA,ⅡB,ⅢA	不可接受,需停止操作、立即整改
ⅠD,ⅡC,ⅡD,ⅢB,ⅢC	不合需要的,高层管理决定接受或拒绝风险
ⅠE,ⅡE,ⅢD,ⅢE,ⅣA,ⅣB	通过管理和检查以接受风险
ⅣC,ⅣD,ⅣE	接受风险且不需要检查

（来源：MIL-STD-882）

表1-9 事故风险等级

事故风险评估值	事故风险等级	事故风险接受等级	事故风险评估值	事故风险等级	事故风险接受等级
1~5	高	项目执行总负责人	10~17	中等	项目经理
6~9	严重	项目执行负责人	18~20	低	项目指定人

来源：MIL-STD-882D。

通过事故风险分析可以了解系统中的潜在危险和薄弱环节，发生事故的概率和可能的严重程度等。事故风险评价方法大体可分为定性评价和定量评价。定性评价指能够知道系统中危险性的大致情况，如数量多少和严重程度，主要用于工厂考察、审查、诊断和安全检查，这包括系统各阶段审查、工程可行性研究和原有设备的安全评价，主要方法有安全检查表形式和技术评价法；定量评价的目的在于判定危险的程度以进行事故预防和控制，只有通过定量评价才能充分发挥安全系统工程的作用。

决策者可以根据评价的结果选择技术路线，保险公司可以根据企业不同的风险等级规定不同的保险金额，领导和监察机关可以根据评价结果督促企业改进安全状况。

三、事故风险控制

系统安全工程的最终目的是控制危险，因而一旦完成危险辨识和风险评价之后就要选择危险控制的方法，事故风险控制通常包括工程手段和管理手段。工程控制是指工程中通过硬件的改变以达到消除危险或减缓它们的风险的手段。管理控制指组织自身的调整，进一步发展和补充企业的安全计划就是一个管理控制的好方法。要使风险降低到可接受的水平，系统安全工程控制措施应依据一定的优先顺序，具体如下：

通过设计选择以消除危险，如果危险无法消除，则通过设计选择尽可能减小风险；

如果无法通过设计选择消除危险，则增加安全保护设施或安全装置以减小风险；

如果安全设置或装置无法使风险降低到可接受的水平，则提供针对危险的监测、报警装置以警示有关工作人员。

当以上的方法仍无法保证危险控制在可接受的水平之内，则需要建立安全制度并进行相应的培训。

风险控制措施有优先顺序，在对事故风险进行控制时，也应优先选择危险的严重度高的风险进行控制。

危险的根源辨识清楚以后，需要采取预防措施，避免其发展成为事故。采取预防措施的原则应着手于危险的起因。以下是几种防止事故产生的预防措施。

① 限制及分散能量

限制能量的措施有：规定合理的储量和周转量；对于特别危险的装置应设计的尽可能小些；火药和爆炸物的生产应限量，并远离居民区；使用防止能量蓄积的设备或元件，如断路器、保险丝、温度控制器等。有些大型设备效率高，但发生事故时造成的损失也很大，如果把大型设备分成系统上独立的多列设备，则损失后果将缩小，这也是一种分散能量的方法。

② 防止能量散逸

防止能量散逸主要有下面4种措施。

• 采用防护材料，使有害的能量保持在有限的空间内。例如，将放射性物质放在铅容器内，电气设备和线路采用良好的绝缘材料防止触电，登高作业使用安全带防止由势能造成的摔伤等。

• 对能量源采取防护措施，如增设防护罩、设置喷水灭火和隔火装置、防噪声装置等。

• 在能量与人和物之间设立防护措施，如玻璃视镜、禁入栅栏、防火墙等。

• 在能量的释放路线和时间上采取措施，如除尘装置、防护性接地、安全连锁、安全标志等。

③ 加装缓冲能量的装置

缓冲能量的装置因设备而异，如在压力容器和锅炉上加装爆破板和安全阀、各种填充材料、缓冲装置等。个体防护用具也是缓冲能量装置的一种。

④ 减低损害程度

一旦事故发生，要采取措施抑制事态发展以降低后果的严重程度，如车间装设的紧急冲浴设备、快速救助活动、急救治疗等。

⑤ 防止外力造成的危险

建厂时要按照规范选择厂址，具体设计时对关键设备、零部件的设计应能承受预计的外部施加负荷。

⑥ 防止人的失误

人的可靠性比机械、电气或电子元件要低数十倍到上千倍，特别是情绪紧张时容易受外界影响，失误的可能性更大。为了减少人为失误，应该给工人提供安全性较强的工作条件，重复的操作应用机械代替人工，招收工人时应根据工作性质考虑人的适应性，严格规章制度的监督检查，加强安全教育，用人机工程学的原理改善人机接合面的状况等。

四、风险减少确认

在对危险进行风险控制之后，理论上其风险程度应该降低，是否真正达到了应有的效果，还需要通过适当的分析、测试和检查来进行风险减少的确认，并记录下残余风险。对测试过程形成的新的危险也要辨识出来，建立文件。

在确认过程中要保证采用的手段和方法针对系统是有效的。当无法确定所采取的安全措施是否真正降低了事故风险，要进行测试并评估测试的有效性；当测试的费用过高而条件不允许时，也可通过工程分析、实验模拟等方法进行验证。

五、危险跟踪

尽管在生产安全过程中依据产品或系统的生命循环周期进行了危险辨识、危险分析、风险评价和危险控制，但系统是一个动态的系统，危险辨识因而也应是一个动态的过程，危险辨识和危险控制也应该被时时跟踪。例如某隧道工程建设初始，在进行危险辨识时就认识到涌水是工程的一个重要危险,隧道涌水会导致人员死亡,也会导致工程塌方,其危险严重程度根据表 1-4 应为一级,涌水危险难以消除,因而应采取控制措施。表 1-10 列出了隧道涌水跟踪控制措施及风险控制水平。

表 1-10　隧道涌水危险跟踪及对应控制措施

阶　　段	涌水控制措施	涌水严重程度	涌水发生概率	风险指数	风险接受程度
概念设计初始	设计排水泵,当检测到隧道中的水超过一定量时,启动泵抽水	I	C	高	不可接受
定义阶段	增加第二个泵确保一定的排水能力(冗余设计)	I	D	严重	不希望发生(需管理层决策)
研发阶段	设计报警和警告装置,当涌水出现时,系统对控制中心提供报警和警告	I	E	中等	可接受,但要时常检查
工程施工阶段	对操作人员提供关于报警系统的培训	I	E	中等	可接受,但要时常检查

复习思考题

1. 依据系统安全工程的发展简史来说明系统安全工程在事故预防上具有超前性。
2. 试分析危险、事故、事故风险以及安全之间的相互关系。
3. 什么是危险?什么是危险的三要素?
4. 观察你周围的生活,分析你的生活环境中都存在哪些危险,按表1-1的方式列出危险的属性。
5. 什么是生命周期,系统安全工程为什么要分析生命周期?
6. 试分析系统安全、系统安全工程以及系统安全管理之间的关系。
7. 系统安全工程研究内容依据哪两条线索,它们相应的内容是什么?
8. 如何确定风险的等级?

第二章 危险辨识

危险辨识是指针对产品或系统，在其生命周期各阶段采用适当的方法，识别其可能导致人员伤亡或职业病、或设备损坏、社会财富损失或工作环境破坏的潜在条件。危险辨识是对产品、系统以及生产项目进行危险辨识；而每一个新产品、新项目、新系统都有其生命周期，因而危险辨识的过程贯穿了它们从概念设计到使用、直至报废的各个阶段。不同的阶段，不同的产品或系统，其生产特点、工艺流程各不相同，产生的危险的类型各不相同，因而危险辨识过程中应采用适当的方法。有的教材中将"危险辨识"又称为"危险和有害因素辨识"或"危险和危害因素辨识"，它们是基于强调危险是导致人员伤亡的条件，而危害或有害因素是强调导致人员职业病的条件。要进行危险辨识，应了解危险的类型以及辨识的方法。

第一节 危险类型

危险辨识的最终结果是要识别出产品、系统、项目各阶段存在的危险，要使危险辨识能够系统、全面，则关键是能对危险的类型加以界定。然而我们目前面临的系统日益复杂，它们所属的行业也大相径庭，很难有一种危险分类法能绝对完整、全面地涵盖所有的危险。国际上常引用的《常用危险检查表》是危险分类的依据。危险的最终结果是导致事故的发生，如果能识别出可能发生的事故，则可以通过事故类型来对危险类型加以划分。1986年5月31日发布的《企业职工伤亡事故分类标准》（GB 6441—1986）是危险类型划分的基础依据。我国在1993年7月1日开始施行国家标准《生产过程危险和有害因素分类与代码》（GB/T 13861—1992），这是危险类型划分的另一基础依据，该标准尽管是关于"危险和有害因素"的分类，但标准中并未对"危险和有害因素"加以界定。卫生部颁发的《职业危害因素分类目录》从可能导致的职业病方面将危险进行了分类。

一、按《常用危险检查表》进行分类

对照《常用危险检查表》有助于进行危险辨识。表2-1是一个常用危险检查表，表中一部分危险是针对某种危险场景所特有的，还有些危险是交错于多个子系统之间的普通因素所导致的。这类危险在其他分类中也有所体现。当然，没有哪个检查表能包括所有的危险，这个表可以被看作是危险辨识的出发点。当你获得更多经

验时，或许可以增加这个列表的内容并且保留下来作为将来的参考。

表 2-1 常用危险检查表

危 险 类 型	危 险 类 型	危 险 类 型
加速度/减速（Acceleration/Deceleration） • 加速度/减速 • 物体坠落 • 碎片/抛射物 • 碰撞 • 疏忽的机械装置 • 晃动的液体	电的（Electrical） • 不正确的电压、电流、循环 • 感应或电容连接器 • 雷击 • 磁波 • 电气连接器不相配 • 极性 • 绝缘不好 • 电力中断 • 触电 • 电击、断路 • 静电释放 • 杂散电流/电火花	爆炸物（Explosives） • 静电释放 • 爆炸液体、气体或蒸汽 • 摩擦 • 高温/寒冷 • 湿度水平 • 碰撞/振动 • 闪电 • 粉末状形式存在的正常情况下非可燃性物料（灰尘、铝、镁等） • 自燃 • 焊接 • 振动
污染/腐蚀（Contamination/Corrosion） • 化学分解 • 化学置换/组合 • 电解腐蚀 • 氢脆性 • 潮湿 • 氧化 • 有机物（真菌/细菌等） • 微粒 • 应力腐蚀	环境/天气（Environmental/Weather） • 雾 • 杂质污染 • 真菌/细菌 • 湿度 • 闪电 • 外部对内部环境 • 降落（雾、雨、雪、结冰、冻雨、冰雹） • 辐射 • 盐渍的 • 沙子/灰尘 • 温度极限（与变动） • 真空	火灾（Fire） • 化学变化（放热/吸热） • 可燃物质、易燃气体 • 存在于压力与点火源下的燃料与氧化剂 • 压力释放 • 高热源
控制系统（Control Systems） • 不恰当的控制系统操作 • 不恰当的软件操作 • 干预控制系统 • 潜回路		人因素（Human factor） • 操作失败 • 粗心大意操作 • 操作时间太短暂/太长 • 过早/过晚操作 • 不按次序操作 • 操作失误 • 正确操作/错误控制
电的（Electrical） • 电弧 • 弯曲插头 • 绝缘体破坏 • 灼伤 • 电晕 • 反送电 • 电气噪声 • 电气滑脱 • 电磁干扰 • 过度焊接 • 接地 • 点燃易燃物质 • 不恰当地电气连接（不相配）与布线 • 不充分的散热 • 不小心激活	人机工程学（Ergonomic） • 疲劳 • 有缺陷的/不适当的控制/读数标签 • 有缺陷的操作台设计 • 强光 • 加热/通风与空气调节装置 • 难接近 • 不恰当地控制/读数分区 • 不恰当/不合适的照明 • 不恰当控制/读数位置	泄漏/溢出（Leaks/Spills） • 灰尘 • 溢流 • 气体/蒸汽 • 液体 • 多孔性 • 放射性泄漏 • 径流 • 固体
	爆炸物（Explosives） • 化学污染 • 灰尘爆炸	生命周期（Life Cycle） • 维修 • 启动

续表

危 险 类 型	危 险 类 型	危 险 类 型
生命周期(Life Cycle) • 稳定状态操作 • 压力操作 • 关闭(不期望的标准、紧急情况)	生理的(Physiological) • 过敏原 • 窒息 • 气压极限 • 致癌源 • 疲劳 • 刺激物 • 提升重量 • 诱变物质 • 噪声 • 伤人的灰尘/气味 • 病原体 • 辐射 • 温度极限 • 振动	辐射(Radiation) • 电离(阿尔法,贝塔,伽马,X射线) • 非电离(红外线、激光、微波、紫外线) • 热辐射
原料(Materials) • 防护漆层不好 • 化合 • 可压缩/不可压缩流体 • 可燃物料 • 不相似的原料 • 放热/吸热反应 • 卤族与其他氧化剂 • 缺乏弹性 • 润滑油 • 不相融的原料或介质 • 聚合反应 • 溶剂余渣		结构(Structural) • 加速度(高/低) • 空气动力,声负荷 • 不好的焊接 • 物料的脆性/展延性 • 裂缝 • 疲劳/周期应力 • 负荷与非负荷承重途径 • 应力集中 • 振动/噪声
机械的(Mechanical) • 破碎的表面 • 弹出零件/碎片 • 疲劳/周期应力 • 挠曲 • 摩擦面 • 滞后现象 • 提升 • 对不准 • 夹伤位置 • 旋转设备 • 锋利的边缘 • 稳定性/有倒下的可能性 • 扭矩(过大/过小) • 振动	气动/水压/真空(Pneumatic/Hydraulic Pressure/Vacuum) • 回流,虹吸现象 • 吹制物体 • 爆炸 • 气穴现象 • 动压卸载 • 液压捶打 • 内破裂 • 不适当的压力/流量卸载 • 物料粗心大意泄漏 • 过压/没达到压力 • 管道/容器破裂 • 管子/软管突然移动 • 系统中的压力/流体卷入 • 快速压力改变	温度(Temperature) • 改变结构属性 • 烧伤(热/冷) • 压缩加热 • 低温属性 • 提高可燃性 • 提高气体/液体压力 • 提高反应力 • 提高挥发性 • 冰冻 • 热源/散热片 • 热/冷表面 • 湿度/湿气 • 焦耳热冷却 • 日光效果

注：表中内容按英文字母顺序检索，该表来源为 Nicholas J. Bahr, System Safety Engineering and Risk Assessment-A Practical Approach, Washington DC: Taylor & Rrancis。

二、按《企业职工伤亡事故分类标准》进行分类

《企业职工伤亡事故分类标准》是一部劳动安全管理的基础标准，它适用于企业职工伤亡事故统计工作。标准中对事故的类别、伤害程度、事故的严重程度进行了分类，并确定了伤亡事故统计的计算方法。标准中在综合考虑导致事故的起因物、引起事故的诱导性原因、致害物和伤害方式等因素的情况下，将企业职工伤

亡事故的类型共分为 20 种，具体如下。危险类型的划分可借鉴该事故类别的划分法。

① 物体打击；
② 车辆伤害；
③ 机械伤害；
④ 起重伤害；
⑤ 触电；
⑥ 淹溺；
⑦ 灼烫；
⑧ 火灾；
⑨ 高处坠落；
⑩ 坍塌；
⑪ 冒顶片帮；
⑫ 透水；
⑬ 爆破；
⑭ 火药爆炸；
⑮ 瓦斯爆炸；
⑯ 锅炉爆炸；
⑰ 容器爆炸；
⑱ 其他爆炸；
⑲ 中毒和窒息；
⑳ 其他伤害。

基于事故分类型的划分还可参照国际劳工组织（ILO）1998 年的伤害分类统计标准 Statistics of Occupational Injuries-Sixteenth International Conference of Labour Statisticians 和 1992 年世界卫生组织（WHO）关于疾病和健康问题的分类统计 International Statistical Classification of Diseases and Related Health Problems。

三、按《生产过程危险和有害因素分类与代码》进行分类

《生产过程危险和有害因素分类与代码》规定了生产过程中各种主要危险和有害因素的分类和代码。该标准适用于各行业在规划、设计和组织生产时，对危险和有害因素的预测和预防、伤亡事故的统计分析和应用计算机管理，也适用于职业安全卫生信息的处理和交换。标准根据按导致伤亡事故和职业危害的直接原因将生产过程危险和有害因素分为物理性危险和有害因素、化学性危险和有害因素、生物性危险和有害因素、生理心理性危险和有害因素、行为性危险和有害因素和其他危险和有害因素 6 大类，2009 年，该标准将进一步修订，将危险和有害因素共分为四大类，具体的细类见表 2-2。

表 2-2 生产过程危险和有害因素分类表（依据 GB 13861—2009）

大类	中类	小类	细类
人的因素	心理、生理性危险和有害因素	负荷超限	体力负荷超限、听力负荷超限、视力负荷超限、其他负荷超限
		健康状况异常	
		从事禁忌作业	
		心理异常	情绪异常、冒险心理、过度紧张、其他心理异常
		辨识功能缺陷	感知延迟、辨识错误、其他辨识功能缺陷
		其他心理、生理性危险和有害因素	
	行为性危险和有害因素	指挥错误	指挥失误、违章指挥、其他指挥错误
		操作错误	误操作、违章作业、其他操作错误
		监护失误	
		其他行为性危险和有害因素	
物的因素	物理性危险和有害因素	设备、设施、工具、附件缺陷	强度不够、刚度不够、稳定性差、密封不良、应力集中、外形缺陷、外露运动件、操纵器缺陷、制动器缺陷、控制器缺陷、设备、设施其他缺陷
		防护缺陷	无防护、防护装置/设施缺陷、防护不当、支撑不当、防护距离不够、其他防护缺陷
		电危害	带电部位裸露、漏电、雷电、静电、电火花、其他电危害
		噪声	机械性噪声、电磁性噪声、流体动力性噪声、其他噪声
		振动危害	机械性振动、电磁性振动、流体动力性振动、其他振动危害
		电磁辐射	电离辐射、非电离辐射
		运动物危害	固体抛射物、液体飞溅物、反弹物、岩土滑动、料堆垛滑动、气流卷动、冲击地压、其他运动物危害
		明火	
		高温物质	高温气体、高温固体、高温液体、其他高温物质
		低温物质	低温气体、低温固体、低温液体、其他低温物质
		粉尘与气溶胶	
		信号缺陷	无信号设施、信号选用不当、信号位置不当、信号不清、信号显示不准、其他信号缺陷
		标志缺陷	无标志、标志不清楚、标志不规范、标志选用不当、标志位置缺陷、其他标志缺陷
		其他物理性危害和有害因素	

续表

大类	中类	小类	细类
物的因素	化学性危险和有害因素	易燃易爆性物质	易燃易爆气体、易燃易爆性液体、易燃易爆性固体、易燃易爆性粉尘与气溶胶、其他易燃易爆性物质
		自燃性物质	
		有毒物质	有毒气体、有毒液体、有毒固体、有毒性粉尘与气溶胶、其他有毒物质
		腐蚀性物质	腐蚀性气体、腐蚀性液体、腐蚀性固体、其他腐蚀性物质
		其他化学性危险和有害因素	
	生物性危险和有害因素	致病微生物	细菌、病毒、其他致病微生物
		传染病媒介物	
		致害动物	
		致害植物	
		其他生物性危险和有害性因素	
环境因素	室内作业场所环境不良	室内地面滑	
		室内作业场所狭窄	
		室内作业场所杂乱	
		室内地面不平	
		室内梯架缺陷	
		地面、墙和天花板上的开口缺陷	
		房屋地基下沉	
		室内安全通道缺陷	
		房屋安全出口缺陷	
		采光照明不良	
		作业场所空气不良	
		室内温度、湿度、气压不适	
		室内给、排水不良	
		室内涌水	
		其他室内作业场所环境不良	
	室外作业场所环境不良	恶劣气候与环境	
		作业场地和交通设施不良	作业场地和交通设施湿滑、作业场地狭窄、作业场地杂乱、作业场地不平、航道狭窄、有暗礁或险滩
		建筑物和其他结构缺陷	脚手架、阶梯和活动梯架缺陷、地面开口缺陷、门和围栏缺陷、作业场地基础下沉、作业场地安全通道缺陷、作业场地安全出口缺陷

续表

大类	中类	小类	细类
环境因素	室外作业场所环境不良	作业场地光照不良	
		作业场地空气不良	
		作业场地温度、湿度、气压不适	
		作业场地涌水	
		其他室外作业场地环境不良	
	地下作业环境不良	作业场所结构缺陷	隧道/矿井顶面缺陷、隧道/矿井正面或侧壁缺陷、隧道/矿井地面缺陷
		地下作业面空气不良	
		地下火、地下水	
		冲击地压	
		其他地下作业环境不良	
	其他作业环境不良	强迫体位	
		综合性作业环境不良	
		以上未包括的其他作业环境不良	
管理因素	职业安全卫生组织机构不健全		
	职业安全卫生责任制未落实		
	职业安全卫生管理规章制度不完善		
	建设项目"三同时"制度未落实		
	操作规程不规范		
	事故应急救援及响应缺陷		
	培训制度不完善		
	其他职业安全卫生管理规章制度不健全		
	职业安全卫生投入不足		
	职业健康管理不完善		
	其他管理因素缺陷		

四、按《职业危害因素分类目录》进行分类

卫生部颁发的《职业病危害因素分类目录》，将危害因素分为粉尘类、放射性物质类（电离辐射）、化学物质类、物理因素（高温、高气压、低气压、局部振动）、生物因素、导致职业性皮肤病的危害因素、导致职业性眼病的危害因素、导致职业性耳鼻喉口腔疾病的危害因素、职业性肿瘤的职业病危害因素、其他职业病危害因素等十类。表2-3依据卫生部《职业病危害因素分类目录》列出职业危害因素分类及可能导致的职业病。

表 2-3　危害因素分类（依据《职业病危害因素分类目录》）

危害因素	危害因素细类	可能导致的职业病
粉尘类	矽尘（游离二氧化硅含量超过10%的无机性粉尘）	（矽肺）
	煤尘（煤矽尘）	煤工尘肺
	石墨尘	石墨尘肺
	炭黑尘	炭黑尘肺
	石棉尘	石棉肺
	滑石尘	滑石尘肺
	水泥尘	水泥尘肺
	云母尘	云母尘肺
	陶瓷尘	陶瓷尘
	铝尘（铝、铝合金、氧化铝粉尘）	铝尘肺
	电焊烟尘	电焊工尘肺
	铸造粉尘	铸工尘肺
	其他粉尘	其他尘肺
放射性物质类（电离辐射）	电离辐射（X射线、γ射线）	外照射急性放射病
		外照射亚急性放射病
		外照射慢性放射病
		内照射放射病
		放射性皮肤疾病
		放射性白内障
		放射性肿瘤
		放射性骨损伤
		放射性甲状腺疾病
		放射性性腺疾病
		放射复合伤
		根据《放射性疾病诊断总则》可以诊断的其他放射性损伤

续表

危害因素	危害因素细类	可能导致的职业病
化学物质类	铅及其化合物(铅尘、铅烟、铅化合物,不包括四乙基铅)	铅及其化合物中毒
	汞及其化合物(汞、氯化高汞、汞化合物)	汞及其化合物中毒
	锰及其化合物(锰烟、锰尘、锰化合物)	锰及其化合物中毒
	镉及其化合物	镉及其化合物中毒
	铍及其化合物	铍病
	铊及其化合物	铊及其化合物中毒
	钡及其化合物	钡及其化合物中毒
	钒及其化合物	钒及其化合物中毒
	磷及其化合物(不包括磷化氢、磷化锌、磷化铝)	磷及其化合物中毒
	砷及其化合物(不包括砷化氢)	砷及其化合物中毒
	铀	铀中毒
	砷化氢	砷化氢中毒
	氯气	氯气中毒
	二氧化硫	二氧化硫中毒
	光气	光气中毒
	氨	氨中毒
	偏二甲基肼	偏二甲基肼中毒
	氮氧化合物	氮氧化合物中毒
	一氧化碳	一氧化碳中毒
	二氧化碳	二氧化碳中毒
	硫化氢	硫化氢中毒
	磷化氢、磷化锌、磷化铝	磷化氢、磷化锌、磷化铝中毒
	氟及其化合物	工业性氟病
	氰及腈类化合物	氰及腈类化合物中毒
	四乙基铅	四乙基铅中毒
	有机锡	有机锡中毒

续表

危 害 因 素	危害因素细类	可能导致的职业病
化学物质类	羰基镍	羰基镍中毒
	苯	苯中毒
	甲苯	甲苯中毒
	二甲苯	二甲苯中毒
	正己烷	正己烷中毒
	一甲胺	一甲胺中毒
	有机氟聚合物单体及其热裂解物	有机氟聚合物单体及其热裂解物中毒
	二氯乙烷	二氯乙烷中毒
	四氯化碳	四氯化碳中毒
	氯乙烯	氯乙烯中毒
	三氯乙烯	三氯乙烯中毒
	氯丙烯	氯丙烯中毒
	氯丁二烯	氯丁二烯中毒
	苯胺、甲苯胺、二甲苯胺、N,N-二甲基苯胺、二苯胺、硝基苯、硝基甲苯、对硝基苯胺、二硝基苯、二硝基甲苯	苯的氨基及硝基化合物(不包括三硝基甲苯)中毒
	三硝基甲苯	三硝基甲苯中毒
	甲醇	甲醇中毒
	酚	酚中毒
	五氯酚	五氯酚中毒
	甲醛	甲醛中毒
	硫酸二甲酯	硫酸二甲酯中毒
	丙烯酰胺	丙烯酰胺中毒
	二甲基甲酰胺	二甲基甲酰胺中毒
	有机磷农药	有机磷农药中毒
	氨基甲酸酯类农药	氨基甲酸酯类农药中毒
	杀虫脒	杀虫脒中毒
	溴甲烷	溴甲烷中毒

续表

危害因素	危害因素细类	可能导致的职业病
化学物质类	拟除虫菊酯类	拟除虫菊酯类农药中毒
	导致职业性中毒性肝病的化学类物质：二氯乙烷、四氯化碳、氯乙烯、三氯乙烯、氯丙烯、氯丁二烯、苯的氨基及硝基化合物、三硝基甲苯、五氯酚、硫酸二甲酯	职业性中毒性肝病
	根据职业性急性中毒诊断标准及处理原则总则可以诊断的其他职业性急性中毒的危害因素	
物理因素	高温	中暑
	高气压	减压病
	低气压	高原病、航空病
	局部振动	手臂振动病
生物因素	炭疽杆菌	炭疽
	森林脑炎	森林脑炎
	布氏杆菌	布氏杆菌病
导致职业性皮肤病的危害因素	导致接触性皮炎的危害因素：硫酸、硝酸、盐酸、氢氧化钠、三氯乙烯、重铬酸盐、三氯甲烷、β-萘胺、铬酸盐、乙醇、醚、甲醛、环氧树脂、尿醛树脂、酚醛树脂、松节油、苯胺、润滑油、对苯二酚等	接触性皮炎
	导致光敏性皮炎的危害因素：焦油、沥青、醌、蒽醌、蒽油、木酚油、荧光素、六氯苯、氯酚等	光敏性皮炎
	导致电光性皮炎的危害因素：紫外线	电光性皮炎
	导致黑变病的危害因素：焦油、沥青、蒽油、汽油、润滑油、油彩等	黑变病
	导致痤疮的危害因素：沥青、润滑油、柴油、煤油、多氯苯、多氯联苯、氯化萘、多氯萘、多氯酚、聚氯乙烯	痤疮
	导致溃疡的危害因素：铬及其化合物、铬酸盐、铍及其化合物、砷化合物、氯化钠	溃疡
	导致化学性皮肤灼伤的危害因素：硫酸、硝酸、盐酸、氢氧化钠	化学性皮肤灼伤
	导致其他职业性皮肤病的危害因素： 油彩 高湿 有机溶剂 螨、羌	油彩皮炎 职业性浸渍、糜烂 职业性角化过度、皲裂 职业性痒疹

续表

危害因素	危害因素细类	可能导致的职业病
导致职业性眼病的危害因素	导致化学性眼部灼伤的危害因素：硫酸、硝酸、盐酸、氮氧化物、甲醛、酚、硫化氢	化学性眼部灼伤
	导致电光性眼炎的危害因素：紫外线	电光性眼炎
	导致职业性白内障的危害因素：放射性物质、三硝基甲苯、高温、激光等	职业性白内障
导致职业性耳鼻喉口腔疾病的危害因素	导致噪声聋的危害因素：噪声	噪声聋
	导致铬鼻病的危害因素：铬及其化合物、铬酸盐	铬鼻病
	导致牙酸蚀病案的危害因素：氟化氢、硫酸酸雾、硝酸酸雾、盐酸酸雾	牙酸蚀病
职业性肿瘤的职业病危害因素	石棉所致肺癌、间皮瘤的危害因素：石棉	石棉所致肺癌、间皮瘤
	联苯胺所致膀胱癌的危害因素：联苯胺	联苯胺所致膀胱癌
	苯所致白血病的危害因素：苯	苯所致白血病
	氯甲醚所致肺癌的危害因素：氯甲醚	氯甲醚所致肺癌
	砷所致肺癌、皮肤癌的危害因素：砷	砷所致肺癌、皮肤癌
	氯乙烯所致肝血管肉瘤的危害因素：氯乙烯	氯乙烯所致肝血管肉瘤
	焦炉工人肺癌的危害因素：焦炉烟气	焦炉工人肺癌
	铬酸盐制造业工人肺癌的危害因素：铬酸盐	铬酸盐制造业工人肺癌
其他职业病危害因素	氧化锌	金属烟热
	二异氰酸甲苯酯	职业性哮喘
	嗜热性放线菌	职业性变态反应性肺泡炎
	棉尘	棉尘病
	不良作业条件（压迫及摩擦）	煤矿井下工人滑囊炎

　　至今，没有任何一种危险分类能涵盖所有的危险类型，以上四种关于危险类型的划分仅作为危险辨识时有序识别危险而不至漏掉的一个依据，四种分类方法侧重有所不同，彼此间也有重复的现象，在危险识别时为保证识别的全面，通常以某一种分类方法作为辨识的依据，其他分类方法作为参考依据，结合使用才有可能确保各种危险都能被辨识出来。

第二节　危险辨识方法

危险辨识的方法通常包括两大类，一类是对照经验法，另一类系统安全分析法。危险辨识过程中两种方法时常结合使用。

一、对照经验法

对照经验法是对照有关标准、法规、检查表或依靠分析人员的观察分析能力，借助于经验和判断能力直观地辨识危险的方法。经验法是辨识中常用的方法，其优点是简便、易行，其缺点是受辨识人员知识、经验和占有资料的限制，可能出现遗漏。为弥补个人判断的局限性，常采取专家会议的方式来相互启发、交换意见、集思广益，使危险、危害因素的辨识更加细致、具体。

对照事先编制的检查表辨识危险、危害因素，可弥补知识、经验不足的缺陷，具有方便、实用、不易遗漏的优点，但须有事先编制的、适用的检查表。检查表是在大量实践经验基础上编制的，美国职业安全健康局（OHSA）制定发行了各种用于辨识危险的检查表，我国一些行业的安全检查表、事故隐患检查表也可作为危险辨识的借鉴。表2-4是基于事故能量所列的一个危险检查表。

表 2-4　典型能量源

• 声音与其他噪声的产生源	• 电磁装置（无线电频率发生源）	• 旋转机械
• 传动装置	• 病源（病毒、细菌、真菌）	• 弹簧承载装置
• 锅炉与其他加热压力系统	• 爆炸电荷与装置	• 加热装置
• 抛射物体	• 外部来源（如地震、洪水、山体滑坡与天气状况）	• 磁性装置与来源
• 带电电容器	• 摩擦装置	• 物料处理装置
• 化学反应源	• 可燃物料	• 物料混合装置
• 燃烧系统	• 燃料与推进物	• 非电离辐射源（激光、紫外线、红外线等）
• 压缩装置	• 流体装置	• 核系统
• 冷却装置	• 气体发生器	• 蓄电池
• 低温与制冷系统和储存容器	• 危险物料输送系统	• 悬吊系统
• 排水系统	• 压力容器、系统与装置	• 伸张系统
• 发电机与输电系统	• 泵、鼓风机、风扇	• 真空系统与装置
• 坠落物体		• 振动装置
• 静电放电		

来源：Nicholas J. Bahr, System Safety Engineering and Risk Assessment-A Practical Approach, Washington DC: Taylor & Rrancis。

直接经验法的另一种方式是类比，利用相同或相似系统或作业条件的经验和职业安全健康的统计资料来类推、分析以辨识危险。随着现代科技的发展和安全科学的进步，生产安全事故数据越来越少，因而大量的未遂事件（near-miss）数据也可加以分析以识别危险所在。

二、系统安全分析法

系统安全分析法是应用系统安全的分析方法识别系统中的危险所在。系统安全分析法是针对系统中某个特性或生命周期中某阶段具体特点而形成针对性较强的辨识方法。因而不同的系统、不同的行业、不同的工程甚至同一工程的不同阶段所应用的方法各不相同。目前系统安全分析法包括几十种之多,但常用的主要包括以下几种,本书以后几章将逐一介绍。需要说明的是尽管这些方法被称为系统安全分析方法,分析过程中包括了危险辨识、风险评价和危险控制的过程,但是三个阶段之间并不是截然断开的。

- 危险性预先分析
- 故障模式及影响分析
- 危险与可操作性研究
- 事故树
- 事件树
- 原因后果分析法
- 安全检查表
- 故障假设分析

三、危险辨识的过程

为了有序、方便地进行危险辨识,防止遗漏,辨识过程中宜按厂址、平面布局、建(构)筑物、物质、生产工艺及设备、辅助生产设施(包括公用工程)、作业环境危险方面进行细致地辨识。

对厂址,应从厂址的工程地质、地形地貌、水文、气象条件、周围环境、交通运输条件、自然灾害、消防支持等方面进行辨识。

平面布局包括平面布置图和运输线路及码头两部分。前者在辨识过程中要考虑功能分区(生产、管理、辅助生产、生活区)布置以及高温、有害物质、噪声、辐射、易燃、易爆、危险品设施布置;工艺流程布置;建筑物、构筑物布置;风向、安全距离、卫生防护距离等方面。后者辨识中则需特别注意厂区道路、厂区铁路、危险品装卸区、厂区码头在运输、装卸、消防、疏散、人流、物流、平面交叉运输等方面存在的危险。

对建筑物、构筑物,主要从其结构、防火、防爆、朝向、采光、运输、通道、开门、生产卫生设施等方面进行辨识。

生产工艺过程中主要辨识物料的毒性、腐蚀性、燃爆性以及温度、压力、速度、作业及控制条件、事故及失控状态。

生产设备、装置方面危险辨识与生产系统相关性很大,化工设备、装置要识别高温、低温、腐蚀、高压、振动、关键部位的备用设备、控制、操作、检修和故障、失误时的紧急情况;机械设备辨识中应注意运动零部件和工件、操作条件、检修作业、误运转和误操作；电气设备应辨识断电、触电、火灾、爆炸、误运转和误操作，静电、雷电等危险类型等。

除此之外，危险辨识过程中还应考虑工时制度等其他因素的影响。

表 2-5 给出了一般设施危险的检查表，可供参考。

表 2-5　一般设施危险的检查表

危 险 类 型	危 险 类 型
一般厂房布置(General Plant Layout) • 危险操作的场所 • 加工车间的位置 • 实验室与测试设施场所 • 办公室场所 • 危险物料的处理与储存场所 • 应急系统 • 操作兼容性 • 存储区 • 装货区 • 废弃物处理区 • 火灾控制与隔离区 • 公众可出入的区域 • 工厂变更与翻新	工厂设施(Facility Utilities) • 其他设施供应(大量天然气、石油、煤、再生与工业余热发电供应) • 传输线与输电网 • 应急供电与应急无线电通信 防火(Fire Protection) • 火灾/烟气探测 • 警报 • 自动灭火 • 耐火设计 • 灭火器选择与放置位置 • 充分的火灾防护系统 • 损失设施过程中的火灾防护
建筑材料(Building Materials) • 原料兼容性 • 可燃性 • 结构完整性(尤其是屋顶、地板与墙壁充填) • 用材料的实用性 • 原料的适当使用 • 建造	通风(Ventilation) • 加热 • 空气流通 • 空气调节装置 • 湿度 • 危险物料与气体 • 紧急状况下的通风 • 空气中流动的微粒 • 毒物 • 爆炸环境
出入口(Access/Egress) • 安全出口生命安全要求 • 紧急情况(撤离、紧急响应) • 受限区 • 警戒解除区 • 操作 • 残疾人 • 楼梯/栏杆 • 装载/卸载人、物料 • 交通	照明(Lighting) • 环境反射光 • 紧急情况 • 特殊照明 • 光源 • 彩色灯使用 • 照明产生的热量
工厂设施(Facility Utilities) • 部分设施的控制、监测、关闭 • 能自动运转的设施 • 电力供应 • 饮用水供应 • 设施用水供应 • 清洁、污物、废水/废料处理	声音(Sound) • 发声装置 • 工厂噪声水平 • 来自机械与其他设备过程的噪声(如：气体流动系统) • 紧急状况警告系统 • 超声波

续表

危 险 类 型	危 险 类 型
个人安全(Personnel Safety) • 个人防护设备(手套、外衣、眼睛、面部与耳部防护、呼吸器) • 洗眼器与淋浴 • 暴露控制系统 • 急救 • 报警信号系统 文件(Documentation) • 物料安全数据表 • 培训计划 • 紧急管理计划 • 系统安全方案 • 操作程序 • 维护程序 • 事故调查报告与跟踪 • 测试程序 • 化学卫生计划 • 辐射控制计划 • 硬件与设施配置控制计划 电的(Electrical) • 上牌挂锁 • 接地/连接 • 开关装置 • 绝缘 • 电击 • 高压/低压 • 动力高峰 • 点火源 • 静电释放 • 电磁兼容性 • 配线与熔断 • 隔离电容器、可变电阻器、电阻器、整流器、电击板、电流接触器与继电器 • 关闭/断开 • 电气工具 • 粗心的操作 • 维护 • 闪电防护 • 紧急备用动力 • 紧急关闭 • 爆炸环境中的防爆部件 • 电动机、发电机、放大器与其他设备 • 电配送系统 • 电池、电池组、充电与直流电配送系统	电的(Electrical) • 变电所与变压器 • 电子系统 机械(Mechanical) • 机械防护 • 旋转机械 • 提升设备：包括起重机、台车、铲车等 • 机床 • 物料装卸与运输 • 振动 • 机械装置 • 风扇 • 传动装置、支撑设备、轴承、包装与密封及其他机械元件 • 燃气涡轮 • 蒸汽轮机 • 热交换器、冷凝器及热交换塔 • 核电 • 空气注射器 • 内燃机 • 维修操作 限制空间(Confined Space) • 隧道使用 • 存储罐、储藏箱、锅炉、管道及其他密封空间 • 活动地板 • 真空与压力空间 实验室(Laboratories) • 空间利用 • 工作台与工作面 • 化学与危险物料储存 • 排水系统 • 排气与通风系统 • 溢出、污染与清洁 • 设施 • 可混合物料 • 个人防护 • 压力与物料处理系统 • 泄漏检测与警告 • 紧急防护系统 • 废物产生与处置系统 压力系统(Pressure Systems) • 液压 • 压缩空气/空气系统

续表

危 险 类 型	危 险 类 型
压力系统(Pressure Systems) • 压缩气体瓶/罐 • 压力系统:包括卸压阀、阀门、快速分离器与其他压力元件 • 锅炉 • 泵 • 压缩机 • 真空泵、真空系统 • 紧急救援 • 热控制 • 监测与控制	操作(Operations) • 维护(有计划的与紧急情况) • 测试 物料处理(Material Handling) • 提升/跳/自动封锁机械 • 起重机 • 电梯、升降机与自动扶梯 • 卷扬机 • 吊索、锁链与钢索 • 磁力起重机 • 工矿车辆 • 推土机与挖土机 • 汽车卸载机械 • 集装箱与货柜装货 • 挖土与非公路用设备 • 起重机车与托盘装载 • 液面上/下操作 • 头顶上空的运输 • 空中运输 • 搬运 • 铲式与带式运输 • 气压运输 • 自动测量 • 溢出控制与封堵 • 排气与通风装置
致冷与低温(Refrigeration and Cryogenics) • 深度冷却 • 结冰 • 热膨胀 • 物料兼容性 • 气体液化 • 致冷剂与气体 • 系统控制与监测 • 蒸汽-压缩循环 • 吸收式制冷系统 • 热电冷却 • 直接膨胀系统 • 盐水系统 • 绝缘 • 窒息剂	
交流(Communications) • 播音系统 • 紧急通讯系统 • 公共事务 • 知情权 • 人机界面 • 管理层-员工关系 • 书面与口头程序 • 紧急操作、程序 • 紧急相应团队	辐射(Radiation) • 电离辐射系统(α粒子、β粒子、中子、X射线与γ射线) • 电离辐射探测系统 • 放射性同位素控制系统与管理 • 带有放射性同位素的实验室设备 • 核反应堆燃料系统 • 非电离辐射源(激光、雷达、紫外与红外线、微波、电磁干扰、无线电频率波、高频设备)
操作(Operations) • 正常操作 • 紧急操作 • 培训 • 换班工作	危险物料(Hazardous Materials) • 易燃/可燃系统与存储 • 爆炸与发火处理系统与存储区域 • 有毒物质处理、储存与处置系统 • 腐蚀性物品使用 • 氧化剂使用 • 水反应混合 • 不稳定物质的处理与存储 • 刺激性、窒息性、致癌性与病原体使用 • 放射性物质处理、检测、储存与处置

续表

危险类型	危险类型
加工车间(Shop Processes) • 成型过程与机械 • 拉模铸造机械 • 振动器 • 摔砂造模机 • 挤压与震实造型机械 • 铸造合金 • 熔化炉 • 喷砂处理机械 • 清洁机械、溶剂与设备 • 非破坏性检查(X射线、超声波、磁力探伤法等) • 破坏性实验机械 • 金属加工与金属切割操作 • 热与冷加工操作 • 轧制操作 • 防护涂层操作 • 动力压力机操作 • 水压机 • 落锤 • 蒸汽与气锤 • 平板弯曲机械 • 弧线与气体焊接法 • 电阻焊接 • 热金属切割机械 • 电渣焊 • 激光焊接 • 车床 • 镗床 • 钻孔、绞刀、罗纹与铣削机械 • 研磨与抛光机械 • 木材切割工具及机械	排气系统(Exhaust Systems) • 局部 • 通风橱 • 紧急排气装置 • 排气系统 • 洗涮与过滤系统 • 再循环、移动与再扬起系统 • 再生与余热发电系统
	自然现象(Natural Phenomena) • 下雨 • 干旱 • 洪水与滑坡 • 龙卷风、飓风与地震 • 雪、冰与暴风雪 • 疾风 • 极端的温度
燃料与熔炉(Fuels and Furnaces) • 燃料 • 燃烧炉 • 焚烧 • 电炉与烤箱 • 排气与物料处置	过程监测(Process Monitoring) • 过程检测 • 设施监测 • 压力、温度;流量、电压、电流与振动水平 • 环境(空气质量、温度、湿度) • 危险物料排放到环境中去 • 人体健康水平 • 火灾与气体监测 • 危险气体与蒸汽监测 • 氧气水平监测 • 泄漏监测 • 关键的安全子系统监测 • 质量、重量与体积监测 • 消费品的使用 • 化学与物理属性测量 • 电离辐射水平 • 非电离辐射水平 • 主要的自动控制 • 大型计算机控制系统 • 微机控制系统 • 警报、通告及其他警告系统
排气系统(Exhaust Systems) • 整体	

来源:Nicholas J. Bahr, System Safety Engineering and Risk Assessment-A Practical Approach, Washington DC: Taylor & Rrancis.

第三节 重大危险源

20世纪70年代以来，频频发生的重大工业事故已严重影响了各国的社会、经济和技术的发展，生产安全问题已引起了国际社会的广泛关注。相继出现了"重大危险（major hazard）"、"重大危险设施（国内称重大危险源，major hazard installations）"的概念。1974年6月英国弗立克堡（Flixborough）爆炸事故发生后，英国健康与安全委员会设立了重大危险源咨询委员会（Advisory Committee on Major Hazards，ACMH），专门负责重大危险源的辨识、评价和控制，成为世界上最早系统地研究重大危险源控制技术的国家。随后，英国健康与安全监察局（HSE）专门设立了重大危险管理处。1976年意大利北部城市塞韦索（Seveso）发生了化工厂环己烷泄漏的事故，造成30多人受伤，22万人紧急疏散，工厂周围方圆17平方公里的土地受到污染，这些事故给欧洲乃至整个世界以很大的震动。ACMH在1976年、1979年和1984年分别向HSE提交了3份重大危险源控制技术研究报告，由于其极富成效的开创性工作，英国政府于1982年颁布了《关于报告处理危险物质设施的报告规程》，1984年颁布了《重大工业事故控制规程》，ACMH还促使欧共体在1982年6月颁布了《工业活动中重大事故危险法令》，简称《塞韦索指令》（Seveso Directive），法令中列出了180种危险化学品物质，要求企业必须在确保安全的条件下才能生产。

为实施《塞韦索指令》，英国、法国、德国、意大利、比利时等原欧共体成员国都颁布了有关重大危险源控制规程，要求对工业的重大危险设施进行辨识、评价，提出相应的事故预防和应急计划措施，并向主管当局提交详细描述重大危险源状况的报告。

1984年印度博帕尔事故发生后，1985年6月国际劳工大会通过了关于危险物质应用和工业过程中事故预防措施的决定。同年10月国际劳工组织（ILO）组织召开了重大工业危险源控制方法三方讨论会。1988年10月ILO出版了《重大危险源控制手册》，1991年又出版了《预防重大工业事故的实施细则》，1992年国际劳工大会第79届会议对预防重大工业事故的问题进行了讨论，1993年通过了《预防重大工业事故公约》和建议书，公约定义"重大事故"为：在重大危险设施内的某项活动中出现意外的突发性的事故，如严重泄漏、火灾或爆炸，其中涉及到一种或多种危险物质，并导致对工人、公众或环境造成即刻的或延期的严重危险。"重大危险设施"被定义为：不论长期或临时加工、生产、处理、搬运、使用或储存超过临界量的一种或多种危险物质，或多类危险物质设施（不包括核设施、军事设施以及设施现场外的非管道的运输）。公约为建立各国重大危险源控制系统奠定了基础。

为促进亚太地区的国家建立重大危险源控制系统，1991年ILO在曼谷召开了重大危险源控制区域性讨论会，一些亚太国家相继建立了国家重大危险源控制系统。我国也于 2000 年推出了国标《重大危险源辨识标准》(GB 18218—2000)。

2009 年，GB 18218—2009《危险化学品重大危险源辨识》标准替代了 GB 18218—2000。

复习思考题

1. 危险类型如何划分？
2. 请阅读 GB 6441—1986、GB 13861—2009，了解这两个国家标准对危险类型是如何划分的。
3. 危险辨识的方法包括哪些？试分析它们各自的特点。
4. 危险辨识的过程是什么？
5. 请阅读 GB 18218—2009，了解辨识危险化学品重大危险源的依据与方法。
6. 请查阅国家安全生产监督管理局和中国安全生产科学研究院关于重大危险源的相关要求。

第三章 预先危险分析

预先危险分析（Preliminary Hazard Analysis，PHA）早期在 MIL-S-38130 中被称为概略危险分析（Gross Hazard Analysis），因为其对危险的分析只是停留在一个粗略的层面，这种危险分析方法在系统安全学科中是较早建立的一种方法。它是在设计、施工、生产等活动之前，预先对系统可能存在的危险的类别、事故出现的条件以及导致的后果进行概略地分析，从而避免采用不安全的技术路线、使用危险性物质、工艺和设备，防止由于考虑不周而造成的损失。如果一个系统在设计和制造过程中本身就存在安全缺陷，那么在系统运行过程中，这些缺陷的消除和控制将会耗费巨大的代价或者根本不可能做到，预先危险分析可以在各项活动之初识别危险加以控制，因而对于系统的安全性起着非常重要的作用，在一定程度上保证系统的本质安全。预先危险分析又被称为"预先危险性分析"或"危险性预先分析"，这种分析方法常常基于预先危险列表（Preliminary Hazard List，PHL）。

第一节 预先危险列表

预先危险列表是在系统的概念设计早期阶段进行的一种危险分析方法，其目的在于辨识和罗列出系统已知存在的和有可能存在的各种危险，并能进一步了解确保系统安全的关键点以及相应危险可能造成的事故。所有系统在其生命周期初始阶段都可采用这种方法，各种分析方法也基于该危险列表展开。预先危险列表有时单独作为一种危险分析方法，但更多的学者和工程师把它作为预先危险分析的一部分。

预先危险列表通常采用头脑风暴（Braining Storming）的方法得出或按照系统的功能结构逐一识别系统的危险所在。分析人员应该是该系统所涉及的各专业的工程师或专家，因为预先危险列表是在系统生命早期阶段进行的，系统设计还未充分展开，关于系统的相关信息较为缺少，因而分析时通常按图 3-1 的流程进行。

分析小组通过已有的设计知识和相关的危险方面的知识，并收集获取该系统或相关系统曾经有过的经验教训，通过分析、比较、讨论等方式最终提供该系统存在的危险，可能导致的事故以及进一步设计中的关键因素等。例如，电饭锅和压力锅是生活中常见的两种炊具，有没有可能把这两类炊具的功能结合到一体呢？如果生产一种新型的电子压力锅，都会存在哪些危险、可能造成哪些事故呢？这就需要采

图 3-1 预先危险列表分析过程

(来源：Clifton A. Ericson, Hazard Analysis Techniques For System Safety, John Wiley & Sons, Inc)

用预先危险分析列表的方法进行分析。根据图 3-1 的流程，可以得出电子高压锅可能出现的危险如下：

① 触电；

② 爆炸；

③ 烫伤；

④ 火灾。

第二节 预先危险分析方法

预先危险分析是在预先危险列表的基础上分析系统中存在的危险、危险产生的原因、可能导致的后果，然后确定其风险的等级，从而在技术手册上的信息不够充分的情况下确定在设计中应该采取什么措施消除或控制这些危险。预先危险分析的流程如下所述。

① 熟悉系统，确定系统将要保护的对象，通常为第一章所讲的人机环系统，有的系统在分析中还会特别强调产量、任务、测试目标等。

② 建立 PHA 分析的计划，根据第一章事故风险矩阵确定本系统可接受的风险水平。定义要分析系统的边界条件，了解其功能结构以及该分析处在生命周期哪个阶段，明确该分析是基于什么样的前提下进行，是基于建造还是基于设计，或是基于确定控制措施？在这一步中，系统界定得越清晰，危险分析才能越彻底、越全面。

③ 确定 PHA 分析小组的成员，小组成员应该是由分析所涉及的各专业的专家或工程师以及相应的操作人员组成。

④ 收集资料，尽管在进行 PHA 分析时，可获取的直接资料较少，但应了解类似系统或相关系统的情况，资料收集得越充分，危险辨识也才可能越准确。

⑤ 辨识系统中存在的危险，分析每一个危险将要危及的对象。注意危险并不等于后果，危险描述应基于第一章有关危险的概念，用危险的三要素来表达。这一步通常是分析小组采用头脑风暴的过程。常采用的辨识危险的方法如下所述。

a. 凭借工程师的"直觉"。
b. 检查和调查相似的设备或系统,拜访相关的人员。
c. 查阅相关的标准、法规或准则。
d. 查阅有关的检查表。
e. 查阅有关的历史文档,如事故文件、未遂事件报告、伤害记录、制造商的可靠性分析报告等。
f. 考虑"外部环境"的影响,如气象条件、所处的地理环境、员工性格等。
g. 考虑所触及的各种能量,因为能量是事故致因的一个关键。

⑥ 评估每一个危险对每一个目标影响的严重程度以及发生概率,评估时应注意如下的问题。

a. 每一个危险的严重程度随所影响的目标不同而不同。
b. 每一个危险发生概率的确定应与第②步定义的概率相一致。其可能随暴露时间、目标、人员或所处生命周期的阶段不同而不同。
c. 发生概率的确定在一定程度上具有主观性,因而需要各专业的专家或工程师协商决定。

⑦ 根据风险评估结果决定风险可否接受,如果风险不可接受,是否提出风险的控制措施?控制措施的选择依据第一章"事故风险控制"所列出的优先顺序进行。

⑧ 提出风险控制措施后要对系统重新进行评估以确定采用控制措施过程中是否又出现了新的危险,如真的出现新的危险且其风险程度不可接受,则还需重新确定控制措施,重新评估。

⑨ 最后将分析结果形成文件,通常以工作表形式体现,在此基础上形成 PHA 报告。

预先危险分析的过程可通过图 3-2 表示。

第三节　预先危险分析工作表

预先危险分析是根据系统的结构或特性详细地对系统进行危险分析,其分析结果通常以特定的工作表来体现。尽管工作表的形式没有严格的要求,但它至少应该包括以下的信息:

① 危险;
② 危险的结果;
③ 危险的原因;
④ 事故风险评估(包括采取风险控制措施之前和之后两种情况);
⑤ 消除或减缓危险影响的建议措施。

表 3-1 是一个预先危险分析工作表示例。其填写内容解释如下所述。

① 系统　这一条目里填写要分析的系统的名称。

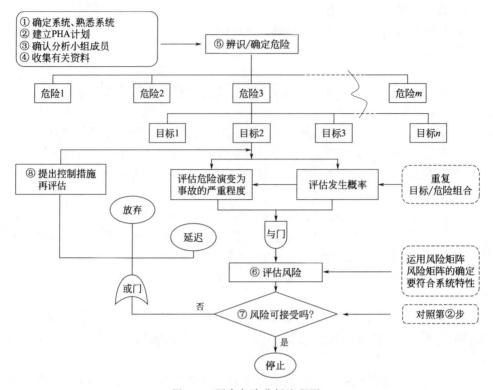

图 3-2　预先危险分析流程图

（来源：美国田纳西州塔拉霍马市 Sverdrup 科技有限公司系统安全培训教案，有改动）

② 子系统/功能　这一条目是要分析的子系统或某项功能。

③ 分析员　PHA 分析人员的姓名。

④ 日期　PHA 分析的时间。

⑤ 序号　这一栏填写 PHA 分析中所辨识危险的序号，为了使所辨识的危险有序，通常给出每个危险的序号，为以后的分析、索引提供便捷。

⑥ 危险　这一栏填写已辨识或要评估的危险。注意，即使某项危险在最后分析时不被认为是危险，也要在这里先记录下来。

⑦ 原因　这一栏填写导致危险演变为事故的条件、事件或失误。

⑧ 后果　这一栏填写危险的影响和结果。

⑨ 初始事故风险指数 IMRI　这一栏依据风险矩阵填写危险在没有采取控制措施的情况下，其演变为事故的严重程度和发生概率，这是定性描述的结果。风险矩阵的得出依据 MIL-STD-882，如果分析流程第②步确定了其对于该系统的风险矩阵各等级的概念，可针对具体系统加以调整。

⑩ 控制措施　这一栏填写阻止或控制已辨识出危险产生不良后果的建议措施，控制措施的提出应遵循设计消除——安全装置——警告措施——建立制度及培训的优先顺序。

⑪ 最终事故风险指数 FMRI　这一栏填写针对某项危险，当采取控制措施后其残余存在的风险，与第⑨栏相同，这仍是一个定性的结果。

⑫ 备注　该栏填写需要说明的内容。

⑬ 状态　这一栏特别说明危险的状态，包括打开和关闭两种状态。

表 3-1　预先危险分析工作表示例

系统：①			预先危险分析				分析人：③	
子系统/功能：②							日期：④	
序号	危险	原因	结果	初始事故风险指数	建议措施	最终事故风险指数	备注	状态
⑤	⑥	⑦	⑧	⑨	⑩	⑪	⑫	⑬

预先危险分析工作表不拘一格，分析者可根据系统的各自特点加以调整，表 3-2～表 3-5 是 PHA 的另外示例。

表 3-2　美国 NASA 的 Langley 研究中心 PHA 工作表

	预先危险性分析						
系统/功能：	系统项目：				第　页　共　页		
	合同号：				分析员：		
	操作模式：				日期：		
危险因素	危险条件	危险原因	危险后果	危险严重度等级	控制措施	备注	

表 3-3　美国 NASA 的 Lewis 研究中心 PHA 工作表

			预先危险分析工作表			日期：	
						第　页　共　页	
项目名称：						分析部分：	
序号	危险条件	危险原因	危险后果	危险严重度	危险发生概率	风险指数	危险控制

表 3-4　美国空军武器实验室 PHA 工作表

			预先危险分析工作表							
子系统/功能	模式	危险条件	产生危险条件的事件	危险的条件	导致事故的事件	潜在的事故	后果	危险等级	事故预防措施		
									硬件	制度	人员

表 3-5 美国 Sverdrup 公司 PHA 工作表

对系统简单的描述									
预期寿命	日期	危险目标	先前风险			控制措施描述	之后风险		
系统序号	分析状态 • 初始 • 检查 • 附加		严重度	概率	风险指数	用适当代码识别控制措施 D:设计选择 E:工程安全特性 S:安全设置 W:警告设置 P:制度/培训	严重度	概率	风险指数
危险序号及描述									
准备者: 日期:		危险目标代码:P-人员,E-设备,T-停工期 R-产量,V-环境					提交者: 日期:		

第四节 预先危险分析举例

一、新型电子压力锅预先危险分析

第一节预先危险列表中结合电饭锅和压力锅的特点对新型电子压力锅的危险进行了分析,该新型产品见图 3-3,其特点如下,试采用预先危险分析法对其进行系统安全分析。

① 当电子压力锅锅体内的压力超过一定的值时,压力阀会自动释放压力。

② 当锅体温度加热升高至 250℃时,自动调温器会断开加热线圈,停止加热。

③ 压力表分为红色区域和绿色区域两部分,当压力指针指向红色区域时表示"危险"。

该电子压力锅结构图较为简单,该系统分析中,危险可能影响的对象是人员(主要指电子压力锅操作者)电子压力锅系统和周围环境。该系统存在的危险第一节已经列出,结合第二节预先危险分析法的分析步骤,对其进行预先危险分析,结果见表 3-6。

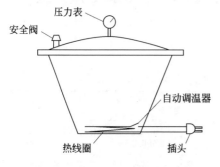

图 3-3 新型电子压力锅结构示意图

二、载人潜艇预先危险分析

近年来,随着人们生活水平的提高,人们在海滨度假时已经不满足于仅在海岸上活动,许多游客希望能够到海底探险,某海岸哨所负责管理海岸的安全问题。商家非常看好载人潜艇海底观光这项商业活动,因而向海岸哨所提出了从事该项商业活动的申请。这项活动将允许观光者观看海底沉船、珊瑚和其他海底生物。制造商

表 3-6 新型电子压力锅预先危险分析工作表

危险	原因	后果	发生概率	修正措施
触电	当操作者接触电线时由于绝缘层老化对操作者形成接地回路	轻微触电至电死程度不同取决于流经人体的整个回路的电阻，影响整个回路电阻大小的因素很多，如操作者所穿鞋子的绝缘性、操作者手指是否是湿的等	很少发生	采用绝缘层不易老化的材料； 采用三相插头； 仅将电子压力锅的插头插在装有接地故障电流断路器的插座上
火灾	电线绝缘层老化，当电流接触另一物体时有火花产生，且离电线很近的地方有易燃物质	压力锅系统和周围环境严重破坏	几乎不可能发生（绝缘层必须老化、有火花产生且很近的位置有易燃物质，三个条件同时存在的概率很低）	"触电"危险所对应的三项措施； 保持易燃物质远离电子压力锅系统
灼烫	人员触摸到热的压力锅锅体表面或锅内食物； 压力阀释放出的蒸汽也会对人造成烫伤	烫伤的程度取决于人的皮肤与热的表面或食物接触的时间长短	容易发生	如果必须接压力锅时需用防热垫； 把热的压力锅放在小孩触及不到的地方； 在压力阀上放一个盖子使释放出的蒸汽易于散发避免蒸汽集中烫伤皮肤
爆炸	自动调温器和压力阀失效且没有人注意到压力表的指针已指向红色区域	严重伤害或死亡； 电子压力锅系统的破坏； 周围环境的破坏	很少发生	采用高质量的压力阀和自动调温器； 采用冗余设计（如设计两个安全阀）

需要向海岸哨所证明所提供的商用载人潜艇是安全的。由于这是一项新的活动，相关资料和数据较为欠缺，针对在整个活动中可能出现的危险以及如何对它们进行控制以确保活动的安全，商家选择预先危险分析法进行危险分析。

商家邀请相关学科的专家，通过头脑风暴的方法完成了预先危险列表见表 3-7。

表 3-7 载人潜艇预先危险列表

危险
冲撞（海底或海面）
被海草缠绕
火灾
涌水
断电
观光者生病
潜水艇压载系统漏气
海底搁浅
应急或失控
无法营救潜水艇
氧气泄漏/CO_2 排除系统故障
失去联络

可以看出表 3-7 所列出的危险并未按某一种危险列表罗列,其原因在于每个系统作用不同,因而其危险也各不相同。一旦可能出现的危险已经列出,载人潜艇的功能结构可划分如图 3-4。对子系统耐压壳体进行 PHA 分析,工作表见表 3-8。

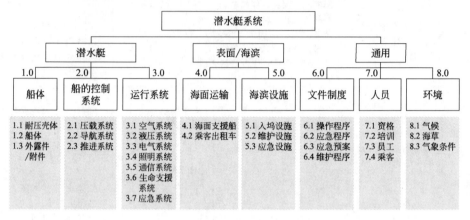

图 3-4　载人潜水艇系统功能图

表 3-8　载人潜水艇耐压壳体预先危险分析工作表

系统:潜水艇　　　　　　　　　　　　　　　　　　日期:06-11-03
子系统:船体　　　　　　　　　　　　　　　　　　分析员:李安全
小系统:耐压壳体　　　　　　　　　　　　　　　　页码:45

序号	危险描述	原因	后果	IMRI	危险控制措施	FMRI	控制措施确认	控制状态
1.1.01A	耐压壳体内部破裂或失效	耐压壳体设计不合理	壳体内涌水	1D	按照 CFR、MTS、ASME、ABS 和海军对耐压壳体的设计要求进行设计	1E	对照每条危险控制措施都进行设计检查	控制中,第一次检查为 1997 年 4 月
1.1.01B	耐压壳体内部破裂或失效	耐压壳体材料选择不合理	壳体内涌水	1C	按照 CFR、MTS、ASME、ABS 和海军规范测试耐压壳体的压力条件、材料	1E	对照危险控制措施进行正式的材料选择检查和测试	控制中
1.1.01C	耐压壳体内部破裂或失效	耐压壳体结构不合理	壳体内涌水	1C	按照 CFR、MTS、ASME、ABS 和海军关于结构的要求,制造时加以检查	1E	对照危险控制措施进行正式的制造质量确认检查	控制中

来源:Nicholas J. Bahr, System Safety Engineering and Risk Assessment-A Practical Approach, Washington DC:Taylor & Francis。

第五节 预先危险分析适用性说明

一、适用条件

预先危险分析方法可用于对整个系统的分析，也可用于对某个子系统、某项设备或某项操作进行，该分析常常在产品或系统生命周期的早期阶段如概念设计或设计初期进行，由于设计可依据资料的缺乏，该分析方法在于借助专业人士等的集体智慧识别出危险和事故以为进一步的设计提供决策依据。

预先危险分析是一种常用的危险分析方法，大多数情况下，它可辨别出系统中存在的主要危险；随着系统设计的深入，还会有新的危险出现，因而这种方法通常和其他方法相结合使用，如在 PHA 的基础上对后果严重的危险再进行故障模式及影响分析。

任何项目，无论其大小或投入多少都可采用预先危险分析方法辨识系统中的危险，从而通过控制措施减缓其影响。由于是在产品或系统生命周期的早期进行的预先危险分析，该方法分析起来较为容易。

二、优点

PHA 分析方法具有如下的优点。

① PHA 是一种简便易行的分析方法，通过它可以提供系统、子系统、某项设备或某项操作的已经存在的或可预见的危险清单。

② PHA 分析法通常在产品生命周期早期阶段进行，因而分析时花费不大，所识别的危险及其风险控制措施的提出有助于进一步的设计，同时也为管理决策提供有意义的分析结果。

③ PHA 分析法可以辨识系统中的大多数危险，也能提供系统的风险指数。

④ 采用商用的软件更有助于加快 PHA 分析过程。

三、使用局限性

PHA 是一种定性的危险分析方法，尽管它能辨识出大多数的危险，但不要指望采用这种方法就能识别出系统中的所有的危险，其风险评估也不可能是绝对正确的。PHA 分析法常通过各行业专家采用头脑风暴的方法进行危险识别，但不可否认，分析人员在相关知识、智力或能力方面并不绝对是权威的。

尽管分析人员竭尽所能了解设备、操作规程等各方面，PHA 分析法一次能识别出某个事件的危险或风险，但当多个元素互相作用、多个风险相互关联时，PHA 分析法很难对其作出全面的评价。

四、注意事项

当初次运用 PHA 分析方法时，难免会犯一些错误，以下是预先危险分析方法的注意事项。

① 一定要列出有关分析的所有的危险。列出所有的、可能的危险很重要，不要把任何可能存在的危险丢在分析之外。

② 一定要准确地记录辨识出的危险。PHA 分析法应该是系统最早进行的危险分析，后续的任何分析都是基于它的基础之上，它的准确性影响着后续分析的结果。

③ 分析时应该按功能结构或能量特点或其他方式有序地进行分析，这样才可保证在分析时没有漏掉某一项。

④ 注意参照第二章第一节危险类型和先前经验教训进行危险辨识，以保证分析的全面性。

⑤ 不要以为读者很容易明白而简略地描述危险，危险产生的原因、可能导致的后果都要以简洁准确的语言正确描述。

⑥ 控制措施的提出一定要针对辨识出来的危险，特别要针对其致因加以控制。

复习思考题

1. 什么是预先危险列表？什么是预先危险分析？试阐述二者之间的关系。
2. 试说明预先危险分析的流程。
3. 预先危险分析如何进行危险辨识？
4. 预先危险分析的分析结果涉及哪些内容？
5. 简述预先危险分析的适用条件。

第四章 故障模式及影响分析

故障模式及影响分析（Failure Mode and Effect Analysis，FMEA）及致命度分析（Criticality Analysis）是系统安全工程中重要的分析方法之一，主要分析系统、产品的可靠性和安全性。它采用系统分割的概念，根据实际需要分析的水平，把系统分割成子系统或进一步分割成元件。然后逐个分析元件可能发生的故障和故障呈现的状态（故障模式），进一步分析故障类型对子系统以致整个系统产生的影响，最后采取措施加以解决。在系统进行初步分析后，对于其中特别严重，甚至会造成死亡或重大财物损失的故障类型，则可以单独拿出来进行详细分析，这种方法叫致命度分析，它是故障模式及影响分析的扩展和量化；但由于致命度分析需要有关元器件故障的严格数据，而对于一般行业这些数据又很难获取，故有关致命度分析仅在第五节简单论述，感兴趣的同学可查阅可靠性理论相关参考文献。

故障模式及影响分析最初是依据1949年11月9日颁布的美国军队程序MIL-P-1629A发展起来的一种正式的危险分析方法，该程序名称为《执行故障模式、影响和致命度分析的程序》，现该程序已升级为美国军标MIL-STD-1629A。FMEA起初作为一种可靠性评估技术以检测系统或设备出现故障时对于其功能完成或设备安全、人员安全方面的影响，值得注意的是这种可靠性评估方法强调了对人员安全的影响。FMEA分析方法在航空火箭领域应用时为避免较小尺寸的元件的错误进一步发展为故障模式、影响和致命度分析（Failuer moded，effect and critical analysis，FMECA）方法。

1957年美国开始在飞机发动机上使用FMEA方法，20世纪60年代这种方法被广泛用于航天产业的研发，为登月计划起到了不可估量的作用。航天航空局和陆军进行工程项目招标时，都要求承包方提供FMECA分析，航天航空局还把FMEA当作保证宇航飞船可靠性的基本方法。尽管该方法是由可靠性发展起来的，但目前它已在核电站、动力工业、仪器仪表工业中得到广泛应用，20世纪70年代后期福特汽车公司在研究汽车油箱事故后再次引入这种分析方法，大大改善了汽车的设计和制造；日本的机械制造业如丰田汽车发动机厂也使用该法多年，并和质量管理结合起来，积累了相当完备的FMEA资料。1993年2月，FMEA又被美国汽车行业行动会（AIAG）和质量控制协会（ASQC）推为行业标准。美国职业安全健康管理局（OSHA）也认定FMEA为一种正式的系统安全分析方法，在许多重要领域该方法也被规定为设计人员必须掌握的技术，其有关资料被规定为不可缺少的文件。在我国军用标准 GJB-450—88 的可靠性设计及评价一节中明确指出，FMEA 是找出设计上潜在缺陷的手段，是设计审查中必须重视的资料之一。

第一节 故障模式及影响分析基本概念

一、故障

故障（Failure）是指元件、子系统、系统在规定的运行时间、条件内达不到设计规定的功能。并不是所有故障都会造成严重后果，而是其中一些故障会影响系统完不成任务或造成事故损失。

二、故障模式

故障模式（Failure Mode）是从不同表现形态来描述故障的，是故障现象的一种表征，即故障状态，相当于医学上的疾病症状。元件发生故障时，其呈现的模式可能不止一种。例如，一个阀门发生故障，至少存在内部泄露、外部泄露、打不开、关不紧等四种模式。故障模式不同，对子系统甚至系统产生影响的程度就不同。

故障模式一般可以从五个方面来考虑：运行过程中的故障，过早地启动，规定时间不能启动，规定时间不能停止，运行能力降级、超量或受阻。表 4-1 列出了一些元器件的故障模式。一些系统安全软件建立了常用元器件的故障模式库，便于分析人员快速分析。

表 4-1 部分元器件故障模式示例

元器件	故障模式示例
开关	故障断开、故障部分断开、故障关闭、故障部分闭合、使用时咔咔作响
阀门	故障断开、故障部分断开、故障关闭、故障部分关闭、使用时使水流或气流流动不稳定
弹簧	过于拉伸、过于压缩、断裂
电线	拉伸、断裂、扭绞、磨损
继电器	接触器闭合、接触器断开、线圈烧坏、线圈短路
操作者	对正确的器件错误操作、对错误的器件错误操作、对错误的器件正确操作、操作过早、操作过晚、没有操作

三、故障原因

故障原因（Failure Cause）是指导致元件、组件等形成故障模式的过程或机理，造成元件发生故障的原因在于如下几方面。

(1) 设计上的缺陷 由于设计所采取的原则、技术路线等不当，带来先天性的缺陷，或者由于图纸不完善或有错误等。

(2) 制造上的缺陷 加工方法不当或组装方面的失误。

(3) 质量管理方面的缺陷 检查不够或失误以及工程管理不当等。
(4) 使用上的缺陷 误操作或未按设计规定条件操作。
(5) 维修方面的缺陷 维修操作失误或检修程序不当等。

四、故障结果

故障结果（Failure Effect）是指元件、组件的故障模式对元件、组件本身及系统的操作、功能或状态产生的后果。

五、约定分析层次

系统根据一定的方式从高到低可进一步划分为子系统、单元、组件、元器件等层次，系统的复杂程度不同，需要进行分析的精确程度不同，则将要进行分析的层次也就不同。MIL-STD-1629A 在 FMEA 方法中要求分包、承包双方约定 FMEA 分析的层次被称为约定分析层次（Indenture Level）。图 4-1 是系统从高向低划分的层次图。

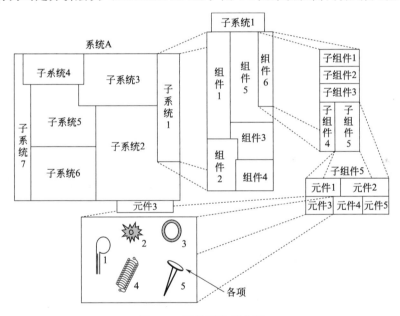

图 4-1 系统层次划分图

（来源：美国田纳西州塔拉雷马市 Sverdrup 科技有限公司系统安全培训教案，有改动）

六、可靠性框图

对于复杂的系统，为了说明系统各部分间功能的传输情况，以便于应用 FMEA，通常采用可靠性框图加以表示，如图 4-2。

从可靠性框图可看出：
① 系统包括子系统 10、20、30；
② 子系统 10 包括组件 11、12、13；

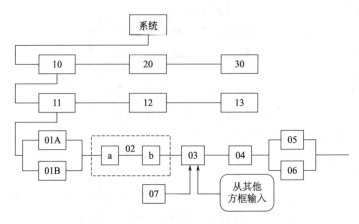

图 4-2　可靠性方框图
(来源：罗云等《注册安全工程师手册》，化学工业出版社)

③ 组件 11 包括元件 01A、01B、02、03、04、05 和 06；
④ 元件 01A 和 01B 相同，是冗余设计；
⑤ 元件 02 由 a 和 b 组成，只用一个编码；
⑥ 从功能上看，元件 03 同时受到 07 和来自其他系统的影响；
⑦ 元件 05，06 是备品回路，05 发生故障，06 即投入运行；
⑧ 正常运行时，元件 07 不工作。

从框图中可以明确地看出系统、子系统和元件之间的分析层次，系统以及子系统间的功能输入和输出方式及串联和并联方式。各层次要进行编码，且和将来制表的项目编码相对应。可靠性框图和流程图或设备布置图不同，它只是表示系统与子系统间功能流动情况，在采用 FMEA 方法时可以根据实际需要，对风险度大的子系统进行深入分析，问题不大的则可放置一边。

第二节　故障模式及影响分析方法

FMEA 是采用系统分割的概念，根据实际需要分析的水平，把系统分割成子系统或进一步分割成元件。然后逐个分析元件可能发生的故障和故障模式，进一步分析故障类型对子系统以致整个系统产生的影响，最后采取措施加以解决。FMEA 方法可用图 4-3 表示。图中可以看出分析方法是依据分析层次自上而下进行，分析的结果是以 FMEA 工作表形式体现，分析结果的精确程度与系统的划分程度有关。

一、系统划分

系统划分对 FMEA 分析结果十分重要，系统的划分有多种方式，在系统安全工程中其划分方法包括功能划分法（Functional Approach）、结构划分法（Structural Approach）和混合划分法（Hybrid Approach）。

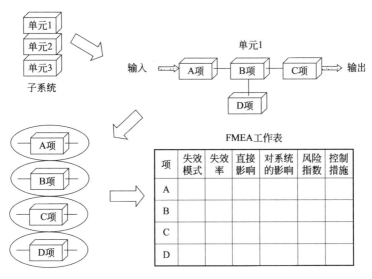

图 4-3　FMEA 原理图

（来源：Clifton A. Ericson, Hazard Analysis Techniques for System Safety, John Wiley & Sons, Inc）

系统功能划分法是指进行故障模式及影响分析时，根据系统的功能依次将系统进行系统、子系统、单元、组件等的划分，见图 4-4 上部分，该划分法强调系统各部分在运行其功能时出现什么样的故障，适用于在软件功能方面作出评估，其分析层次也多基于系统层次。图 4-5 是通讯系统的功能划分图。

系统结构划分法是指进行故障模式及影响分析时，根据系统的结构依次将系统进行系统、子系统、单元、组件等的划分，见图 4-4 下部分，该划分强调系统各部分运行其功能时是怎样出现故障的，适用于硬件方面的评估，分析层次多基于元器件的层次。图 4-6 是收音机结构划分图。

混合划分法是功能划分法和结构划分法的结合。通常这种方法始于对系统功能的划分，之后转向其硬件分析，特别是基于安全准则会直接导致功能失效的硬件。

二、方法概述

可靠性理论认为系统中的每一个元器件本身都存在故障模式，故障模式及影响分析针对每一个元器件的故障来分析该故障模式

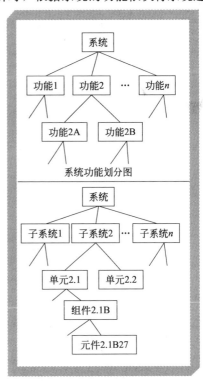

图 4-4　系统功能/结构划分图

（来源：Clifton A. Ericson, Hazard Analysis Techniques for System Safety, John Wiley & Sons, Inc）

第二节　故障模式及影响分析方法　51

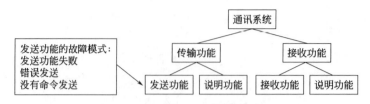

图 4-5 通讯系统的功能划分图

(来源：Clifton A. Ericson，Hazard Analysis Techniques for System Safety，John Wiley & Sons，Inc)

图 4-6 收音机结构划分图

(来源：Clifton A. Ericson，Hazard Analysis Techniques for System Safety，John Wiley & Sons，Inc)

对整个系统的影响。其起初的目的在于通过元件的故障确定系统的可靠性，这项分析技术从已确定系统的可靠性扩展到确定系统的安全。通过辨识元器件的故障模式来识别危险，从而控制风险，系统安全故障模式及影响分析可概括如图 4-7。

图 4-7 故障模式及影响分析概括图

(来源：Clifton A. Ericson，Hazard Analysis Techniques for System Safety，John Wiley & Sons，Inc)

进行故障模式及影响分析前所需获取的数据包括有关功能设计的信息，包括设计中每个组件、关键元件在系统中的作用、功能；分析前还需要掌握有关设计规范、相关图纸、可靠性框图等。同时，还应掌握系统所涉及元器件的故障模式以及它们的故障率。通过故障模式及影响分析最终可得系统都有哪些故障模式，它们会对系统导致什么样的后果，对系统的可靠性有怎样的影响，还会造成什么样的事故风险，根据风险评估的结果还可以确定系统中哪些元器件是至关重要的，从而可列出致命度分析清单，可进一步进行致命度分析。

故障模式及影响分析的过程如下所述，图 4-8 为 FMEA 分析流程图。

① 熟悉系统，确定系统将要保护的对象，即危险危及的目标，通常为第一章

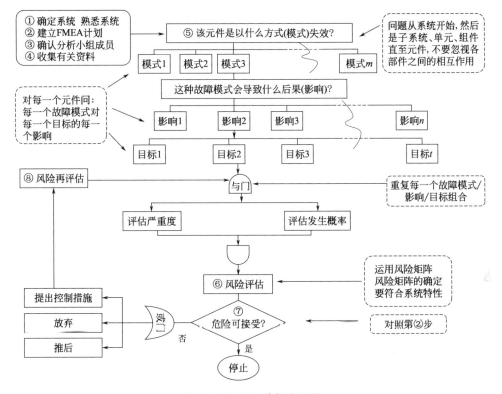

图 4-8 FMEA 分析流程图
（来源：美国田纳西州塔拉霍马市 Sverdrup 科技有限公司系统安全培训教案，有改动）

所讲的人机环系统，有的系统在分析中还会特别强调产量、任务、测试目标等。

② 建立 FMEA 分析计划，根据第一章事故风险矩阵确定本系统可接受的风险水平。定义要分析系统的边界条件，了解其功能结构，收集与系统有关的所有信息，从设计说明书等资料中了解系统的组成、任务等情况，查出系统含有多少子系统，各个子系统又含有多少单元或元件，了解它们之间如何结合，熟悉它们之间的相互关系、相互干扰以及输入和输出等情况。

③ 确认分析小组的成员。

④ 收集有关资料，进行 FMEA 分析时，应充分掌握子系统、元器件的功能及其故障模式，现一些分析软件已经将各类元件的故障模式集结成为数据库，便于提高分析人员的效率，但应注意，任何一个专家库或数据库都不是绝对充分的，分析时要特别注意结合系统特点及实践需要。了解系统的的使用寿命以及该分析所处生命周期的哪个阶段，然后采取适当的方式将系统进行合理的划分，建立其可靠性框图。

⑤ 依据分析系统的层次从高至低提问：辨识系统的故障是否导致不可接受的损失或不可承受的灾难，如果结果是"否"，则不需要进一步分析；如果结果是"是"，则分析需转入较低层次，即辨识子系统是否导致不可接受的损失或不可承受

第二节 故障模式及影响分析方法 53

的灾难，同样，如果结果是"否"，则不需要进一步分析；如果结果是"是"，则分析需转入下一个子系统，各子系统分析后再转入较低层次……这样的分析由高向低层次进行，直至每一个元器件。对每一个部件（元器件、组件、单元、子系统和系统）进行故障模式的识别，对每一个故障模式，通常回答以下两个问题：

- 这个部件会产生什么故障模式？
- 这个部件的这个故障模式对每一个威胁对象会产生什么影响？

⑥ 评估每一个故障模式对每一个威胁对象影响的严重程度和发生概率。根据第②步确定的风险矩阵进行风险评估。

⑦ 根据风险评估结果决定风险可否接受，如果风险不可接受，是否提出风险的控制措施？控制措施的选择依据第一章"事故风险控制"所列出的优先顺序进行。

⑧ 提出风险控制措施后要对系统重新进行评估以确定采用控制措施过程中是否又出现了新的危险，如真的出现新的危险且其风险程度不可接受，则还需重新确定控制措施，重新评估。

⑨ 最后将分析结果形成文件，通常以工作表形式体现，在此基础上形成FMEA报告。

第三节 故障模式及影响分析工作表

故障模式及影响分析过程仍是一个危险辨识、风险评价和风险控制的过程，分析的结果仍是以工作表的形式体现。随着项目的不同、分析精细程度的不同以及客户要求的不同，工作表的形式不完全一致。尽管工作表的形式没有严格的要求，但它通常包括以下的信息，表4-2是一个典型的FMEA工作表。表4-3、表4-4是其他几个不同形式的FMEA工作表。

① 故障模式；
② 故障模式对系统的影响；
③ 故障模式导致系统层面的危险；
④ 危险可能导致的事故；
⑤ 故障模式或危险产生的原因；
⑥ 故障模式的检测方式；
⑦ 建议措施；
⑧ 危险导致的风险。

FMEA工作表填写内容解释如下所述。

① 系统　该栏填写将要分析的系统。
② 子系统　该栏填写将要分析的子系统。
③ 运行阶段　本栏填写系统现运行的阶段或本次分析是初始分析还是检查再分析。
④ 条目　该栏是要分析的元器件、部件或某项功能。对于硬件而言，尽可能

表 4-2 FMEA 工作表示例

故障模式及影响分析

系统：①		子系统：②						运行阶段：③		
条目	故障模式	故障率	产生原因	直接影响	对系统影响	检测方法	目前控制	危险	风险	建议措施
④	⑤	⑥	⑦	⑧	⑨	⑩	⑪	⑫	⑬	⑭

表 4-3 美国 Sverdrup 公司 FMEA 工作表

项目号：									
子系统：			故障模式及影响分析			第 页 共 页			
系统：						日期：			
寿命周期：						准备人员：			
运行阶段：			FMEA 号			检查人员：			
						验收人员：			
序号	条目/项目	故障模式	故障原因	故障结果	目标①	风险评估			控制措施
						严重度	频率	风险代码	

① 目标指故障模式危及的对象，P—人员，E—设备，T—停工期，R—产量，V—环境。

表 4-4 MIL-STD-1629A 指定 FMEA 工作表

系统：										
分析层次：			故障模式及影响分析				第 页 共 页			
参考图纸：							日期：			
运行阶段：							填写人员：			
							验收人员：			
序号	条目	功能	故障模式及原因	运行阶段/操作模式	故障影响			故障检测方法	修正补偿	严重度等级	备注
					对本层次	对高一级层次	对系统				

用可靠性框图的编号来填写该栏，该编写应与其他分析或图纸等编号相一致，便于数据和资料的管理。

⑤ 故障模式　该栏填写每一个元件、每一项功能的所有的故障模式，故障模式的得出可依据不同的信息源，如历史数据、制造商提供的信息、经验或测试结果

等。因为每一个元件可能有多个故障模式，因而每一个故障模式都必须列出，然后逐一分析其影响等，书写时每一个故障模式占据一行。

⑥ 故障率　该栏填写所辨识的元件故障模式的故障率，有些数据可从行业标准中查出，但目前许多行业都没有这方面的准确数据，因而在 FMEA 工作表这一栏常常空缺。应用故障率数据时要确保数据来源可靠。

⑦ 产生原因　该栏填写导致某类特定故障模式的所有可能发生的原因。产生原因可基于不同的分析方法，如物理失效、毁坏、温度应力、振动应力等。该栏还应该列出影响元器件的所有条件以明确会不会有一些特殊的操作、人员、情形加剧了这种失效或破坏。

⑧ 直接影响　该栏填写故障模式所导致的最直接的影响，通常指对较低层次的影响，有时也写作"对组件的影响"或"对子系统的影响"，它与第⑨栏相对应。

⑨ 对系统影响　该栏填写故障模式对系统的影响，是指对较高层次的影响。

⑩ 检查方法　该栏填写某项故障模式发生后，在其没有导致严重后果前通过什么方法测得该故障模式。

⑪ 目前控制　该栏是指针对某项故障模式，为了阻止其导致不安全的后果目前所采取的控制措施。

⑫ 危险　该栏填写因某故障模式产生的特定的危险，有时危险与故障模式间没有非常严格的区别，在 FMEA 中，辨识出故障模式，其实在一定程度上就已经识别了危险。同样记住，记录下所有的危险，即使以后的分析可以证明所列出的危险并不是危险。

⑬ 风险　该栏是定性描述已辨识的危险演变为事故的发生概率与严重程度，其确定依据第一章的风险矩阵。在可靠性理论中，风险通常用风险等级号（Risk Priority Number，RPN）来表示，但这并不适合于针对安全的风险评估。

⑭ 建议措施　该栏填写消除或减缓潜在故障模式影响的措施和方法。

第四节　故障模式及影响分析举例

一、手电筒故障模式及影响分析

手电筒的故障模式及影响分析主要是了解手电筒各元件在使用过程中会出现哪些故障，产生哪些故障模式，这些故障模式对其本身以及整个手电筒的功能都会产生什么影响。对于手电筒进行 FMEA 分析，主要是基于其结构进行分析，其分析层次应是基于元件，故障模式危及的对象应是设备，这里主要涉及设备可靠性或设备安全的问题，不涉及人员安全问题。

确定了手电筒的功能和分解等级程度之后,就可画出系统可靠性框图,见图4-9。

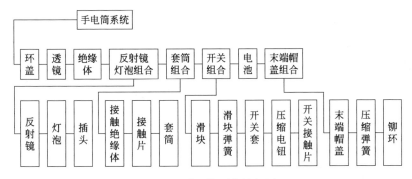

图 4-9 手电筒可靠性框图
(来源:罗云等《注册安全工程师手册》,化学工业出版社)

表 4-5 所示是参考同类产品的故障模式而选定的所分析产品的故障模式。完成填写故障模式表格之后,分析这些故障的故障模式,查找出现这些故障的原因(一个故障可能有多种原因),查明每个故障可能给系统运行带来的影响,并且确定故障检测方法和故障危险等级分类。表 4-6 是对手电筒部分组件进行 FMEA 的工作表,严重度是依据故障模式对手电筒功能的影响程度来确定的,Ⅰ 级表示影响程度最为严重,严重度为 Ⅰ 级的故障模式列为致命度分析清单中。表 4-7 是影响手电筒的致命度分析清单。

表 4-5 手电筒故障模式一览表

零件或组合件名称	故 障 类 型
环盖	1.脱落;2.变形而断;3.影响透镜功能
透镜	4.脱落;5.破裂;6.模糊
绝缘体	7.折断;8.脱落
反射镜灯泡组合	9.灯丝烧毁;10.灯泡松弛;11.灯丝与焊口导通不良;12.灯泡反射镜螺丝生锈;13.反射镜与接触片导通不良;14.反射镜装不进套筒
套筒组合	15.与环盖连接不良;16.与末端盖螺纹连接不良;17.与开关连接松弛;18.套筒与开关之间导通不良;19.接触片变形;20.接触片绝缘体的绝缘不良;21.开关滑动不灵;22.开关与套筒脱落;23.接触片、电池间空隙过小
电池	24.电池放电;25.电池装配不良;26.电池与灯泡间的导通不良;27.电池间导通不良;28.电池与控制弹簧间导通不良;29.电池与套筒绝缘不良;30.电池与开关接触片绝缘不良;31.电池阳极生锈
末端帽盖组合	32.压缩弹簧功能失灵;33.末端帽盖与套筒接触不良;34.末端帽盖脱落;35.末端帽盖断而变形;36.螺纹部生锈;37.末端帽盖与弹簧接触不良

第四节 故障模式及影响分析举例 57

表 4-6 手电筒 FMEA 一览表

序号	零件或组合件	故障模式	故障原因	故障的影响 零件或组合件	故障的影响 系统	检测方法	危险等级	备注
1	环盖	影响透镜功能	变形	功能不全	可能功能失灵	目测	Ⅱ	
		脱落	1. 螺纹磨耗 2. 操作不注意	功能不全	功能失灵	目测	Ⅰ	
		变形而断	压坏	功能不全	降低功能	目测	Ⅱ	
2	透镜	脱落	1. 破损脱落 2. 操作不注意	功能不全	功能不全	目测	Ⅱ	
		破裂	操作不注意	降低功能	功能下降	目测	Ⅲ	
		模糊	保管不良	降低功能	功能下降	目测	Ⅳ	
3	绝缘体	折断	1. 装配不良 2. 材质不良	有不闭灯的可能性	可能缩短使用时间	拆开目视	Ⅲ	
		脱落	1. 装配失误 2. 由于断损	不闭灯	使用时间缩短	拆开目视	Ⅱ	
4	反射镜灯泡组合	灯丝烧毁	1. 寿命问题 2. 冲击	不能开灯	功能失灵	拆开目视	Ⅰ	
		灯泡松弛	1. 嵌合不良 2. 冲击	可能造成回路切断	可能功能失灵	拆开目视	Ⅱ	
		灯丝与焊口导通不良	1. 磨损 2. 加工不良	可能造成回路切断	功能失灵	拆开目视检查	Ⅰ	
		灯丝螺纹生锈	1. 保管不良 2. 材质不良	可能造成回路切断	可能功能失灵	拆开目视检查	Ⅱ	

表 4-7 手电筒的致命度分析清单

序号	品目	故障模式	影响	危险等级	防止措施
1	环盖	脱落	功能失灵	Ⅰ	
2	反射镜灯泡组合	灯丝烧损	功能失灵	Ⅰ	
		灯丝与焊口导通不良	功能失灵	Ⅰ	
		反射镜与接触片之间导通不良	功能失灵	Ⅰ	
		反射镜与套筒嵌合不良	功能失灵	Ⅰ	
3	套筒组合	套筒与开关之间导通不良	功能失灵	Ⅰ	
4	开关组合	开关滑块不能滑动	功能失灵	Ⅰ	
		开关与套筒组合脱落	功能失灵	Ⅰ	
5	电池	电池放电	功能失灵	Ⅰ	
		电池安装不良	功能失灵	Ⅰ	
		电池与灯泡间导通不良	功能失灵	Ⅰ	
		电池与电池间导通不良	功能失灵	Ⅰ	
		电池与压簧间导通不良	功能失灵	Ⅰ	
		电池与套筒间绝缘不良	功能失灵	Ⅰ	
		电池与开关接触片绝缘不良	功能失灵	Ⅰ	
6	末端帽盖组合	末端帽盖与套筒间导通不良	功能失灵	Ⅰ	
		末端帽盖脱落	功能失灵	Ⅰ	
		末端帽盖与弹簧导通不良	功能失灵	Ⅰ	

二、电子压力锅故障模式及影响分析

上一章我们对新产品电子压力锅在其概念设计阶段进行了预先危险分析,随着产品研发的深入,现已进入试验阶段,在其使用中还会出现哪些危险?预先危险分析已不能满足现阶段分析的要求,与预先危险分析相比较,故障模式及影响分析更为细致、深入,因而采用该方法在元器件层面对其进行进一步分析,保护的对象为人员、食物产量和压力锅本身,分别用 P、R 和 E 表示。该阶段已有的资料更为充分些。电子压力锅示意图见图 4-10。电子压力锅系统描述如下。

① 压力锅靠线圈通电加热锅体。

② 当电子压力锅锅体内的压力超过一定的值时,依靠弹簧作用的压力阀会自动释放压力。

③ 当锅体温度加热升高至 250℃时,自动调温器会断开加热线圈,停止加热。

④ 压力表分为红色区域和绿色区域两部分,当压力指针指向红色区域时表示"压力过大"。

⑤ 高温/压煮食物能充分消毒,食物煮得火候不到则不能杀死肉毒杆菌霉毒。

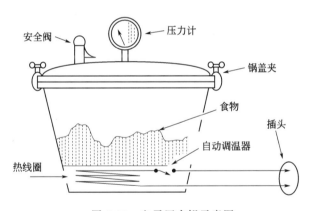

图 4-10 电子压力锅示意图

(来源:美国田纳西州塔拉霍马市 Sverdrup 科技有限公司系统安全培训教案,有改动)

厨师在煮饭过程中需进行如下的操作:

① 给压力锅加载;

② 封严压力锅;

③ 连接电源;

④ 观察压力;

⑤ 根据预定压力确定煮饭时间;

⑥ 倒出食物。

电子压力锅故障模式及影响分析结果见表 4-8。

表 4-8　电子压力锅 FMEA 工作表

项目号：		第　页　共　页
子系统：	故障模式及影响分析	日期：
系统：压力锅/食物/厨师		准备人员：
寿命周期：25 年，2 次/周	FMEA 号	检查人员：
运行阶段：煮饭时		验收人员：

代码	条目/项目	故障模式	故障原因	故障结果	目标	风险评估 严重度	风险评估 概率	风险评估 风险代码	控制措施
SV	安全阀	断开	弹簧断了	蒸汽灼烫，延长煮饭时间	P R E	II IV IV			
		关闭	腐蚀，制造缺陷，食物的影响	超压保护失效，自动调温器保护，没有直接影响，但潜在可能导致爆炸或烫伤	P R E	I IV IV			
		漏气	腐蚀，制造缺陷	蒸汽灼烫，延长煮饭时间，没有直接影响，但潜在可能导致烫伤	P R E	II IV IV			
TSw	自动调温开关	断开	有缺陷	没有加热食物，无法煮熟食物	P R E	… IV IV			
		关闭	有缺陷	持续加热，安全阀保护，	P R E	I IV IV			
PG	压力计	假高压力读数	有缺陷	食物煮得欠火候，肉毒杆菌霉毒没有被杀死，厨师去干预（任务没完成）	P R E P R E	I IV IV … IV IV			
		假低压力读数	有缺陷	食物煮过了，如果自动调温开关没有关上有可能安全阀保护释放蒸汽（也可能导致爆炸或烫伤）	P R E	I IV IV			
CLMP	锅盖夹	断裂	有缺陷	爆炸压力释放，碎片飞溅，烫伤	P R E	I IV IV			

注："目标"指故障模式危及的对象，P—人员，E—设备，R—产量。

三、DAP 反应系统故障模式及影响分析

用 FMEA 对 DAP 反应系统进行分析，图 4-11 是 DAP 反应系统的工艺流程图。一定量的氨水和一定量的磷酸溶液通过搅拌反应生产 DAP，在该工艺过程中，磷酸溶液与氨水溶液加入到带夹套的反应釜中，磷酸与氨水反应生成 DAP，DAP

是无任何危险的产品。如果进入反应釜中的磷酸溶液流量太大，则得不到所希望的新产品，但反应是安全的；如果磷酸溶液和氨水溶液的流量同时增加，此时反应放出的热量将增加，反应过程变得不可控制；如果氨水溶液进料流量太大，未反应的氨水溶液与 DAP 一起进入 DAP 储槽，DAP 储槽将放出氨气充满工作区。对磷酸溶液控制阀 B 的 FMEA 分析见表 4-9。

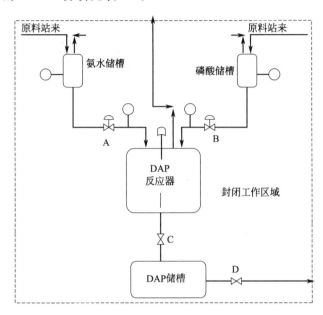

图 4-11 DAP 反应系统的工艺流程图

表 4-9 DAP 工艺过程的 FMEA 分析

日期：4/23/1998　　　　　　　　　　　　　　　　　　页码：第 5 页　共 24 页
装置：DAP 装置　　　　　　　　　　　　　　　　　　系统：反应系统
参考资料：上图　　　　　　　　　　　　　　　　　　人员：李安全

项目	标识	说明	失效模式	后 果	已有的安全保护措施	建议措施
4.1	磷酸溶液管道上的阀门 B	电动机驱动，常开，磷酸介质	全开	过量磷酸溶液送入反应器；如果氨的进料量也很大，反应器中将产生高温和高压，导致反应器或 DAP 储槽液位升高；产品不符合规格（酸浓度过高）	磷酸溶液管道上装有流量保护器；反应器装有安全阀；操作人员观察 DAP 储槽	安装当磷酸溶液流量高时的报警/停车系统；在反应器上安装当温度和压力高时报警/停车系统；在 DAP 储槽上安液位高时报警/停车系统
4.2	磷酸溶液管道上的阀门 B	电动机驱动，常开，磷酸介质	关闭	无磷酸溶液送入反应器；氨气被带入 DAP 储槽并释放到工作区域	磷酸溶液管道上装有流量保护器、氨检测器和报警器	安装当磷酸溶液流量小时的报警/停车系统；使用封闭的 DAP 储槽或者保证工作区域通风良好

续表

项目	标识	说明	失效模式	后果	已有的安全保护措施	建议措施
4.3	磷酸溶液管道上的阀门B	电动机驱动,常开,磷酸介质	泄漏(向外)	少量磷酸溢流到工作区域	定期维护 设计的阀门耐酸	确保定期维护和检查该阀门
4.4	磷酸溶液管道上的阀门B	电动机驱动,常开,磷酸介质	破裂	大量磷酸溢流到工作区域	定期维护 设计的阀门耐酸	确保定期维护和检查该阀门

来源:廖学品编著,化工过程危险性分析,北京,化学工业出版社,2000

第五节 致命度分析

对于特别危险的故障模式,例如故障等级等于Ⅰ级的故障模式,有可能导致人身伤亡或系统损坏,因此对这类元件要特别注意,可采用称为致命度的分析方法(CA),进一步分析。

美国汽车工程师学会(SAE)把故障致命度分成表 4-10 中的四个等级。

表 4-10 致命度等级与内容

等级	内容	等级	内容
Ⅰ	有可能丧失生命的危险	Ⅲ	涉及运行推迟和损失的危险
Ⅱ	有可能使系统损坏的危险	Ⅳ	造成计划外维修的可能

致命度分析一般都和故障模式影响分析合用。使用式(4-1)计算出致命度指数 C_r,它表示元件运行 100 万小时(次)发生故障的次数。

$$C_r = \sum_{i=1}^{n}(\alpha \cdot \beta \cdot k_A \cdot k_B \cdot \lambda_G \cdot t \cdot 10^6) \tag{4-1}$$

式中　C_r——致命度指数,表示相应系统元件每 100 万次或 100 万件产品中运行造成系统故障的次数;

n——元件的致命性故障模式总数,$i=1,2,\cdots,n$;

i——致命性故障模式的第 i 个序号;

λ_G——元件单位时间或周期的故障率;

k_A——元件 λ_G 的测定与实际运行条件强度修正系数;

k_B——元件 λ_G 的测定与实际行动条件环境修正系数;

t——完成一项任务,元件运行的小时数或周期数;

α——致命性故障模式与故障模式比,即致命性故障模式所占比例;

β——致命性故障模式发生并产生实际影响的条件概率,其值如表 4-11。

表 4-11 β 值

故障影响	发生概率 β	故障影响	发生概率 β
实际丧失规定功能	$\beta=1.00$	可能丧失规定功能	$0<\beta<0.1$
很可能丧失规定功能	$0.1<\beta<1.00$	没有影响	$\beta=0$

单位调整系数,将 C_r 值由每工作一次的损失率换算为每工作次的损失换算系数,经此换算后 $C_r>1$。表 4-12 为致命度分析表格。

表 4-12 致命度分析表格

系统:　　　　　　　　　　　　　　　　　　　　　　　日期____

　　　　　　　　　　　　　　　　　　　　　　　　　　制表____

子系统:　　　　　　　　　　　　　　　　　　　　　　主管____

项目编号	致命故障			致命度计算								
	故障类型	运行阶段	故障影响	项目数	k_A	k_B	λ_G	故障率数据来源	运转时间或周期	可靠性指数	α	β	C_r

第六节 故障模式及影响分析适用性说明

一、适用条件

故障模式及影响分析是通过系统、子系统、单元、元器件的故障模式来辨识系统的危险,在此基础上评估故障模式对系统影响的一种危险分析工具。它是一种自下而上的分析方法,在产品或系统的设计和研发阶段应该合理使用这种方法,尤其在详细设计阶段,因为系统设计已经细致到元器件层次,这时采用 FMEA 方法对保证设计的正确合理有积极的作用,因为在这时发现问题及时修改还不需要太昂贵的费用。

如果能获取每个元器件的故障概率,就可以计算元器件的故障模式对整个系统的影响从而可以确定是否进行设计变更。FMEA 方法适用于从系统到元器件之间任一层次的分析,但它通常分析较低层次的危险,它既可以进行定性的分析,也可以进行定量的分析。在运用这种分析方法时,除了掌握其原理所在,还要对系统中各组件有着深刻的了解。

FMEA 是一种较为精细的分析方法,在实践中常和其他方法结合使用。

二、优点

FMEA 分析方法易于理解和操作，具有如下的优点。

① 通过每个元件的每个故障模式及影响的一一分析，能够提供一个精确、细致的分析结果。

② 分析结果可用来优化设计、优化系统，在系统采用"故障安全"设计可得到较为满意的操作。

③ 对于高风险的系统或子系统采用这种分析方法可以得到比 PHA 更为精确的结果。由于对每一个元器件的每一个故障模式进行评估，这种方法比事故树分析更为细致。

④ 对分析的部件可进行可靠度方面的预测，采用商用的软件更有助于分析过程。

三、使用局限性

FMEA 在使用中的局限性如下所述。

① 对大型、复杂系统进行分析时，这种分析方法耗费大量的时间和精力；如果将精力花费在每一个细节上，则难免会在宏观层面上失去对系统的控制。

② 仅能识别单个元件的故障模式，无法识别部件间相互作用的影响，更无法辨识它们所导致的组合故障模式的严重度和发生概率。

③ 要识别所有的故障模式，分析结果的准确程度受分析专家知识程度及对系统熟悉程度的影响。

④ 这种分析方法无法识别人因失误和外界影响因素。

四、注意事项

采用 FMEA 分析时，一开始便要根据所了解的系统情况，决定分析到什么水平，这是一个很重要的问题。如果分析程度太浅，就要漏掉重要的故障模式，得不到有用的数据；如果分析程度过深，一切都分析到元件或零部件，则会造成手续复杂，很难提供切实有效的控制措施。一般来讲，经过对系统的初步了解后，就会知道哪些子系统比较关键。对关键的子系统可以分析得深一些，不重要的分析得浅一些，甚至可以不进行分析。

对于一些功能器件像继电器、开关、阀门、储罐、泵等都可当作元件对待，不必进一步分析。

在运用 FMEA 方法时，应注意避免一些习惯性的错误：

① 没有采用结构划分图进行标准的分析；

② 没有邀请设计人员参加分析以获取更广泛的观点；

③ 没有彻底调查每一个故障模式的全面影响。

复习思考题

1. 什么是故障及故障模式?
2. 请查阅基本元件故障模式库。
3. 请查阅 MIL-STD-1629A,了解关于 FMEA 方法的要求。
4. 如何进行故障模式及影响分析,请阐述其分析流程。
5. 故障模式及影响分析是如何进行危险辨识的?
6. 故障模式及影响分析能得到什么结果?
7. 请分析故障模式及影响分析的适用条件。

第五章 危险与可操作性研究

危险与可操作性研究（Hazard And Operability Study，HAZOP）又称为危险与可操作分析（Hazard And Operability Analysis，HAZOP），是从生产系统中的工艺状态参数出发，运用启发性引导词来研究状态参数的变动，从而进行危险辨识，在此基础上分析危险可能导致的后果以及相应的控制措施。

随着工业自动化、连续化、大型化的日益发展，生产工艺越来越复杂，特别是出于经济的原因，单系列的生产装置更加普遍，这种工厂任何一个环节发生故障就会对整个系统产生很大影响，甚至酿成事故。

在设计过程中，如果从开始就注意消除系统的危险性，无疑能提高工厂生产的安全性和可靠性。但是仅靠设计人员的经验和相应的法规标准很难达到完全消除危险的目的，特别是对于操作条件严格、工艺过程复杂的工厂则需要寻求新的方法，使得该方法能在设计开始时对建议的工艺流程进行预审定，在设计终了时对工艺详细图纸进行详细的校核。

为了解决上述问题，人们已经找到了许多方法，但由于历史原因这类方法往往偏重于设备方面。许多年来，化工生产是分批操作，出的事故多半是在设备上，因而从设备上考虑安全问题是很自然的，一谈到安全，我们就会首先考虑设备的结构强度是否足够？选用的材料是否适当？设备上安装的减压阀、排放管、仪表等安全装置是否适用等。前面所介绍的FMEA法就是这种方法之一。当然这类方法都是有效的，但是生产是一个系统在活动，该系统是将各种设备按不同需要连在一起为一个生产目标而进行活动，是一个运动着的整体。这时仅仅考虑设备就不够了，还必须考虑操作。很多潜在的危险性在静止时往往被掩盖着，一旦运转起来便出现了。因此，对于本身就在处理庞大能量的石油化工工业，在控制条件、产品质量要求十分严格的情况下，更需要开发新的系统安全分析方法来判明操作中的潜在危险性。

1974年，英国帝国化学工业公司（ICI）开发的可操作性研究（Operability Study，OS）方法，是在设计开始和定型阶段发现潜在危险性和操作难点的一种方法，后发展成为危险与可操作性研究，在许多化工厂实践后都证明有效。

第一节 危险与可操作性研究基本概念

一、系统参数

系统参数（System Parameter）又称为工艺参数，是与过程有关的物理和化学特性，包括概念性的项目，如反应、混合、浓度、pH值及项目如温度、压力、相数及流量，通过工艺参数可以知道系统在进行的操作。表5-1是化工生产中常用的工艺参数。

表 5-1　化工生产中常用的工艺参数

• 流量	• 温度	• 压力	• 液位
• 时间	• pH值	• 组成	• 速度
• 频率	• 电压	• 黏度	• 信号
• 混合	• 分离	• 添加剂	• 反应

二、工艺指标

工艺指标（Design Representation）是指工艺过程的正常操作条件，通常采用一系列的表格，用文字或图表进行说明，如工艺说明、流程图、管道图、PID图，工艺指标确定了装置应如何按照希望的操作而不是发生偏差。例如某管线中的液体以某特定速度、特定温度或特定压力沿特定方向流动，其中"速度"、"温度"、"压力"、"流向"的具体值即为其工艺指标，通过工艺指标可以知道系统被操作时的具体参数。

三、引导词

引导词（Guide Word）是用于定性或定量说明工艺指标值的简单词语，其目的在于引导识别工艺过程中的工艺指标与预计值间存在的偏差。不同的工艺、所处产品生命周期不同的阶段，对引导词的理解都各不相同。

由于引导词过于简单，在运用时还应结合具体的生产实践。表5-2是常用引导词及其意义。

表 5-2　常用引导词及其意义和说明

关键字	意　义	说　明
空白(None)	完全实现不了设计规定的要求	该部分未发生设计所要求的事件，例如：设计中管内应有流体流动，但实际上管内没有流体流动
多(MORE)	比设计规定的标准增加了	在量的方面有所增加，如比设计规定过高的温度、压力、流量等
少(LESS)	比设计规定的标准减少了	在量的方面有所减少，如比设计规定过低的温度、压力、流量等
以及(AS WELL AS)	质的变化	虽然可达到设计和运转的要求，但在质的方面有所变化，如出现其他的组分或不希望的相(phase)
部分(PART OF)	数量和质量均有下降的变化	仅能达到设计和运转的部分要求，例如组分标准下降
反向(REVERSE)	出现与设计和运转要求相反的情况	如发生逆流、逆反应等
异常(OTHER THAN)	出现了不同的事件	发生了不同的事件，完全不能达到设计和运转标准的要求

四、偏差

偏差（Deviation）指使用引导词系统地对每个分析节点的工艺参数（如流量、压力等）进行分析发现的一系列偏离工艺指标的情况（如无流量、压力高）；HAZOP方法辨识了系统的偏差，则辨识了系统的危险。偏差的形式通常是"引导词＋工艺参数"。表 5-3 是几个偏差的例子。

表 5-3　偏差示例

引导词	工艺参数	偏差	引导词	工艺参数	偏差
空白	流量	无流量	伴随	一相	两相
过量	压力	压力高	异常	操作	维修

五、偏差原因

偏差原因（Cause of Deviation）是指导致偏差形成的原因。一旦找到发生偏差的原因，就意味着找到了控制偏差的方法和手段，这些原因可能是设备故障、人为失误、不可预见的工艺状态（如组成改变）或来自外部破坏（电源故障）等。表 5-4 是 HAZOP 中常见工艺参数及其偏差和可能的原因。

表 5-4　HAZOP 中常见工艺参数及其偏差和可能的原因

工艺参数	引导词	可能原因	工艺参数	引导词	可能原因
流量	过量（MORE）	• 泵的能力增加 • 进口压力增加 • 输送压力降低 • 换热器管程泄露 • 未安装流量限制孔板 • 系统互串 • 控制故障 • 控制阀进行了调整 • 启动了多台泵	流量	空白（NONE）	• 输送线路错误 • 堵塞 • 滑板不对 • 单向阀装反了 • 管道或容器破裂 • 大量泄漏 • 设备失效 • 错误隔离 • 压差不对 • 气缚
	减量（LESS）	• 障碍 • 输送线路错误 • 过滤器堵塞 • 泵损坏 • 容器、阀门、孔板堵塞 • 密度或黏度发生变化 • 气蚀 • 排污管漏 • 阀门未全开		相逆（REVERSE）	• 单向阀失效 • 虹吸现象 • 压力差不对 • 双向流动 • 紧急放空 • 误操作 • 内嵌备用设备 • 泵的故障 • 泵反转
			液位	过量（MORE）相当于"高"	• 出口被封死或堵塞 • 因控制故障引起进口流量大于出口流量 • 液位测量器故障 • 液体比重平衡 • 液泛

续表

工艺参数	引导词	可能原因	工艺参数	引导词	可能原因
液位	过量（MORE）相当于"高"	•压力湍动 •腐蚀 •污泥	压力	减量（LESS）相当于"低"	•气蚀 •冻结 •化学击穿 •闪蒸 •沉淀 •结构 •起泡 •气体释放 •起爆 •爆炸 •爆聚 •着火条件 •天气条件 •黏度或密度发生变化
液位	减量（LESS）相当于"低"	•无进入液体 •泄露 •出口流量大于进口流量 •控制故障 •液位测量器故障 •容器已放空 •液泛 •压力湍动 •腐蚀 •污泥			
压力	过量（MORE）相当于"高"	•堵塞问题 •连接到高压设备 •气体进入 •放空容积不当 •设置的放空压力不对 •安全阀被封死 •因加热而超压 •控制阀因故障打开 •沸腾 •冻结 •化学击穿 •结构 •发泡 •冷凝 •沉淀 •气体释放 •起爆 •爆炸 •爆聚 •外部着火 •天气条件 •锤击 •黏度或密度发生变化	温度	过量（MORE）相当于"高"	•环境条件 •换热器列管淤塞或有缺陷 •着火情况 •冷却水出现故障 •控制阀失效 •加热器控制失效 •内部着火 •反应控制失效 •加热介质漏入工艺过程中 •仪表和控制故障
			温度	减量（LESS）相当于"低"	•环境条件 •压力降低 •换热器列管淤塞或有缺陷 •无加热 •液化气因焦耳-汤姆逊效应而使压力降低
			物质不对		•原料不对或不符合规格 •操作错误 •提供的物质不对
压力	减量（LESS）相当于"低"	•形成真空 •冷凝 •气体溶解在液体中 •泵或压缩机管道受到限制 •未检测到泄漏 •容器向外排物 •气动调节阀堵塞 •沸腾	浓度不对		•隔离阀泄漏 •换热器列管破裂 •原料规格不对 •过程控制波动 •反应生成副产品 •来自高压系统的水、蒸气、燃料、润滑剂、腐蚀性产品进入 •气体进入

续表

工艺参数	引导词	可能原因	工艺参数	引导词	可能原因
温度	杂质	• 换热器列管破裂 • 隔离阀泄漏 • 系统的操作错误 • 系统互串 • 开停车时空气进入，海拔高度改变了流体流速 • 高压系统的水、蒸气、燃料、润滑剂、腐蚀性物质进入 • 气体进入	非正常操作		• 置换 • 冲洗 • 开车 • 正常停车 • 紧急停车 • 紧急操作 • 运行机器的检查 • 机器保养
温度	杂质	• 进料物流不纯（如含有 H_2S、CO_2 等）	维修规程		• 隔离方案 • 排污 • 置换 • 清洗 • 干燥 • 进入 • 救援计划 • 训练 • 压力检测 • 工作许可制度 • 条件监视 • 升举和体力处理
黏度	过量（MORE）相当于"高"	• 物质或组成不对 • 温度不对 • 固体含量高 • 浆料沉降			
	减量（LESS）相当于"低"	• 物质或组成不对 • 温度不对 • 加入溶剂			
安全释放系统		• 释放原理 • 释放装置的类型和可靠性 • 释放阀放空位置 • 是否会造成污染源 • 两相流动 • 能力低（进口和出口）	静电		• 已接地 • 容器隔离 • 低导电流体 • 容器溅射充装 • 过滤器和阀元件隔离 • 产生尘 • 处理固体 • 电力分类 • 火焰捕获器 • 热工作场所 • 热的表面 • 自动产生火花或自燃物质
腐蚀或磨蚀		• 装有阴极保护（内部和外部） • 采用涂层 • 腐蚀检测方法和频率 • 材料规格 • 镀锌 • 腐蚀应力破裂 • 流体流速 • 酸性介质 • 溅射范围扩大			
			备用设备		• 已安装或未安装 • 可得到备用设备 • 储存备用 • 备用设备分类
公用系统故障		• 仪表空气 • 蒸汽 • 氮气 • 冷却水 • 高压水 • 电力 • 供水 • 通信 • 计算机或程序逻辑控制（PLC） • 防火（检测和扑火）	取样规程		• 取样规程 • 分析结果的时间 • 自动取样的校验 • 结果诊断
			时间		• 太长 • 太短 • 错误

续表

工艺参数	引导词	可能原因	工艺参数	引导词	可能原因
行动		• 过多 • 低估 • 无 • 相反 • 不完全 • 违反规定 • 错误行动	安全系统		• 火灾和气体检测与报警 • 紧急停车方案 • 灭火应答 • 应对紧急情况的训练 • 工艺物料的阈限值及检测方法 • 急救或医疗设施 • 蒸汽和流出物的扩散 • 安全设备的测试 • 与国家和地方法律规定吻合
资料		• 迷惑(看不懂) • 不恰当 • 遗漏 • 只有一部分 • 资料错误 • 数量不够	地理环境		• 设备等的布置和安排 • 气象(温度、湿度、洪水、风、冰雹、龙卷风等) • 地质或地震 • 人为因素(标记、识别、进入、训练、资格、报警等) • 火灾和爆炸 • 暴露的相邻设备
顺序		• 操作太早 • 操作太迟 • 脱岗 • 向相反的方向操作 • 操作未完成 • 有多余动作 • 操作中动作错误			

来源：廖学品编著，化工过程危险性分析，北京，化学工业出版社，2000。

六、偏差结果

偏差后果（Effect of Deviation）是指偏差所造成的后果（如释放有毒物质）；分析小组常常假定发生偏差时已有的安全保护失效；不考虑那些细小的与安全无关的后果。

七、安全保护

安全保护（Safeguard）是指用以避免或减轻偏差发生所造成不良后果的工程措施或调节控制系统，如报警、连锁、操作规程等。HAZOP分析在考虑偏差结果时通常假设这些保护系统失效，在确定控制措施时才考虑这些安全保护，并进一步确定它们是否充分。

第二节　危险与可操作性研究分析方法

HAZOP针对系统中的某个节点的某项操作，对照其工艺指标采用引导词辨识有关的偏差，从而辨识系统的危险，继而分析偏差的原因及可能导致的后果，最后提出控制措施加以解决。HAZOP分析过程可概括如图5-1。

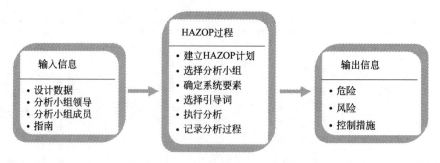

图 5-1　HAZOP 分析过程概括图

HAZOP 的特点在于该分析由分析小组对照设计指标或工艺指标寻找偏差,与 PHA 和 FMEA 不同,其分析过程中需要有关系统或工艺充分的、准确的数据。分析小组通常是由化工、安全、操作、维修、工程等多学科专家或专业人士组成,该分析过程是一个头脑风暴的过程,分析结果是否有价值很大程度上取决于分析小组

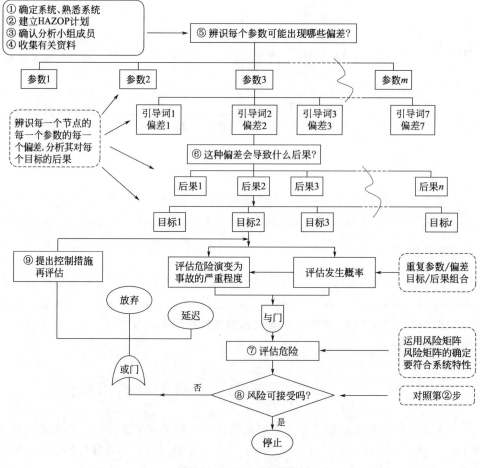

图 5-2　HAZOP 流程图

的负责人以及分析小组成员的选择。负责人对系统的熟悉程度、对 HAZOP 方法的掌握程度以及其启发分析小组成员的能力都会影响分析的结果。

HAZOP 通过辨识偏差从而识别了危险，继而可以分析其风险，以提出控制措施。HAZOP 工作流程图见图 5-2，其分析步骤如下所述。

① 确定系统、熟悉系统，了解系统的定义、范围、边界条件以及其寿命和生命周期中所处的阶段，明确系统的保护目标。熟悉系统的设计和操作。

② 建立 HAZOP 计划，明确分析的目的、分析过程、时间安排以及设计分析工作表，建立风险矩阵确定可接受的风险程度，对系统进行适当的划分，确定分析的节点。

③ 建立分析小组，选择分析小组负责人及成员，明确他们的责任。确保小组成员能够熟悉所涉及的各个专业。

④ 收集资料，获取尽可能充分的资料，包括有关法规、规范、标准、功能区划图、管线图以及有关设计的相关数据，包括工艺参数指标值等。

⑤ 选择节点，运用引导词对其每一个参数进行偏差辨识。⑤～⑦步中应该当识别完该参数的所有偏差后，再转入下一个参数。同样，当一个节点所有的参数都分析完成了再转入下一个节点。

⑥ 分析每一个偏差可能造成的后果。

⑦ 按步骤②规定的风险矩阵进行风险评估

⑧ 根据风险评估结果决定风险可否接受，如果风险不可接受，是否提出风险的控制措施？控制措施的选择依据第一章"事故风险控制"所列出的优先顺序进行。

⑨ 提出风险控制措施后要对系统重新进行评估，以确定采用控制措施过程中是否又出现了新的危险，如真的出现新的危险且其风险程度不可接受，则还需重新确定控制措施，重新评估。

⑩ 最后将分析结果形成文件，通常以工作表体现，在此基础上形成 HAZOP 报告。

第三节　危险与可操作性研究工作表

HAZOP 是针对工艺过程所进行的一种精细的危险分析，其分析结果也常常以工作表的形式体现。表 5-5 是一种典型的 HAZOP 工作表，表 5-6 是另一种形式的 HAZOP 工作表。尽管 HAZOP 工作表形式并不十分严格，但通常包括以下信息。

① 要分析的条目；
② 引导词；
③ 有关的工艺参数；
④ 偏差；
⑤ 偏差产生的原因；
⑥ 偏差产生的结果；
⑦ 风险评估；
⑧ 建议控制措施。

表 5-5　典型的 HAZOP 工作表

危险与可操作性研究工作表

序号	条目	功能/作用	参数	引导词	结果	原因	危险	风险	控制措施	备注
①	②	③	④	⑤	⑥	⑦	⑧	⑨	⑩	⑪

HAZOP 填写内容解释如下所述。

① 序号　该序号是为了今后便于管理。

② 条目　指所要分析的过程、元件及其功能。

③ 功能/作用　该栏填写上一栏所列"条目"的功能或作用，从这里可以了解设计上对操作的要求。

④ 参数　该栏填写要分析的工艺参数。

⑤ 引导词　该栏填写需要分析的引导词。

⑥ 后果　该栏填写由偏差导致的、对系统的直接的影响。

⑦ 原因　该栏填写导致某项特定偏差的所有潜在的原因。原因可能包括多方面，任何可能出现的原因都应填写。

⑧ 危险　该栏填写由特定的偏差或其结果导致的危险。有时偏差与危险没有非常严格的区别，在 HAZOP 中，辨识出偏差，其实在一定程度上就已经识别了危险。同样记住，记录下所有的危险，即使以后的分析可以证明所列出的危险并不是危险的。确保一定记录所有的危险。

⑨ 风险　该栏是定性描述已辨识的危险其演变为事故的发生概率与严重程度，其确定依据第一章的风险矩阵。

⑩ 控制措施　该栏填写根据 HAZOP 分析所能提供的控制措施。

⑪ 备注　该栏填写任何需要注明的内容。

表 5-6　HAZOP 工作表示例

分析人员： 会议日期：		危险与可操作性研究工作表				图纸号： 版本号：	
序号	偏差	原因	后果	安全保护	控制措施	备注	
分析节点或操作步骤说明、确定设计工艺指标							

第四节　危险与可操作性研究举例

一、反应器输送系统危险与可操作性研究分析

图 5-3 反应器输送系统中，原料 A 和原料 B 分别用泵送入反应器，经过化学反应生成产品。假定原料 B 的成分大于原料 A 的成分就会发生爆炸反应。现在取

原料 A 的泵吸入口到反应器的入口一段管线（用虚线括起来的一段）进行 HAZOP 分析，该部分的设计要求是要按规定的流量输送原料 A。用关键字提问后得出表 5-7。

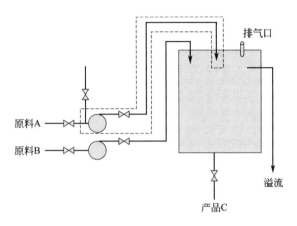

图 5-3　反应器输送系统

表 5-7　反应器输送系统危险与可操作性研究工作表

关键字	偏　　差	可能的原因	对系统造成的影响
空白	未按设计要求输送原料 A	1. 原料 A 的储槽是空的 2. 泵发生故障 3. 管线破裂 4. 阀门关闭	反应器内 B 的浓度大会发生爆炸性反应
多	输送了过量的原料 A	1. 泵流量过大 2. 阀门开度过大 3. A 储槽的压力过高	1. 反应器内 A 量过剩可能对工艺造成影响 2. 反应器发生溢流可能引起灾害
少	输送 A 原料量过少	1. 阀门部分关闭 2. 管线部分堵塞 3. 泵的性能下降	与"空白"的情况相同
以及	输送原料的同时，发生了质的变化	1. 从泵吸入口阀门流进别的物质 2. 管线和泵内发生相的变化	可能生成危险性混合物，发生火灾、静电或腐蚀等
部分	输送原料的量只达到设备要求的一部分	1. 原料中 A 的成分不足 2. 输送到其他反应器去	对 A 成分不足和对其他反应器的影响都要进行评价
反向	原料 A 的输送方向变反	反应器满了，压力上升，向管线和泵逆流	原料 A 向外泄漏，应了解其危险性
异常	发生了和输送原料 A 的设计要求完全不同的事件	1. 输送了与原料 A 不同的原料 2. 原料输向别的地方去了 3. 管内原料 A 凝固了	1. 应了解有无反应 2. 应了解别的地方可能发生的结果

二、DAP 反应系统危险与可操作性研究分析

上一章采用 FMEA 法对 DAP 反应系统的 B 阀门进行了分析，这里仍以 DAP 反应生成过程为例，以 HAZOP 法对危险情况进行分析。反应过程示意图见图 5-4。

先以连接DAP反应器的磷酸溶液进料管线进行分析。

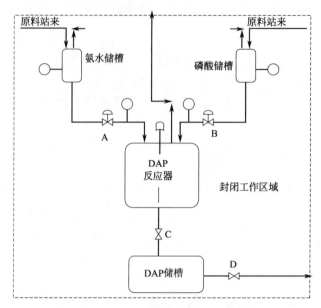

图5-4　DAP反应生成过程示意图

首先选择分析节点，先分析连接DAP反应器的磷酸溶液进料管线。其设计工艺指标为：磷酸以某规定流量进入DAP反应器。如果引导词为"空白"，工艺参数为"流量"，则偏差即为"空白+流量=无流量"。

再分析磷酸溶液进料管线"无流量"的原因，则为：
① 磷酸储槽无原料；
② 流量指示器、控制器因故障显示高；
③ 操作人员将流量控制器设置过低；
④ 磷酸流量控制阀因故障关闭；
⑤ 管道堵塞；
⑥ 管道泄漏或破裂。

根据进料管线"无流量"的原因，分析其可能产生的后果如下，通常这些后果是"无流量"直接导致的最坏的后果，不考虑其在设计或管理中已经采取的安全保护措施。

① 反应器中氨过量；
② 未反应的氨进入DAP储槽；
③ 未反应的氨从DAP储槽中逸出到封闭的工作区域；
④ 损失DAP产品。

分析系统在设计或管理中已经采取的安全保护措施，针对可能出现的"无流量"，系统在管理中已采取的安全保护为"定期维护阀门"。在分析中针对仅仅采取这一措施还不够，进一步提出建议措施如下，当然建议措施的提出应依据第一章第四节危险控制的优先顺序。
① 考虑使用 DAP 封闭储槽,并连接洗涤系统。
② 考虑安装当进入反应器的磷酸流量低时报警或停车系统。
③ 保证定时检查和维护阀门 B。

在对引导词"无"进行分析之后,选择其他引导词和工艺参数"流量"继续进行分析,每条分析都记录在工作表上,直至所有的有意义的引导词都进行分析之后,再分析下一个参数。每个参数都分析之后,再转入下一个节点。表 5-8～表 5-12 为该反应其他节点部分偏差 HAZOP 分析工作表。

表 5-8 液氨储槽高液位偏差 HAZOP 分析工作表（部分）

分析人员:HAZOP 分析小组　　　　　　　　　　　　　　图纸号:97-0BP-57100
会议日期:99.10.10　　　　　　　　　　　　　　　　　　版本号:3

序号	偏差	原因	后果	安全保护	建议措施
1.0 容器——液氨储槽;在环境温度和压力下进料					
1.1	高液位	氨站来液氨量太大,液氨储槽无足够容积 氨储槽液位指示器因故障显示液位低	氨可能释放到大气中	储槽上装有液位显示器 氨储槽上装有安全阀	检查氨站来液氨量以保证液氨储槽有足够容积 考虑将安全阀排出的氨气送入洗涤器 考虑在氨储槽上安装独立的高液位报警器

表 5-9 氨送入 DAP 反应器的管线高流量偏差 HAZOP 分析工作表（部分）

分析人员:HAZOP 分析小组　　　　　　　　　　　　　　图纸号:97-0BP-57100
会议日期:99.10.10　　　　　　　　　　　　　　　　　　版本号:3

序号	偏差	原因	后果	安全保护	建议措施
2.0 管线——氨送入 DAP 反应器的管线;进入反应器的氨流量为 x kmol/h,压力 z Pa					
2.1	高流量	氨进料管线上的控制阀 A 故障打开 流量指示器因故障显示流量低 操作人员设置的氨流量太高	未反应的氨带到 DAP 储槽并释放到工作区域	定时维护阀门 A、氨检测器和报警器	考虑增加液氨进入反应器流量高时的报警、停车系统 确定定时维护和检查阀门 A 在工作区域确保通风良好,或者使用封闭的 DAP 储槽

表 5-10 磷酸溶液储槽磷酸浓度低偏差 HAZOP 分析工作表（部分）

分析人员:HAZOP 分析小组　　　　　　　　　　　　　　图纸号:97-0BP-57100
会议日期:99.10.10　　　　　　　　　　　　　　　　　　版本号:3

序号	偏差	原因	后果	安全保护	建议措施
3.0 容器——磷酸溶液储槽;酸在环境温度和压力下进料					
3.7	磷酸浓度低	供应商供给的浓度低 送入进料储槽的磷酸有误	未反应的氨进入 DAP 储槽并释放到封闭工作区域	磷酸卸料和输送规程 氨检测器和报警器	保证实施物料的处理和接受规程 在操作之前分析储槽中磷酸浓度 保证封闭工作区域通风良好或使用封闭的 DAP 储槽

表 5-11　磷酸送入 DAP 反应器的管线低、无流量偏差 HAZOP 分析工作表（部分）

分析人员：HAZOP 分析小组　　　　　　　　　　　　　　　图纸号：97-0BP-57100
会议日期：99.10.10　　　　　　　　　　　　　　　　　　　版本号：3

序号	偏差	原因	后果	安全保护	建议措施
4.0 管线——磷酸送入 DAP 反应器的管线；进入反应器的氨流量为 x kmol/h，压力 y Pa					
4.2	低、无流量	磷酸储槽中无原料流量 指示器因故障显示流量高 操作人员设置的磷酸流量太低 磷酸进料管线上的控制阀门 B 因故障关闭 管道堵塞、泄漏或破坏	未反应的氨带到 DAP 储槽并释放到工作区域	定时维护阀门 B、氨检测器和报警器	考虑增加磷酸进入反应器流量低时的报警、停车系统 保证定时维护和检查阀门 B 在工作区域确保通风良好，或者使用封闭的 DAP 储槽

表 5-12　DAP 反应器无搅拌偏差 HAZOP 分析工作表（部分）

分析人员：HAZOP 分析小组　　　　　　　　　　　　　　　图纸号：97-0BP-57100
会议日期：99.10.10　　　　　　　　　　　　　　　　　　　版本号：3

序号	偏差	原因	后果	安全保护	建议措施
5.0 容器——DAP 反应器；反应温度 x℃，压力 yPa					
5.10	无搅拌	搅拌器电动机故障 搅拌器机械联接故障 操作人员未启动搅拌器	未反应的氨进入 DAP 储槽并释放到封闭工作区域	氨检测器和报警器	考虑增加反应器无搅拌时的报警、停车系统 保证封闭工作区域通风良好或使用封闭的 DAP 储槽

三、蒸汽锅炉系统危险与可操作性研究分析

图 5-5 是某蒸汽锅炉系统示意图。在该系统中，水箱的水被输送到三个锅炉中，为了保证有两台锅炉同时工作，系统进行了冗余设计。泵把水箱里的水抽送到阀门，阀门的开与关是电机驱动的。一台计算机控制监测泵、阀门和锅炉，它们的供电来自同一电源。请用 HAZOP 方法对该系统进行分析。

通过分析系统，了解相关参数，可进行 HAZOP 分析的参数涉及水流、压力、

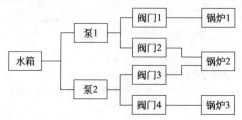

图 5-5　某蒸汽锅炉系统示意图

温度、电流和蒸汽等。表 5-13 是对系统进行 HAZOP 分析所得到部分工作表。

表 5-13 某蒸汽锅炉系统 HAZOP 分析工作表（部分）

序号	条目	功能/作用	参数	引导词	结果	原因	危险	风险	建议措施	备注
1	管线	输送水流	流体	空白	水源浪费，系统失效，设备损坏	管线漏了，管线破裂	锅炉损坏	2D		
2				过多	压力过大，管线破裂	系统中没有压力释放阀	锅炉损坏	2C	增加压力释放阀	
3				过少	没有足够的水输送到锅炉	管线漏了，管线破裂	锅炉损坏	2D		
4	供电	对泵、阀门和锅炉供电	电流	空白	无法驱动各元件	电路破坏，安全保护装置动作断开	系统无法工作	2D	提供应急备用电源	
5				过高	安全保护装置断开	电流或电压突然增加	系统无法工作	2C	提供故障检测和隔离设施	
6				过少	驱动各元件电力不够	电路故障	设备损坏	2C	提供应急备用电源	

来源：廖学品编著，化工过程危险性分析，北京，化学工业出版社，2000。

第五节 危险与可操作性研究适用说明

一、适用条件

HAZOP 法是对系统中的某个节点或某项操作通过找偏差的方法辨识危险以提出控制措施的分析方法，它适用范围较为广泛，可对任何类型的系统或设备进行分析，当然也可分析系统、子系统、单元直至元器件的层次。这种方法还可对环境、软件程序以及人因失误等进行分析。HAZOP 方法既可以应用于设计阶段，还可用于现役生产装置的检查，适用范围较为广泛。尽管它是从化工行业发展起来的，但现已广泛应用于核工业、石油行业、铁路系统等。

二、优点

HAZOP 是一种简便易行而又十分严谨的分析方法，通过细致的分析可以提供严格的分析结果。这种分析方法是对照工艺参数的指标值寻找偏差，因而分析结果较为准确，而且系统参数要求越严格，分析越有意义。同时 HAZOP 是一个靠分析小组头脑风暴的过程，分析结果凝聚着集体的智慧。

目前国内外已开发了一些 HAZOP 分析软件，有助于分析小组提高分析效率。

三、使用局限性

HAZOP 分析方法与 FMEA 相同，在分析过程中只能关注单个节点、单个偏差，无法辨识系统元件间作用而引起的危险。尽管分析时依据引导词分析可以有序，但也容易使分析小组疏忽了引导词以外可能出现的危险。另外，这种分析方法较为耗费时间，通常和其他方法结合使用。

四、注意事项

进行 HAZOP 分析时，要组成分析小组，由设计、操作和安全等方面的人员参加，以 3~5 人自始至终参加分析为宜。参加人员要有实践经验，并具备有关安全法令、工艺等方面的知识，特别是小组负责人在 HAZOP 分析方面一定要有经验，当遇到具体问题时能够迅速做出决策。

分析过程中，在小组成员对分析对象还不太明了之前，负责人不要急于用引导词，只有经过讨论大家都清楚了危险所在以及改进的方法后，再使用引导词列表。

表格完成后，小组成员要反复审阅，进行讨论以评价改进措施。一般采取修改或部分修改设计，或者是改变或部分改变操作条件。对于危险性特别大的可能结果，可采用其他方法进一步分析。

可操作性研究的表格是非常重要的技术档案，应加以妥善保存。

复习思考题

1. 试解释系统参数、工艺指标、引导词和偏差的概念。
2. 如何进行危险与可操作研究分析，请阐述其分析流程。
3. 危险与可操作研究是如何进行危险辨识的？
4. 危险与可操作研究能得到什么结果？
5. 请分析危险与可操作研究的适用条件。

第六章 事故树分析

事故树分析法（Fault Tree Analysis，FTA）起源于美国。1961年美国贝尔电话研究所的沃森（H. A. Watson）在研究民兵式导弹发射控制系统的安全性评价时，首先提出了这个方法；接着该所的默恩斯（A. B. Mearns）等人改进了这个方法，对解决火箭偶发事故的预测问题做出了贡献。其后，美国波音飞机公司哈斯尔（Hassl）等人对这个方法又做了重大改进，并采用电子计算机进行辅助分析和计算。1974年美国原子能委员会应用 FTA 对商用核电站的危险性进行评价，发表了"拉马森报告"，引起世界各国的关注。

我国从1978年开始，在航空、化工、核工业、冶金、机械等工业企业部门，对这一方法进行研究并应用。实践表明，事故树分析法是系统安全工程重要的分析方法之一。它利用事故树模型定性和定量地分析系统的事故，方法简便，形象直观，逻辑严谨，可利用计算机运算。所以，事故树分析法具有推广应用的价值。

第一节 基 本 概 念

一、树形图

树形图是图论中的概念。图就是由若干个点和线组成的图形。图中的点称为节点，线称为边或弧。用树形图描述一个系统时，节点表示某一具体事物，边或弧表示事物之间的特定关系。在图中，任何两点之间至少有一条边相连，则这个图就是连通图。否则，就是不连通的。若图中始点与终点重合，则称之为圈（如图 6-1 a 示），树形图就是无圈的连通图（如图 6-1 b 示）。

例如，在七个城市，要在它们之间架设电话线，要求任何两个城市彼此可以通电话（允许经过其他城市），且电线的根数最少。

把电话线网用图表示，必是一个连通图，若图中有圈（如图 6-1 a 示），从圈中去掉任一条边，如边（3，4），余下的仍然是连通图（如图 6-1 b），这样可以省去一根电话线，因此，满足要求的电话网的图必定是不含圈的连通图，即为树形图。如果在任意两个内节点之间去掉一个边，如边（2，3），则成为不连通图，如图 6-1 c 示，该图不是树形图。

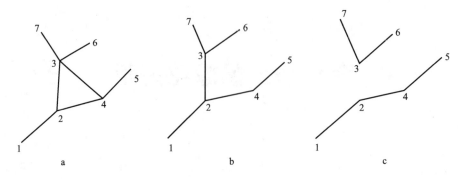

图 6-1 图的组成

事故树，形似倒立着的树。树的"根部"顶点节点表示系统的某一个事故，树的"梢"底部节点表示事故发生的基本原因，树的"枝叉"中间节点表示由基本原因促成的事故结果，又是系统事故的中间原因；事故因果关系的不同性质用不同的逻辑门表示。这样画成的一个"树"，用来描述某种事故发生的因果关系，称之为事故树，即事故树是用逻辑符号和事件符号连接的树形图。

二、事件符号

在事故树分析中，各种非正常状态或不正常情况皆称事故事件，各种完好状态或正常情况皆称成功事件。两者均简称为事件。事故树中的每一个节点都表示一个事件。事件符号通常包括三大类，即基本事件、结果事件和特殊事件。

基本事件是事故树分析中仅导致其他事件发生的原因事件。基本事件位于事故树的底端，总是某个逻辑门的输入事件而不是输出事件。基本事件在事故树形图中，有基本原因事件（Primary Failure），用圆形符号表示，省略事件（二次事件，Secondary Failure）用菱形符号表示。

在事故树分析中，结果事件是由其他事件或事件组合所导致的事件，它总是位于逻辑门的输出端。用矩形符号表示结果事件。结果事件包括顶上事件和中间事件两类。顶上事件是事故树分析中所关心的结果事件，位于事故树的顶端，它是所讨论事故树中逻辑门的输出事件而不是输入事件。中间事件是导致顶上事件发生的原因事件，而且这种原因事件可以继续分析，即它们可以用其他的原因事件来描述。在事故树中，它既是某个逻辑门的输出事件，又是其他逻辑门的输入事件。它是位于底事件和顶上事件之间的结果事件。

特殊事件是指在事故树分析中需要表明其特殊性或引起注意的事件，有正常事件（Normal Event）和条件事件（Condition Event）。正常事件又称开关事件，是在正常工作条件下必然发生或者必然不发生的事件，在事故树中用房型符号表示。条件事件是限定逻辑门开启的事件，用椭圆形符号表示。

各事件符号及事件描述见表 6-1。

表 6-1 事故树分析事件符号及意义

事件符号	事件名称	事件描述
□	顶上事件/中间事件	需要进一步分析其原因的事件
○	基本事件	在特定事故树分析中不需要进一步分析其原因的事件，通常为元件的失效，或失效事件
◇	二次事件	原则上应进一步分析其原因但在该事故树分析中暂时不必或不能分析的事件，通常为导致元件失效的事件
⌂	正常事件	正常工作条件下必然发生或必然不发生的事件
⬭	条件事件	在描述逻辑门起作用的具体限制的特殊事件
△	转入事件/转出事件	表明某中间事件需转入他处分析或由某处转出进行再分析

三、逻辑门

逻辑门是连接各事件并表示其逻辑关系的符号，包括与门、或门、条件与门、条件或门、限制门、排斥或门、顺序与门、n 中取 m 表决门、矩阵门、非门等。这里用开关来说明逻辑门的含义。正确地选择逻辑门编制事故树是保证事故树分析正确的关键。本书所采用的符号是采用国际上统一的事故树分析逻辑符号。

1. 与门

与门符号如图 6-2 所示。与门可以连接数个输入事件 E_1、$E_2 \cdots E_n$ 和一个输出事件 E，表示仅当所有的输入事件都发生时，输出事件 E 才发生的逻辑关系。反之，当 E_1、$E_2 \cdots E_n$ 事件中有一个或一个以上事件不发生时，E 就不会发生。

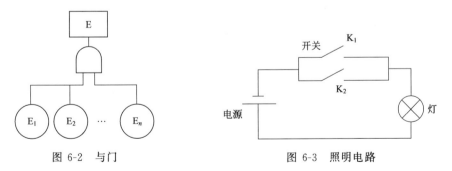

图 6-2 与门   图 6-3 照明电路

如图 6-3 所示的一个电路图，若电源有电，电灯泡完好，导线接点保持电路接通，而电灯不亮，这个故障只有当两个开关 K_1 和 K_2 同时出现故障时才发生。

若以 K_1 和 K_2 分别表示开关 1 和开关 2 的故障状态为基本原因事件，用圆形符号表示；灯泡不亮为事故分析的结果事件，用矩形符号表示。那么，基本原因事件与其造成的结果事件的关系是逻辑"与"的关系，将其画成事故树，如图 6-4 所示。

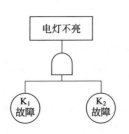
图 6-4　图 6-3 的事故树

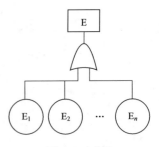
图 6-5　或门

2. 或门

或门符号如图 6-5 所示。或门可以连接数个输入事件 E_1、$E_2 \cdots E_n$ 和一个输出事件，表示只要有一个输入事件发生，输出事件就发生；反之，若输入事件全不发生，则输出事件肯定不发生。

如图 6-6 所示的一个电路，若电源有电，电灯泡完好，导线、接点保持电路接通，而电灯不亮，这个故障只要两个开关 K_1 和 K_2 有一个出现故障时便会发生。

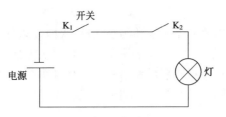
图 6-6　照明电路图

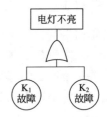
图 6-7　图 6-6 的事故树

这里仍以 K_1 和 K_2 分别表示开关 1 和开关 2 的故障状态，灯泡不亮是结果事件，则开关 1 和 2 的故障状态与灯泡不亮是逻辑"或"的关系，将其画成事故树，如图 6-7 所示。

3. 顺序与门

顺序与门表示其输出事件发生需要两个条件，其符号如图 6-8 所示。

① 输入事件都发生；

② 所有的输入事件中，位于左侧的事件先于右侧的事件发生。

例如，有机溶剂与空气的"混合气体爆炸"事件 E 发生必须具备两个条件：① "混合气体浓度达到爆炸极限"事件 E_1 与"现场有足够的瞬间引爆能量"事件

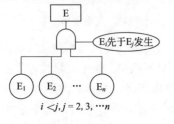
图 6-8　顺序与门

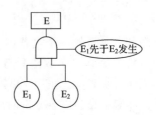
图 6-9　顺序与门实例

E_2 都发生；②E_1 先于 E_2 发生。因为瞬间引爆能量不能积存，转瞬即逝，等能量消逝后，再有浓度超过爆炸极限的混合气体，也不会发生爆炸，各事件之间用顺序与门连接，如图 6-9 所示。

4. 表决门

表决门表示仅当 n 个输入事件中有 $m(m \leqslant n)$ 个或 m 个以上事件同时发生时，输出事件才发生，其符号如图 6-10 所示。与门是 $m=n$ 时的特殊表决门。

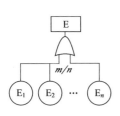

图 6-10 表决门图

图 6-11 表决门实例

例如，某系统由 A、B、C 三路供电，其中有两路保持正常电压，供电系统就能正常运行。若三路中任意两路不能保持正常电压，则电路系统将出现故障，不能正常运行。用 2/3 表决门连接输入事件与输出事件，如图 6-11 所示。

5. 异或门

异或门又称排斥或门，表示仅当单个输入事件发生时，输出事件才发生。其符号如图 6-12 所示。

例如，双推进器运输艇不对称推进的原因只能是左推进器故障发生，或者是右推进器故障发生，两个推进器只要有一个发生故障，才会产生不对称推进。如图 6-13 所示。

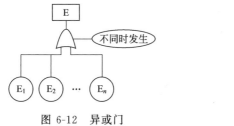

图 6-12 异或门　　　　　　　　　图 6-13 异或门实例

6. 禁门

禁门又称限制门，表示当输入事件 E_i 发生，且满足条件 α 时，输出事件才发生，

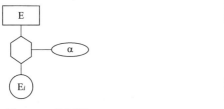

图 6-14 禁门图

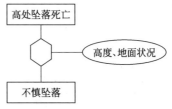

图 6-15 禁门实例

否则，输出事件不发生。这种门的特点是只有一个输入事件，其符号如图 6-14 所示。

例如，某架子工人"高处作业坠落死亡"的直接原因是不慎坠落，但坠落后能否造成死亡这个后果，则取决于坠落高度与落地处的地面状况等条件。这里只有一个输入事件，用限制门连接，其关系如图 6-15 所示。

7. 条件与门

条件与门表示输入事件不仅同时发生，且还必须满足条件 α，才会有输出事件发生，否则就不发生。α 是指输出事件发生的条件，其符号如图 6-16 所示。

例如，某系统发生低压触电死亡事故，其直接原因事件是："人体接触带电体"，"保护失效"和"抢救不力"。但这些直接原因事件同时发生也并不一定导致死亡事故发生，而死亡最终取决于通过心脏的电流 I 与通过电流的时间 t 的乘积 $It>50\text{mA}\cdot\text{s}$ 这个条件，画出事故树如图 6-17 所示。

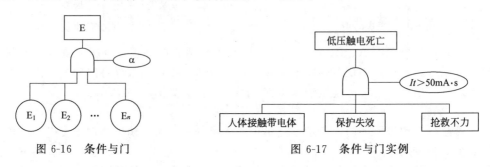

图 6-16　条件与门　　　　　图 6-17　条件与门实例

8. 条件或门

条件或门表示输入事件中至少有一个发生，且在满足条件 α 的情况下，输出事件才发生。符号如图 6-18 所示。例如，造成"氧气瓶超压爆炸"的直接原因是："在阳光下暴晒"和"接近火源"。二者之中只要有一个直接原因事件发生，都会使氧气瓶超压，但并不一定爆炸。只有"瓶内压力超过钢瓶允许压力"时，才发生爆炸，画出事故树如图 6-19 所示。

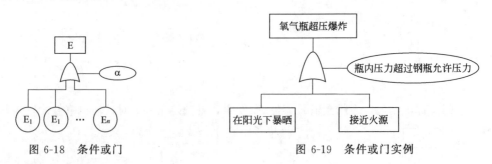

图 6-18　条件或门　　　　　图 6-19　条件或门实例

四、转移符号

在编制事故树时，经常会遇到这样两种情况：其一是，树的一个分支再画下去时，将会重复另外一个分支的一部分；其二是，在一页纸上画不下整个树形图而需要换页时，就需要有一种起指示作用的符号说明两部分的关系，即由何处转出，由何处转入，事故树的转移符号就起这种作用。图 6-20 所示是一对相同转移符号，用以指明相同子树的位置。图 6-20 中的 a 是转入符号，表示转入上面以字母数字为代号所指的子树；图 6-20 中的 b 是转出符号，表示以字母数字为代号表示的子树由此转出。

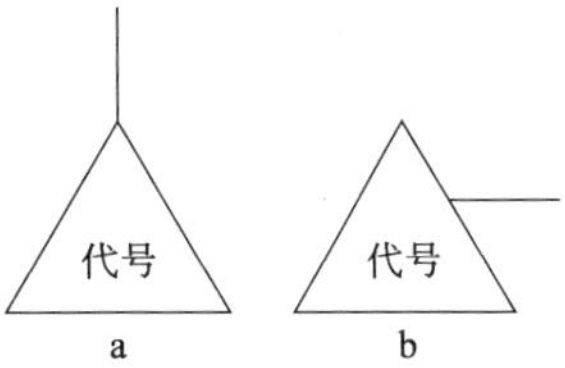

1. 相同转移符号

例如，分析造船工人高空作业时坠落死亡事故。用事故树分析方法，画出事故树如图 6-21 所示。转出符号表示下面转到以 1 为代号所指的子树；转入符号表示由数字 1 的转出符号转到这里来，整个事故树图见 6-21 下图。

图 6-20　相同转移符号

2. 相似转移符号

图 6-22 所示是一对相似转移符号，用以指明相似子树的位置。图 6-22 a，是相似转入符号，表示转入上面以字母数字为代号所指结构相似而事件标号不同的子树，不同的事件标号在三角形旁边注明。图 6-22 b 是相似转出符号，表示相似转入符号所指子树与此子树相似，但事件标号不同。例如，分析飞机不能正常飞行事故。用事故树分析方法画出事故树，如图 6-23 所示。图中有三个发动机，其结构完全相似。分析它们的故障，只需对三个发动机中任意一个画出故障分析子树，进行分析和研究就行了。这里采用了相似转移符号。发动机故障子树 B 和 C 里面采用相似转向符号，表示下面转到以符号 A 为代码所示的子树；发动机故障子树 A 里面采用了相似转入符号，表示由代码 A 所指子树与该子树相似，但事件标号不同。发动机 A、B 和 C 的故障子树的事件标号分别为 1～5，6～10 和 11～15。

五、割集

割集（Cut Set），亦称作截集或截止集，它是导致顶上事件发生的基本事件的集合。也就是说，在事故树中，一组基本事件发生能够造成顶上事件发生，这组基本事件就称为割集。

事故树顶上事件发生与否是由构成事故树的各种基本事件的状态决定的。显然，所有基本事件都发生时，顶上事件肯定发生。然而，在大多数情况下，并不要求所有基本事件都发生时顶上事件才发生，而只要某些基本事件发生就可导致顶上事件发生。在事故树中，引起顶上事件发生的基本事件的集合，称为割集。同一个事故树中的割集一般不止一个，在这些割集中，凡不含其他割集的割集，叫做最小割集。换言之，如果割集中任意去掉一个基本事件后就不是割集，那么这样的割集就是最小割集。

割集是系统可靠性工程中的术语，在模拟系统可靠性的有向图中，能够造成系统失效的弧的集合称为割集。图 6-24 中节点 A 为源（或发点），D 称为汇（或收点）。在有向图中，源与汇中任意作一条割线，使源发出的流不能到汇，即系统不能正常运行，而与这条割线相交的弧的集合就称为割集。例如：集合｛BC，AG，

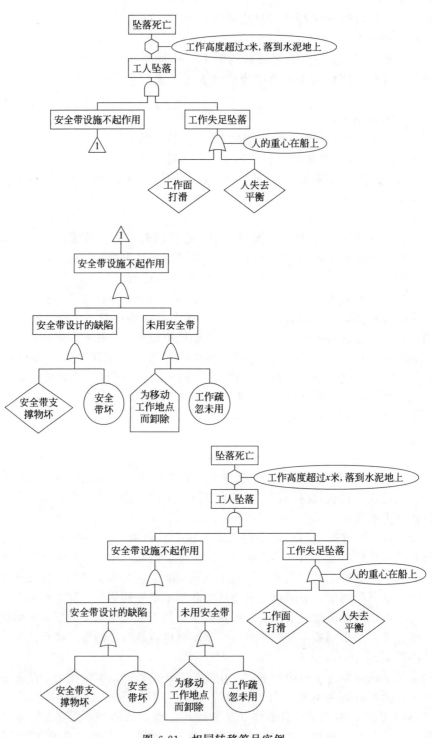

图 6-21 相同转移符号实例

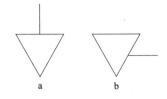

图 6-22　相似转移符号

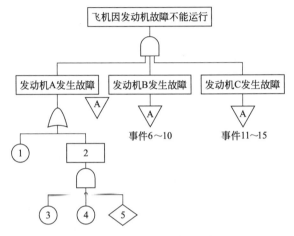

图 6-23　相似转移符号实例

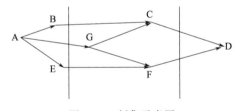

图 6-24　割集示意图

EF} 和 {CD，FD} 均为此有向图的割集。

　　事故树分析中引入割集的概念，其物理意义与系统可靠性工程中的概念相同，均是造成事故的事件的集合。但在可靠性有向图中，弧是正常事件，而事故树中事件是故障（或缺陷）事件。故割集的求取方法两者不同。

　　最小割集就是导致顶上事件发生的最起码的基本事件的集合。研究最小割集，实际上是研究系统发生事故的规律和表现形式。

六、径集

　　径集（Path Set），也叫通集或路集。即如果事故树中某些基本事件不发生，则顶上事件就不发生，这些基本事件的集合称为径集。径集，也是系统可靠性工程的概念，它是研究保证系统正常运行需要哪些基本环节正常发挥作用的问题，即在系统可靠性有向图中，要想使汇得到流，能有几条通路的问题。

在事故树中，当所有基本事件都不发生时，顶上事件肯定不会发生。然而，顶上事件不发生常常并不要求所有基本事件都不发生，而只要求某些基本事件不发生时顶上事件就不会发生。这些不发生的基本事件的集合，称为径集。在同一事故树中，不包含其他径集的径集称为最小径集。换言之，如果径集中任意去掉一个基本事件后就不是径集，那么该径集是最小径集。最小径集就是顶上事件不发生所必需的最低限度的径集。

七、概率风险评估

概率风险评价（Probabilistic Risk Assessment，PRA）是对大型复杂系统采用综合的、逻辑的分析方法辨识、评价系统的风险且以排列方式表达其结果。其目标在于采用定量的方法详细地辨识和评估事故情境。

第二节 事故树分析方法

事故树分析是根据系统可能发生的事故或已经发生的事故所提供的信息，去寻找同事故发生有关的原因，从而采取有效的防范措施，防止同类事故再次发生。事故树的分析方法通常包括事故树图的编制以及在此基础上的定性分析和定量分析。

一、事故树图的编制

事故树图的编制是事故树分析的基础，它如同前面各章所介绍的分析方法一样，需要对要研究的系统有着较好的掌握。事故树编制通常包括以下步骤。

1. 熟悉系统

对已经确定的系统要进行深入的调查研究，了解其构成、性能、操作、维修等情况，必要时根据系统的工艺、操作内容画出工艺流程图及布置图。这项工作是编制事故树的基础和依据。只有熟悉系统，才能作出切合实际的分析，否则，分析必然是闭门造车，不能反映系统的真实情况。

2. 收集、调查系统的各类事故

这里指的是收集、调查所分析系统过去、现在以及将来可能发生的事故，同时还要收集、调查本单位与外单位、国内与国外同类系统曾发生的所有事故。这项工作是全面掌握系统事故的基础和依据，有利于确定事故类型。

3. 确定必须用事故树分析法分析的事故——顶上事件

就某系统而言，可能会发生多种事故，究竟以哪种事故作为事故树顶上事件，要根据事故调查和其他事故分析的结果，和事故发生的可能性与事故发生后对系统造成的危害程度两个参数，选择易于发生且后果严重的事故作为事故树分析的对象。当然，也常把不容易发生，但后果非常严重，以及后果虽不很严重，但极易发生的事故作为分析的对象。把这些事故作为事故树顶上事件进行分析，必然能取得事半功倍的效果。

4. 调查事故发生的原因

从人、机、环境和信息各方面调查与事故树顶上事件有关的所有事故原因。

5. 绘编事故树

绘编事故树即把事故树顶上事件与引起顶上事件的原因事件，采取一些规定的符号，按照一定的逻辑关系，连接起来并绘制成不成圈的连通图，其过程可通过图6-25来表达。

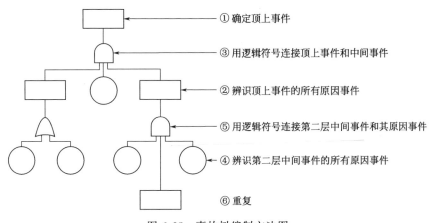

图 6-25　事故树编制方法图

二、事故树定性分析

定性分析是事故树分析的核心内容。其目的是分析某类事故的发生规律及特点，找出控制该事故的可行方案，并从事故树结构上分析各基本原因事件的重要程度，以便按轻重缓急分别采取对策。事故树定性分析主要内容有：

① 计算事故树的最小割集或最小径集；
② 计算各基本事件的结构重要度；
③ 分析各事故类型的危险性，确定预防事故的安全保障措施。

三、事故树定量分析

定量分析是事故树分析的最终目的，其内容包括：

① 确定引起事故发生的各基本原因事件的发生概率；
② 计算事故树顶上事件发生的概率；
③ 计算基本原因事件的概率重要度和临界重要度。

根据定量分析的结果以及事故发生以后可能造成的危害，对系统进行风险分析，以确定安全投资方向。

四、事故树编制的原则

为保证系统的安全性，必须综合利用各种安全分析的资料。这些资料必须十分准确,并能及时被送到有关部门进行整理、储存和利用。储存时,应详细注明资料的来源、收集时间、适用的对象、范围及其可靠性。这个资料应包括事故树定性分析和定量分析的全部内容,可以作为安全性评价与安全设计的依据。事故树的编制过程,是一个严密的逻辑推理过程,应遵循以下规则。

1. 确定顶上事件应优先考虑风险大的事故事件

能否正确选择顶上事件,直接关系到分析的结果,它是事故树分析的关键。在系统危险分析的结果中,不希望发生的事件不止一个,每一个不希望发生的事件都可以作为顶上事件。但是,应当把易于发生且后果严重的事件优先作为分析的对象,即顶上事件。当然,也可把发生频率不高但后果严重以及后果虽不太严重但发生非常频繁的事故作为顶上事件。

2. 确定边界条件的规则

在确定了顶上事件之后,为了不致使事故树过于繁琐、庞大,应明确规定被分析系统与其他系统的界面,以及一些必要的、合理的假设条件。

3. 循序渐进的规则

事故树分析是一种演绎的方法,在确定了顶上事件后,要逐级展开。首先,分析顶上事件发生的直接原因,在这一级的逻辑门的全部输入事件已无遗漏地列出之后,再继续对这些输入事件的发生原因进行分析,直至列出引起顶上事件发生的全部基本原因事件为止。

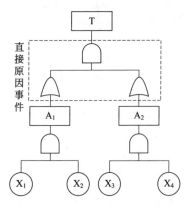

图 6-26 门与门相连的事故树

4. 不允许门与门直接相连的规则

在编制事故树时,任何一个逻辑门的输出都必须有一个结果事件,不允许不经过结果事件而将门与门直接相连,如图 6-26 虚线所示部分。只有这样做,才能保证逻辑关系的准确性。

5. 给事故事件下定义的规则

只有明确地给出事故事件的定义及其发生条件,才能正确地确定事故事件发生的原因。给事故事件下定义,就是要用简单、明了的语句描述事故事件的内涵,即它是什么。

第三节 事故树编制方法举例

根据上述编制事故树的有关规则,下面列举典型例子说明编制事故树的方法。

一、"油库燃爆"事故树编制

油库燃烧并爆炸是经常发生的事故,作为一种特殊事故,这里将其作为事故树顶上事件并编制事故树。

把油库燃爆事故作为顶上事件,并把它画在事故树的最上一行,如图 6-27 所示。燃爆事故只有在"油气达到可燃浓度"与存在"火源"并且达到爆炸极限时才发生,因此,只有油气达到可燃浓度与存在火源两个因素同时出现,顶上事件才出现。所以,用"与门"把两者和顶上事件连接起来,将其写在事故树的第 2 行,"达到爆炸极限"可以作为"与门"的条件记入椭圆内,也可以作为原因事件写在第 2 行上。油气达到可燃浓度是由于"油气泄漏"和"库内通风不良"造成的,把它们写在第 3 行,并且用"与门"连接起来。火源是由于"明火"或"电火花"或"撞击火花"或"静电火花"或"雷击火化"造成的,把它们写在第 3 行,并用"或门"连接起来。油气泄漏是由于"油罐密封不良"或"油罐敞开"造成的,把它们写在第 4 行,并用"或门"连接起来。库内通风不良是由于"库内无排风设施"或"排风设备损坏"或"未定时排风"造成的,把它们写在第 4 行,并用"或门"连接越来。明火是由于"库内吸烟"或"危险区内动火"造成的,把它们写在第 4 行,并用"或门"连接起来。电火花是由于"电器设备不防爆"或"防爆电器损坏"造成的,把它们写在第 4 行,并用"或门"连接。撞击火花是由于"油筒撞击"或"用铁制工具作业"或"穿有铁钉的鞋作业"造成的,把它们写在第 4 行,并用"或门"连接。"静电火花"是由于"油罐静电放电"和"人体静电放电"造

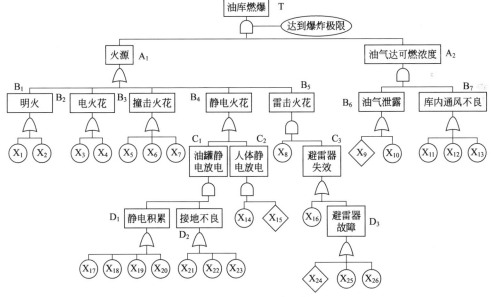

图 6-27 油库爆炸事故树

X_1—库内吸烟;X_2—危险区内动火;X_3—电器设施不防爆;X_4—防爆电气损坏;X_5—油筒撞击;X_6—用铁制工具作业;X_7—穿有铁钉的鞋工作;X_8—雷击;X_9—油罐密封不良;X_{10}—油罐敞开;X_{11}—无排风设施;X_{12}—排风设施损坏;X_{13}—未定时排风;X_{14}—化纤品与人体摩擦;X_{15}—作业中与导体接近;X_{16}—未装避雷设施;X_{17}—油液流速高;X_{18}—管道内壁粗糙;X_{19}—油液冲击金属容器;X_{20}—飞溅油液与空气摩擦;X_{21}—未设防静电接地装置;X_{22}—接地电阻不符要求;X_{23}—接地线损坏;X_{24}—设计缺陷;X_{25}—防雷接地电阻超标;X_{26}—避雷设施损坏

成的,把它们写在第 4 行,并用"或门"连接。雷击火花只有在"雷击"和"避雷器失效",两个因素一定同时出现时才产生,把它们写在第 4 行并用"与门"连接起来。油罐静电放电是由于"静电积累"和"油罐接地不良"两个原因同时出现造成的,把它们写在第 5 行,并用"与门"连接起来。人体静电是由于"化纤品与人体摩擦"和"作业中与导体接近"同时出现造成的,把它们写在第 5 行,并用"与门"连接起来。避雷器失效是由于"未装避雷设施"或"避雷器出了故障"造成的,把它们写在第 5 行,并用"或门"连接起来。静电积累是由于"油液流速高"或"管壁粗糙"或"油液冲击金属容器"或"飞溅油液与空气摩擦"引起的,把它们写在第 6 行,并用"或门"连接起来。接地不良是由于"未装防静电接地装置"或"接地电阻不符要求"或"接地线损坏"引起的,把它们写在第 6 行,用"或门"连接起来。避雷器故障是由于"设计缺陷"或"防雷接地电阻超标"或"避雷设施损坏"造成的,把它们写在第 6 行,用"或门"连接起来。

为了不使树太复杂,树中引用了未探明事件:"作业中与导体接近(X_{15})"、"避雷器设计缺陷(X_{24})"和"油罐密封不良(X_9),用菱形符号表示"。

二、"台灯不亮"事故树编制

在事故树编制过程中,分析顶上事件或中间事件的原因事件时要注意辨识其最直接或最根本的原因。如"台灯不亮"最直接的原因就是与台灯相连的灯泡和对台灯的供电,因而得出其基本原因事件为"灯泡不亮"和"没有电流流过台灯",二个原因事件间只要有一个发生就会导致"台灯不亮"事件的发生,因而选择"或门"连接。

分析"灯泡不亮"的原因事件时也一定要寻找其最直接的原因,即:基本原因事件"灯泡烧坏了"或"没有装灯泡",二者通过"或门"连接。

"没有电流流过台灯"是指台灯回路里没有电流经过,其产生原因可能是台灯的"开关没有打开",也可能是台灯"没有插插座",还可能是"墙上插座没电",三者之间只有一个事件发生,"没有电流流过台灯"的事件就会发生,因而用"或门"符号连接。

"墙上插座没电"事件还可进一步分析其原因事件为"线路短路"、"保险丝断了"和"家里电回路没电"等,用"或门"符号连接。"家里电回路没电"还可以再分析,只是在本事故树中不再做深入分析,故用菱形符号表示。事故树图见 6-28。

三、"热交换器冷水供应不足"事故树编制

图 6-29 系统中的设备通过热交换器控制温度,储水池中的冷水通过定速泵抽出,经控制阀控制水量,由主冷却管进入热交换器,冷水通过热交换器带走热量并通过回流管流入储水池。当热交换器冷水供应不足时则设备有可能被烧坏,试以"热交换器冷水供应不足"作为顶上事件,用事故树方法分析其原因。

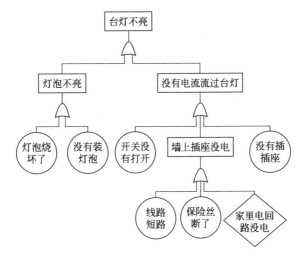

图 6-28 "台灯不亮"事故树图

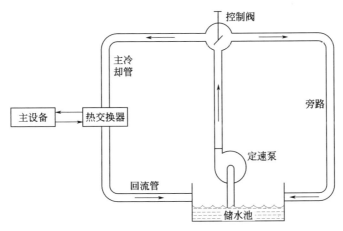

图 6-29 主设备热交换器控温系统

"热交换器冷水供应不足"表明主冷却管中没有足够的冷水流经热交换器,其基本原因事件在于"主冷却管破裂",或者主冷却管中冷水的源头控制阀处无足够的流量,用"控制阀无流量"表示。前者事件为基本事件,用圆形符号表示;后者需进一步分析,用矩形符号表示。二者间只有一个事件发生,就会导致顶上事件的发生,因而用"或门"符号连接。

"控制阀无流量"的直接原因一与其自身有关,包括"控制阀破裂"或"控制阀堵塞",另一原因则和与控制阀相连接的因素有关,即"无流量进入控制阀"。"控制阀破裂"是基本事件,用圆形符号表示;其他两个事件还需进一步分析,用矩形符号表示。三者间只要有一个事件发生,"控制阀无流量"就会发生,因而用"或门"符号连接。

"控制阀堵塞"的原因在于"进入控制阀冷却水内有杂物"或者因为"控制阀

第三节 事故树编制方法举例

关在最小流量的位置以下"，二者都为中间事件，用"或门"连接。"进入控制阀冷却水内有杂物"是由于和控制阀相连的泵"因内部出现故障"而且也只有在有故障的"泵的碎片进入控制阀"的条件下才会形成。因而"进入控制阀冷却水内有杂物"和"泵因内部出现故障"之间用禁门连接，条件事件为"泵的碎片进入控制阀"。"泵因内部出现故障"为二次事件，用菱形符号表示。"控制阀关在最小流量的位置以下"是由于关阀时出现故障，阀停留在全关的状态，且关阀时控制阀移动到最小位置时停止动作出现故障，二者间同时存在，会导致上层原因事件，因而用"与门"连接。"关阀时故障，阀停在全开位置"为二次事件，用菱形符号表示。

"无流量进入控制阀"的基本原因事件是与阀相连的"阀入口管道破裂"，用圆形符号表示，另一原因事件在于泵出口处的流量，即"泵出口处流量损失"，用矩形符号表示，二者间用"或门"连接。"泵出口处流量损失"与泵本身和与相连的因素有关，泵本身的故障包括"主泵故障"，用圆形符号表示，还有"泵的发动机本身故障"，因不作详细分析而用菱形符号表示。"无流量进入控制阀"还与泵入口处的流量有关，"泵入口处供水不足"也是导致上层事件的一个原因事件，彼此间用"或门"连接。

"泵入口处供水不足"与泵的入口本身有关，即"泵入口管破裂"，还和与其相连的因素有关，即"储水池中没有足够的水"，两事件均为基本事件，用圆形符号表示，它们之间用"或门"连接。

"热交换器冷水供应不足"事故树图见图 6-30。

四、"地下室溢水"事故树分析

某地下室可能出现溢水的现象，当地下室水位超过正常水位时，主泵被启动，开始抽水，主泵由公用电源提供电力；当主泵不能正常工作时，若注入的水位超过另一高水位时，备用泵被启动抽水，备用泵由电池供电。试用事故树分析法分析"地下室溢水"现象。地下室排水系统见图 6-31。

以"地下室溢水"作为顶上事件，"地下室溢水"的直接原因有两个，一是排水系统失效，另一原因则是地下室注入的水量超过它的排水能力，即"泵系统失效"和"进水速度超过泵排水力"，前者是中间事件，用矩形符号表示，后者是二次事件，用菱形符号表示，二者间只要有一件发生，则顶上事件发生，用"或门"连接。

"泵系统失效"的原因在于当地下室中"有水注入地下室"且两个泵都失效。三者间同时发生都会导致上层事件，用"与门"连接"有水注入地下室"、"主泵失效"和"备用泵失效"。

"主泵失效"的原因在于"泵本身故障"和"供电停止"，前者是基本事件，用圆形符号表示，后者是正常事件，用屋型符号表示，二者间用"或门"连接。"备用泵失效"的原因在于"备用泵本身故障"和"电池耗尽"，二者间用"或门"连接。"电池耗尽"的原因事件在于工作人员没有及时更换电池、水注入时间超过电

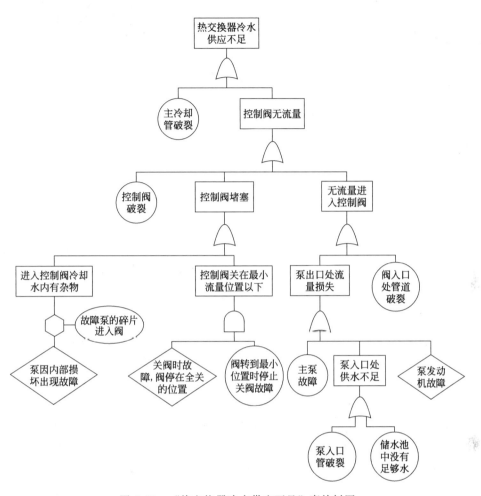

图 6-30 "热交换器冷水供应不足"事故树图

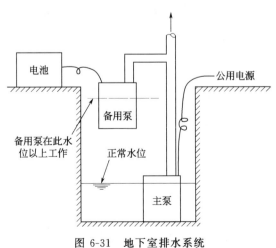

图 6-31 地下室排水系统

池电力和主泵停电时间超过电池的电力,三者同时发生才会导致上层事件,用"与门"连接。事故树分析见图 6-32。

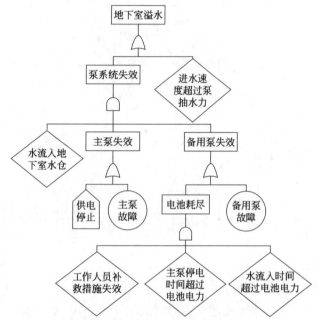

图 6-32 "地下室溢水"事故树分析图
(来源:Massey 大学事故树分析课件)

事故树定性分析,是根据事故树确定顶上事件发生的事故模式、原因及其对顶上事件的影响程度,为最经济最有效地采取预防对策和控制措施,防止同类事故再发生提供科学依据。事故树编好之后,则要对其进行定性分析和定量分析,由于事故树是通过逻辑门连接各事件,其分析过程需要运用布尔代数的知识。

第四节 布尔代数基础

一、布尔代数的概念

设有一个非空集合 B,两个常集 0 及 1(0、1 属于 B),三种关于 B 的运算(布尔加"+"、布尔积"·"及布尔补"′"),如对任意元素 a、b、c 都有以下六个基本定律:

① 交换律

$$a+b=b+a$$
$$a \cdot b=b \cdot a$$

② 结合律

$$a+(b+c)=(a+b)+c$$

$$a \cdot (b \cdot c) = (a \cdot b) \cdot c$$

③ 分配律
$$a \cdot (b+c) = (a \cdot b) + (a \cdot c)$$
$$a + (b \cdot c) = (a+b) \cdot (a+c)$$

④ 0-1 律
$$a+1=1 \quad a+0=a$$
$$a \cdot 0=0 \quad a \cdot 1=a$$

⑤ 吸收律
$$a+(a \cdot b)=a$$
$$a \cdot (a+b)=a$$

⑥ 互补律
$$a+a'=1$$
$$a \cdot a'=0$$

则称这样的代数系统 $(B,+,\cdot,',0,1)$ 为（一般）布尔代数。并且称三种运算 $(+,\cdot,')$ 为布尔运算，B 为布尔集，B 的集合元素为布尔元（变元），a' 称 a 的布尔补，$a+b$ 称为变元 a 与 b 的布尔和，$a \cdot b$ 称为变元 a 与 b 的布尔积。0、1 分别表示空集和全集。

二、布尔代数的性质

布尔代数具有以下基本性质：
① 零元素 0、单位元素 1 和 a 的补 a' 都是唯一的。
② 对于集合 B 中的每个元素 a，都有
$$(a')'=a \quad (对和律)$$
③ 零元素和单位元素是互补的，即
$$0'=1$$
$$1'=0$$
④ 对于集合 B 中的每一个元素 a 都有
$$a+a=a (加法幂等律)$$
$$a \cdot a=a (乘法幂等律)$$
⑤ 对于集合 B 中的任意两个元素 a、b 都有
$$(a+b)'=a' \cdot b' (德\cdot 摩根律)$$
$$(a \cdot b)'=a'+b' (德\cdot 摩根律)$$

三、布尔代数运算

二值代数是布尔代数的一种特殊模型，代数中每个变元只取值 0 和 1，其布尔加法、乘法及补的运算分别定义如下：
$$0+0=0$$
$$1+1=1$$
$$0+1=1+0=1$$

$$0 \cdot 0 = 0$$
$$1 \cdot 1 = 1$$
$$0 \cdot 1 = 1 \cdot 0 = 0$$
$$0' = 1$$
$$1' = 0$$

布尔代数的运算在不引起混淆的情况下，可以省去乘号和括号，并规定按补、乘、加法的先后次序进行。用（+、·及 ′）三种运算把集合 B 的元素连接起来的算式称为布尔表达式。如果把布尔表达式中的字母看作是集合 B 中取值的变元，那么以变元的每一组值代入表达式中都有确定 B 的唯一值与之对应，则每个布尔表达式都确定一个 B 取值的函数，称这个函数为布尔函数，并用 $f(x_1, x_2, x_3, \cdots, x_n)$ 表示具有 n 个变元的布尔函数。

四、析取标准式与合取标准式

一个布尔函数可用不同的表达式来表达。根据布尔代数的性质，任何布尔函数 f 都可以化为析取和合取两种标准形式。

1. 析取标准形式

如果将布尔函数化为式（6-1）的形式则称之为析取标准式，通过事故树函数的析取标准式可以确定其割集。

$$f = A_1 + A_2 + \cdots + A_n = \sum_{k=1}^{n} A_k \tag{6-1}$$

式中，$A_k (k=1, 2, \cdots, n)$ 是变元的积。

将布尔函数化成析取标准式的步骤如下：
① 利用德·摩根律把括号外的求补符号直接加到变元上；
② 利用对合律去掉双重求补符号；
③ 利用第一分配律去掉内含加号的括号。

例如：将布尔函数 $f = [x+z+(y+z)']' + yx$ 和 $f = (x'+y)(y'+z)xz'$ 化为析取标准式。

解：
$$f = [x+z+(y+z)']' + yx$$
$$= (x+z)'[(y+z)']' + yx$$
$$= x'z'(y+z) + yx$$
$$= x'z'y + x'z'z + yx = xy + x'yz'$$
$$f = (x'+y)(y'+z)xz'$$
$$= x'y'xz' + yy'xz' + x'zxz' + yzxz' = 0$$

当然，以上两结果还可以根据布尔函数互补律进一步化简，但事故树分析中将事故树函数化为析取标准式的目的在于求出割集，事故树函数中不会存在某个事件和它的布尔补同时存在的现象。

2. 合取标准形式

如果将布尔函数化为式（6-2）的形式则称之为合取标准式，通过事故树函数的合取标准式可以确定其径集。

$$f = A_1 A_2 \cdots A_n = \prod_{k=1}^{n} A_k \qquad (6\text{-}2)$$

式中，$A_k(k=1,2,\cdots,n)$ 是变元的和。

将布尔函数化成合取标准式的步骤与化取析取标准式的步骤类似或对偶，步骤如下：

① 利用德·摩根律把括号外的求补符号直接加到变元上；
② 利用对合律去掉双重求补符号；
③ 利用第二分配律去掉内含乘号的括号。

例如：将布尔函数 $f=(x+y')'+x+y'+xz$ 和 $f=[(x+y)z'+x'y]'$ 化为合取标准式。

解　　$f=(x+y')'+x+y'+xz$
$=x'y+x+y'+xz$
$=(x'y+x+y'+x)(x'y+x+y'+z)$
$=(x'+x+y'+x)(y+x+y'+x)(x'+x+y'+z)(y+x+y'+z)$

$f=[(x+y)z'+x'y]'$
$=[(x+y)z']'\,(x'y)'$
$=[(x+y)'+z](x+y')$
$=(x'y'+z)(x+y')=(x'+z)(y'+z)(x+y')$

同样，以上两结果还可以根据布尔函数互补律进一步化简，但事故树分析中将事故树函数化为合取标准式的目的在于求出径集，事故树函数中不会存在某个事件和它的布尔补同时存在的现象。

析取和合取标准形式在事故树定性分析和定量分析中非常有用。

第五节　事故树定性分析

事故树的定性分析是指根据已经建造的事故树，确定其最小割集，从而了解事故发生的可能性；确定其最小径集，从而确定控制事故发生的措施。在此基础上，定性了解各基本事件的结构重要度。

一、最小割集的确定

事故树分析中，最小割集和最小径集占有非常重要的地位。透彻掌握和灵活运用最小割集和最小径集，对定性分析和定量分析都起着重要的作用，对有效地、合理地控制顶上事件的发生也将提供极其重要的信息。最小割集是一个重要概念，计算最小割集是事故树定性分析的主要内容。

简单的事故树，可以直接观察出它的最小割集。但是，对于一般的事故树，就不易做到，对于含有数十个逻辑门，甚至上百个逻辑门的事故树，就更难了。这时，就要借助于某些算法，并应用计算机进行计算。最小割集的求取方法通常有五种，即行列法、结构法、质数代入法、矩阵法和布尔代数化简法。这里仅介绍常用的布尔代数法和行列法。

1. 布尔代数法

任何一个事故树都可以用布尔函数描述。化简布尔函数，求其最简析取标准式，则式中每个最小项所属变元构成的集合便是该布尔函数的最小割集。若最简析取标准式中含有 m 个最小项，则该事故树有 m 个最小割集。

用布尔代数法计算最小割集，通常分三个步骤进行，如下所述。

① 建立事故树的布尔表达式　一般从事故树的第一层事件开始，用第二层事件去代替第一层事件，然后再用第三层事件去代替第二层事件，直至顶上事件被所有基本事件代替为止。

② 将布尔表达式化为析取标准式。

③ 化析取标准式为最简析取标准式。

在析取标准式中，若最小项不包含重复的变元，且任意一个最小项不被其他最小项所包含，则称该析取标准式为最简析取标准式。

对于不很复杂的事故树，用手工计算也很简便。在上述替换的基础上，继续运用布尔代数的运算法则，将其展开、归并、化简，就可得到最小割集。以图 6-33 事故树为例说明。

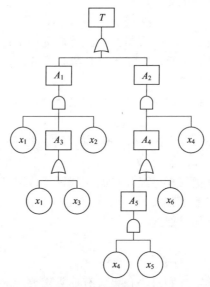

图 6-33　事故树

依据图 6-33 建立事故树的布尔表达式并将其化为最简析取标准式，见式 (6-3)。

$$\begin{aligned}
T &= A_1 + A_2 \\
&= x_1 A_3 x_2 + x_4 A_4 \\
&= x_1(x_1 + x_3)x_2 + x_4(A_5 + x_6) \\
&= x_1(x_1 + x_3)x_2 + x_4(x_4 x_5 + x_6)
\end{aligned}$$

$$=x_1x_1x_2+x_1x_3x_2+x_4x_4x_5+x_4x_6$$
$$=x_1x_2+x_1x_3x_2+x_4x_5+x_4x_6$$
$$=x_1x_2+x_4x_5+x_4x_6 \quad (6\text{-}3)$$

由式（6-3）可得事故树的最小割集如下，其等效图见6-34。

$$G_1=\{x_1,x_2\}$$
$$G_2=\{x_4,x_5\}$$
$$G_3=\{x_4,x_6\}$$

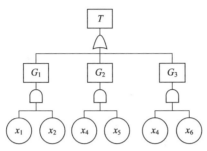

图 6-34　图 6-33 事故树最小割集等效图

2. 行列法

行列法这种方法是1972年Fussel提出的，所以又称Fussel法。其理论依据是：与门使割集容量（即割集内包含的基本事件的个数）增加，而不增加割集的数量；或门使割集的数量增加，而不增加割集的容量。求取割集具体步骤如下所述。

① 首先从顶上事件开始，用下一层事件代替上一层事件，把与门连接事件横向写在一行内。

② 把或门连接事件纵向写在若干行内（或门下有几个事件就写几行）。

③ 逐层向下，直至各基本事件，列出若干行，再用布尔代数化简，结果就得到若干个最小割集。

以图6-33事故树为例说明。

$$T\xrightarrow{\text{或门}}\begin{cases}A_1\\A_2\end{cases}$$

A_1、A_2 与下一层事件 A_3,A_4,x_1,x_2,x_4 间均用与门连接，故仍保持两行，用对应事件代替 A_1、A_2。

$$\begin{cases}A_1\xrightarrow{\text{与门}}x_1A_3x_2\xrightarrow{\text{或门}}\begin{matrix}x_1x_1x_2\\x_1x_3x_2\end{matrix}\\ \qquad\qquad\qquad\quad x_4A_5\xrightarrow{\text{与门}}x_4x_4x_5\\A_2\xrightarrow{\text{与门}}x_4A_4\xrightarrow{\text{或门}}x_4x_6\end{cases}$$

同理：

这样得到四组割集，但不是最小割集，根据布尔代数的运算定律不难求出最小割集。

$$\begin{matrix} x_1x_1x_2 \\ x_1x_3x_2 \\ x_4x_4x_5 \\ x_4x_6 \end{matrix} \Biggl\} \to \begin{matrix} x_1x_2 \\ x_1x_2x_3 \\ x_4x_5 \\ x_4x_6 \end{matrix} \to \begin{matrix} x_1x_2 \\ x_4x_5 \\ x_4x_6 \end{matrix}$$

$$G_1 = \{x_1, x_2\}$$
$$G_2 = \{x_4, x_5\}$$
$$G_3 = \{x_4, x_6\}$$

根据最小割集的定义,任何一个割集都是顶上事件(事故)发生的一种形式,这样就可以得到原事故树的等效图。得到图 6-33 事故树等效图如图 6-34。

二、最小径集的确定

在事故树定性分析和定量分析中,除最小割集外,经常应用的还有最小径集这一概念。其作用与最小割集一样重要,在某些具体条件下,应用最小径集进行事故树分析更为方便。

最小径集的求法也有多种,常用的是根据事故树求其对偶的成功树,成功树的最小割集即为事故树的最小径集。另一种方法是根据布尔函数的合取标准式来求最小径集。

1. 对偶事故树

有时为了更方便、更清楚地说明问题,经常用对偶事故树对系统进行分析。所谓对偶事故树,就是根据德·摩根律画出原事故树的对偶树,又称"成功树"。当然,事故树与成功树互为对偶树。

因为在与门连接输入事件和输出事件的情况下,只要有一个输入事件不发生,输出事件就不会发生,所以在成功树中用或门取代原来的与门连接。对于或门连接输入事件和输出事件的情况,则必须是所有输入事件均不发生,输出事件才不发生,所以,在成功树中以与门取代原来的或门连接。见图 6-35 和图 6-36。

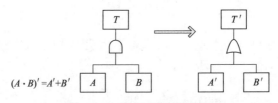

图 6-35 成功树与门的转换

将事故树变为成功树的方法是将原来事故树上的或门全部改换成与门,将全部与门改换成或门,并将全部事件符号加上"′",变成它的补的形式。这样改变以后,就得到成功树。

根据对偶原理,成功树顶上事件发生,就是其对偶树(事故树)顶上事件不发

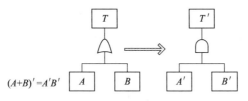

图 6-36 成功树或门的转换

生。因此，求事故树最小径集的方法如下所述。

首先将事故树变换成其成功树，然后用求成功树的最小割集。求出的最小割集就是所示的事故树的最小径集。将图 6-33 事故树转换为成功树见图 6-37。

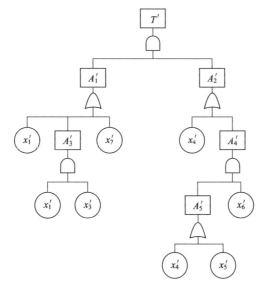

图 6-37 图　图 6-33 的成功树

求成功树最小割集见式（6-4）。

$$\begin{aligned}
T' &= A_1' A_2' \\
&= (x_1' + A_3' + x_2')(x_4' + A_4') \\
&= (x_1' + x_1' x_3' + x_2')(x_4' + A_5' x_6') \\
&= (x_1' + x_1' x_3' + x_2')[x_4' + (x_4' + x_5') x_6'] \\
&= (x_1' + x_1' x_3' + x_2')(x_4' + x_4' x_6' + x_5' x_6') \\
&= (x_1' + x_2')(x_4' + x_5' x_6') \\
&= x_1' x_4' + x_2' x_4' + x_1' x_5' x_6' + x_2' x_5' x_6'
\end{aligned} \quad (6\text{-}4)$$

成功树的最小割集有 4 个，即 (x_1', x_4')，(x_2', x_4')，(x_1', x_5', x_6')，(x_2', x_5', x_6')。成功树的最小割集与事故树最小径集相对应，将（6-4）式等号两边分别求补，得即为事故树的最小径集，式（6-5）。

$$T = (x_1 + x_4)(x_2 + x_4)(x_1 + x_5 + x_6)(x_2 + x_5 + x_6) \quad (6\text{-}5)$$

事故树最小径集为：

$$P_1=\{x_1,x_4\}$$
$$P_2=\{x_2,x_4\}$$
$$P_3=\{x_1,x_5,x_6\}$$
$$P_4=\{x_2,x_5,x_6\}$$

用最小割集表示的事故树等效图，其有两层的连接门，上层用或门连接，下层用与门连接；而用最小径集表示事故树的等效图见图 6-38，也共有两层次连接门。所不同的是，前者上层为或门，下层为与门，后者恰恰相反，上层为与门，下层为或门。

原事故树最小径集的等效图为：

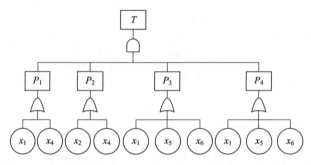

图 6-38　图 6-33 事故树最小径集等效图

2. 用布尔代数法直接求事故树最小径集

将事故树的布尔函数式化简成最简合取标准式，则事故树便有 m 个最大项，则该事故树便有 m 个最小径集。这个算法的进行步骤与计算最小割集的方法相类似。对图 6-33 事故树的布尔函数求合取标准式［式（6-6）］，得：

$$\begin{aligned}
T &= A_1 + A_2 \\
&= x_1 A_3 x_2 + x_4 A_4 \\
&= x_1(x_1 + x_3)x_2 + x_4(A_5 + x_6) \\
&= x_1(x_1 + x_3)x_2 + x_4(x_4 x_5 + x_6) \\
&= x_1 x_1 x_2 + x_1 x_3 x_2 + x_4 x_4 x_5 + x_4 x_6 \\
&= x_1 x_2 + x_1 x_3 x_2 + x_4 x_5 + x_4 x_6 \\
&= x_1 x_2 + x_4 x_5 + x_4 x_6 \\
&= (x_1 x_2 + x_4 x_5 + x_4)(x_1 x_2 + x_4 x_5 + x_6) \\
&= (x_1 x_2 + x_4 + x_5)(x_1 x_2 + x_4 + x_4)(x_1 x_2 + x_6 + x_5)(x_1 x_2 + x_6 + x_4) \\
&= (x_1 + x_4 + x_5)(x_2 + x_4 + x_5)(x_1 + x_4)(x_2 + x_4) \\
&\quad (x_1 + x_6 + x_5)(x_2 + x_6 + x_5)(x_1 + x_6 + x_4)(x_2 + x_6 + x_4) \quad (6\text{-}6)
\end{aligned}$$

求最简合取标准式见式（6-7）：

$$\begin{aligned}
T &= (x_1 + x_4 + x_5)(x_2 + x_4 + x_5)(x_1 + x_4)(x_2 + x_4) \\
&\quad (x_1 + x_6 + x_5)(x_2 + x_6 + x_5)(x_1 + x_6 + x_4)(x_2 + x_6 + x_4) \\
&= (x_1 + x_4)(x_2 + x_4)(x_1 + x_6 + x_5)(x_2 + x_6 + x_5) \quad (6\text{-}7)
\end{aligned}$$

最简合取标准式有 4 个最大项,则图 6-33 事故树有 4 个最小径集,即:

$$P_1 = \{x_1, x_4\}$$
$$P_2 = \{x_2, x_4\}$$
$$P_3 = \{x_1, x_5, x_6\}$$
$$P_4 = \{x_2, x_5, x_6\}$$

三、基本事件的结构重要度分析

一个基本事件或最小割集对顶上事件发生的贡献称为重要度。重要度分析是各基本事件的发生对顶上事件的发生所产生影响的大小,是为人们修改系统提供信息的重要手段。常用的有结构重要度分析、概率重要度分析和临界重要度分析。

结构重要度分析是从事故树结构上分析各基本事件的重要程度,即在不考虑各基本事件的发生概率,或者说假定各基本事件的发生概率都相等的情况下,分析各基本事件的发生对顶上事件发生所产生的影响程度。这是一种定性的重要度分析。在目前事故树分析欠缺基本数据的情况下,结构重要度分析显得十分重要。

结构重要度的求法包括结构重要度系数法和利用最小割集或最小径集判定重要度两种方法。前者精确、繁杂,后者简单但不精确。

1. 重要度系数法

根据结构函数的定义,基本事件 i 和顶上事件分别存在两种状态,即:

$$x_i = \begin{cases} 1 & \text{基本事件发生} \\ 0 & \text{基本事件不发生} \end{cases} \text{和} \quad \Phi(x) = \begin{cases} 1 & \text{顶上事件发生} \\ 0 & \text{顶上事件不发生} \end{cases}$$

当 x_i 的状态由 0 变为 1,即由不发生变为发生时,则顶上事件的状态存在三种情况,即:

① $\Phi(0_i, x) = 0 \rightarrow \Phi(1_i, x) = 0$
② $\Phi(0_i, x) = 1 \rightarrow \Phi(1_i, x) = 1$
③ $\Phi(0_i, x) = 0 \rightarrow \Phi(1_i, x) = 1$

其中第①、②两种情况表明顶上事件的状态不因 x_i 的变化而变化,而第③种情况则不同,它表明由于 x_i 的状态由不发生变为发生时,顶上事件的状态也由不发生而变为发生,说明 x_i 对顶上事件有影响。这种情况出现得越多说明 x_i 越重要。

我们知道,n 个事件两种状态的组合共有 2^n 个,x_i 作为变化对象,保持不变的对照组有 2^{n-1} 个。在这 2^{n-1} 个对照组中出现多少次使顶上事件发生改变的现象,其结构重要度即为该次数与 2^{n-1} 的比值[式(6-8)]。即:

$$I_\phi(i) = \frac{1}{2^{n-1}} \sum [\Phi(1_i, x) - \Phi(0_i, x)] \tag{6-8}$$

其中 $I_\phi(i)$ 为第 i 个基本事件的结构重要度。有时简写为 $I(i)$。

以图 6-39 某事故树图为例,试分析各基本事件的结构重要度。

该事故树共有 5 个基本事件,其状态组合数为 2^5,列于表 6-2 中。对每个基本

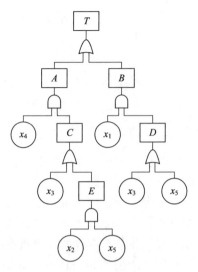

图 6-39　某事故树图

事件所对应的状态有 2^4 种情况，表 6-2 从中间分为两部分，以 x_1 为例，左半部分为基本事件为 0，即不发生；右半部分为基本事件为 1，其他条件不变，从表 6-2 中通过读数可以求出，当 x_1 由 0 变为 1 时，$\phi(x)$ 由 0 变为 1 的情况有 7 次（见斜体字部分），带入公式（6-8）中，则得：

$$I_\phi(1)=\frac{7}{16}$$

表 6-2　图 6-39 事故树基本事件与顶事件状态表

x_1	x_2	x_3	x_4	x_5	$\phi(x)$	x_1	x_2	x_3	x_4	x_5	$\phi(x)$
0	0	0	0	0	0	1	0	0	0	0	0
0	0	0	0	1	0	1	0	0	0	1	1
0	0	0	1	0	0	1	0	0	1	0	0
0	0	0	1	1	0	1	0	0	1	1	1
0	0	1	0	0	0	1	0	1	0	0	1
0	0	1	0	1	0	1	0	1	0	1	1
0	0	1	1	0	1	1	0	1	1	0	1
0	0	1	1	1	1	1	0	1	1	1	1
0	1	0	0	0	0	1	1	0	0	0	0
0	1	0	0	1	0	1	1	0	0	1	1
0	1	0	1	0	0	1	1	0	1	0	0
0	1	0	1	1	*1*	1	1	0	1	1	1
0	1	1	0	0	0	1	1	1	0	0	1
0	1	1	0	1	0	1	1	1	0	1	1
0	1	1	1	0	1	1	1	1	1	0	1
0	1	1	1	1	1	1	1	1	1	1	1

若将表 6-2 按上下方向从中间分为两部分,上半部分为基本事件 x_2 为 0 的情况,下半部分则为基本事件 x_2 为 1 的情况,上下对照来看,当 x_2 由 0 变为 1 时,$\phi(x)$ 由 0 变为 1 的情况有 1 次(见灰色部分),带入公式(6-8)中,则得:

$$I_\phi(2)=\frac{1}{16}$$

同样的方法可求出其他基本事件的结构重要度为:

$$I_\phi(3)=\frac{7}{16}$$

$$I_\phi(4)=\frac{5}{16}$$

$$I_\phi(5)=\frac{5}{16}$$

$$I_\phi(1)=I_\phi(3)>I_\phi(4)=I_\phi(5)>I_\phi(2)$$

2. 利用最小割集或最小径集判定重要度两种方法

运用结构重要度系数法确定结构重要度尽管计算较为精确,但如果基本事件较多时,则计算工作量非常大,因而常在定性分析确定了最小割集或最小径集的情况下根据最小割集或最小径集判断其重要度。判断原则如下所述。

① 由单个事件组成的最小割(径)集中,该基本事件结构重要度最大。

例如某事故树有 3 个最小割集,即 $G_1=\{x_1\}$ $G_2=\{x_2,x_3\}$ $G_3=\{x_4,x_5,x_6\}$,则:

$$I(1)>I(i) \quad i=2,3,4,5,6$$

② 仅在同一个最小割(径)集中出现的所有基本事件,而且在其他最小割(径)集中不再出现,则所有基本事件结构度相等。

例如某事故树有 3 个最小割集,即 $G_1=\{x_1\}$ $G_2=\{x_2,x_3\}$ $G_3=\{x_4,x_5,x_6\}$,则:

$$I(2)=I(3) \quad I(4)=I(5)=I(6)$$

③ 若最小割(径)集中包含的基本事件数目相等,则在不同的最小割(径)集中出现次数多者结构重要度大,出现次数少者结构重要度小,出现次数相等则结构重要度相同。

例如某事故树有 4 个最小割集,即 $G_1=\{x_1,x_2,x_3\}$ $G_2=\{x_1,x_3,x_5\}$,$G_3=\{x_1,x_5,x_6\}$ $G_4=\{x_1,x_4,x_7\}$,则:

$$I(1)>I(3)=I(5)>I(2)=I(4)=I(6)=I(7)$$

④ 若事故树中最小割(径)集中所含基本事件数目不相同时,若某几个基本事件在不同的最小割(径)集中重复出现的次数相同,则在少事件的最小割(径)集中出现的基本事件结构重要度大。若事故树中最小割(径)集中所含基本事件数目不相同时,其他情况采用近似法。

一次近似法的计算公式为:$I_\phi(j)=\sum\limits_{x_j\in Gr}\dfrac{1}{2^{n_j-1}}$

式中,n_j 为第 j 个割集或径集中所出现的事件数。

二次近似法的计算公式为：$I_\phi(j)=1-\prod\limits_{x_j\in Gr}(1-\dfrac{1}{2^{n_j-1}})$

例如已知某事故树5个最小径集分别为 $P_1=\{x_1,x_3\}$，$P_2=\{x_1,x_4\}$，$P_3=\{x_2,x_5,x_3\}$，$P_4=\{x_2,x_5,x_4\}$，$P_5=\{x_3,x_6,x_7\}$ 试用一次近似法求 x_3 结构重要度。

一次　$I_\phi(3)=\dfrac{1}{2^{2-1}}+\dfrac{1}{2^{3-1}}+\dfrac{1}{2^{3-1}}=1$

二次　$I_\phi(3)=1-(1-\dfrac{1}{2^{2-1}})(1-\dfrac{1}{2^{3-1}})(1-\dfrac{1}{2^{3-1}})=\dfrac{23}{32}$

依据最小割集或最小径集，为了精确判断各基本事件的结构重要度，事件 x_i 的相关割（径）集中，其他事件出现次数的总和称为该事件的相关出现次数，记为 a_i，其判断步骤如下所述。

① 确定最小割（径）集的阶数 r_j。

② 找出各基本事件出现的次数 b_i，并确定最大出现次数。

③ 找出单阶割（径）集中的基本事件，或 $b_i=G(P)$ 的基本事件，这些事件的结构重要度系数最大。

④ 找出同属一个或多个最小割（径）集中的事件，这些事件的结构重要系数相同。

⑤ 找出同阶割（径）集中的基本事件，比较它们的出现次数，出现次数大的结构重要度大，并转至第⑦步；若出现次数相同，则转到第⑥步。

⑥ 判定这些事件的出现次数是否为最大出现次数，若是则结构重要系数相同；否则相关出现次数小的，结构重要系数大。

⑦ 找出属于低阶最小割（径）集中事件 x_t，并与属于高阶最小割集中的事件 x_s 比较出现次数的大小。若 $b_t\geq b_s$，则结构重要系数大，若 $b_t<b_s$，则转至第⑧步。

⑧ 求出这两事件相关径（割）集的阶数，并比较出现次数，重复第⑦步的判断，如仍返回第⑧步，则转至第⑨步。

⑨ 根据一次或二次近似法最终判定这两事件结构重要度系数大小。

例如某事故树共有最小割集41个，最小径集3个，故按最小径集判别基本事件重要度顺序。最小径集为：$P_1=\{x_1,x_2,x_{10},x_{11},x_{12}\}$，$P_2=\{x_1,x_2,x_{10},x_{13},x_{14},x_{15},x_{16},x_8,x_{12}\}$ 和 $P_3=\{x_1,x_2,x_7,x_3,x_4,x_5,x_6,x_8,x_9\}$。

① 最小径集的阶数为 $r(P_1)=5$，$r(P_2)=r(P_3)=9$。

② 基本事件的出现次数和最大出现次数

$b_1=b_2=3$

$b_8=b_{10}=b_{12}=2$

$b_3=b_4=b_5=b_6=b_7=b_9=b_{11}=b_{13}=b_{14}=b_{15}=b_{16}=1$

最大出现次数为3。

③ 因为 $b_1=b_2=3=P$（最小径集的数目），根据步骤3可知 $I_\phi(1)=I_\phi(2)$ 最大

④ 因为 x_3，x_4，x_5，x_6，x_7，x_9 同属 P_3 且出现次数为1，则根据步骤④：

$$I_\phi(3)=I_\phi(4)=I_\phi(5)=I_\phi(6)=I_\phi(7)=I_\phi(9)$$
$$I_\phi(13)=I_\phi(14)=I_\phi(15)=I_\phi(16)$$
$$I_\phi(10)=I_\phi(12)$$

⑤ x_8，x_{13}，x_3 所在相关径集的阶数相同，但 x_8 出现的次数大，由步骤⑤：

$$I_\phi(8)>I_\phi(3)=I_\phi(4)=I_\phi(5)=I_\phi(6)=I_\phi(7)=I_\phi(9)$$

同理：$I_\phi(8)>I_\phi(13)=I_\phi(14)=I_\phi(15)=I_\phi(16)$

⑥ x_{13}，x_3 的相关径集阶数相同，且 $b_3=b_{13}=1$，小于最大出现次数，由步骤⑥

$$a_3=b_1+b_2+b_4+b_5+b_6+b_7+b_8+b_9=13$$
$$a_{13}=b_1+b_2+b_{10}+b_{14}+b_{15}+b_{16}+b_8+b_{12}=15$$
$$I_\phi(3)>I_\phi(13)$$

⑦ $b_{11}=b_3=b_{13}=1$ 且 x_{11} 所属径集阶数低，由步骤⑤：

$$I_\phi(11)>I_\phi(3)>I_\phi(13)$$

同理 $I_\phi(10)=I_\phi(12)>I_\phi(8)$

$I_\phi(1)=I_\phi(2)>I_\phi(10)=I_\phi(12)>I_\phi(11)$

$I_\phi(8)>I_\phi(3)=I_\phi(4)=I_\phi(5)=I_\phi(6)=I_\phi(7)=I_\phi(9)>I_\phi(13)=I_\phi(14)=I_\phi(15)=I_\phi(16)$

⑧ 根据一次或二次近似法最终判定这两事件结构重要度系数大小。

一次近似法：
$$I_\phi(11)=\frac{1}{2^4}$$

$$I_\phi(8)=\frac{1}{2^8}+\frac{1}{2^8}=\frac{1}{2^7}$$

二次近似法：
$$I_\phi(11)=1-\left(1-\frac{1}{2^4}\right)\frac{1}{2^4}=\frac{1969}{2^{15}}$$

$$I_\phi(8)=1-\left(1-\frac{1}{2^8}\right)\left(1-\frac{1}{2^8}\right)=\frac{511}{2^{16}}=\frac{175}{2^{15}}$$

$I_\phi(1)=I_\phi(2)>I_\phi(10)=I_\phi(12)>I_\phi(11)>I_\phi(8)>I_\phi(3)=I_\phi(4)=I_\phi(5)=I_\phi(6)=I_\phi(7)=I_\phi(9)>I_\phi(13)=I_\phi(14)=I_\phi(15)=I_\phi(16)$

四、最小割集和最小径集在事故树中所起的作用

总的来说，最小割集和最小径集在事故树分析中起着极其重要的作用，其中，尤以最小割集最为突出。透彻掌握和灵活运用最小割集和最小径集能使事故树分析达到事半功倍的效果，并为有效地控制和降低事故率提供重要的依据。最小割集和最小径集的主要作用如下所述。

1. 最小割集表示系统的危险性

求出最小割集可以掌握事故发生的各种可能，了解系统危险性的大小，为事故

调查和事故预防提供方便。最小割集的定义明确表示，每个最小割集都是顶上事件发生的一种可能，即表示哪些故障和差错同时发生时顶上事件就发生。事故树中有几个最小割集，顶上事件发生就有几种可能。最小割集越多，系统越危险。另外，掌握了最小割集，实际上就掌握了顶上事件发生的各种可能。这对我们掌握事故的发生规律，调查某一事故的发生原因都是有益的。也就是说，一旦事故发生，就可以排除那些非本次事故的割集，而最终找到本次事故割集，这就是造成本次事故的原因事件的组合。

例如，前面求过事故树的最小割集，它们是：$\{x_1,x_2\}$，$\{x_4,x_5\}$，$\{x_4,x_6\}$。绘出了事故树等效图就直观明了地指出了：造成顶上事件（事故）发生的可能性共有三种：或 x_1、x_2 同时发生；或 x_4、x_5 同时发生；或 x_4、x_6 同时发生。如果有类似系统相比较，则可根据最小割集的多少，区分出系统的优劣。亦可根据这三个最小割集，分别采取预防措施，加强控制。

2. 最小径集表示系统的安全性

求出最小径集可以了解，要使事故不发生，有几种可能的方案，并掌握系统的安全性如何，为控制事故提供依据。最小径集的定义表明，一个最小径集中的基本事件都不发生就可使顶上事件不发生。事故树中最小径集越多，系统越安全。求出最小径集，就可了解到，控制住哪几个基本事件（某一个最小径集）使其不发生，就可以控制顶上事件，使其不发生；要想使顶上事件不发生，共有几种可能的方案（有几个最小径集就有几种可能的方案）。例如，前面事故树共有四个最小径集，$\{x_1,x_4\}$，$\{x_2,x_4\}$，$\{x_1,x_5,x_6\}$，$\{x_2,x_5,x_6\}$。从事故树最小径集等效图（用最小径集表示）的结构也可看出，只要与门下的任一个最小径集 P_i 不发生，顶上事件就绝不会发生，假如通过采取某些措施，彻底消除 x_1，x_4 发生的可能性，这种事故就不会发生．至于其他基本事件，均可置之不理。当然，也可选择其他最小径集采取措施，其效果一样。

第六节 事故树的定量分析

事故树定量分析的任务是：在求出各基本事件发生概率的情况下，计算或估算系统顶上事件发生的概率以及系统的有关可靠性特性，并以此为依据，综合考虑事故（顶上事件）的损失严重程度，与预定的目标进行比较。如果得到的结果超过了允许目标，则必须采取相应的改进措施，使其降至允许值以下。在进行定量分析时，应满足几个条件。

① 各基本事件的故障参数或故障率已知，而且数据可靠，否则计算结果误差大。

② 在事故树中应完全包括主要故障模式。

③ 对全部事件用布尔代数做出正确的描述，另外，一般还要做三点假设：

a. 基本事件之间是相互独立的；

b. 基本事件和顶上事件都只有两种状态——发生或不发生（正常或故障）；

c. 一般情况下，故障分布都假设为指数分布。

进行定量分析的方法很多，本书只介绍几种常用的方法，而且以举例形式说明这些方法的计算过程，不在数学上做过多的证明。

一、结构函数

1. 结构函数的定义

若事故树有 n 个互不相同的基本事件，每个基本事件只有发生和不发生两种状态，且分别用数值 1 和 0 表示。因此，基本事件 i 的状态可记为：

$$x_i = \begin{cases} 1 & \text{基本事件发生} \\ 0 & \text{基本事件不发生} \end{cases} \quad i=(1,2,\cdots,n)$$

同样，事故树的顶上事件的状态，也只有发生与不发生两种可能，用变量 Φ 表示，则有

$$\Phi(x) = \begin{cases} 1 & \text{顶上事件发生} \\ 0 & \text{顶上事件不发生} \end{cases}$$

因为顶上事件的状态 Φ 完全取决于基本事件 i 的状态变量 $x_i(i=1,2,\cdots,n)$，所以 Φ 是 x 的函数，即：$\Phi = \Phi(x)$。

2. 结构函数的性质

结构函数 $\Phi(x)$ 具有如下性质。

当事故树中基本事件都发生时，顶上事件必然发生；当所有基本事件都不发生时，顶上事件必然不发生。

当除基本事件 i 以外的其他基本事件固定为某一状态，基本事件 i 由不发生转变为发生时，顶上事件可能维持不发生状态，也可能由不发生转变为发生状态。

由任意事故树描述的系统状态，可以用全部基本事件做成"或"结合的事故树表示系统的最劣状态（顶上事件最易发生）；可以用全部基本事件"与"结合的事故树表示系统的最佳状态（顶上事件最难发生）。

二、基本事件的发生概率

事故树定量分析，首先是在求出各基本事件发生概率的情况下，计算顶上事件的发生概率，这样我们就可以根据所取得的结果与预定的目标值进行比较。如果超出了目标值，就应采取必要的系统改进措施，使其降至目标值以下。如果事故的发生概率及其造成的损失为社会所认可，则不必投入更多的人力物力进一步治理。

关于基本事件的发生概率，首先是机械设备的元件故障概率，对一般可修复系统，元件或单元的故障概率为

$$q = \frac{\lambda}{\lambda + \mu}$$

其中 λ 为元件或单元的故障率，即单位时间（或周期）故障发生的概率，它是

元件平均故障间隔期（或称平均无故障时间，MTBF）的倒数，

$$\lambda = \frac{1}{\text{MTBF}}$$

一般 MTBF 由生产厂家给出，或通过实验室实验得出。它是元件到故障发生时运行时间 t_i 的算术平均值，即

$$\text{MTBF} = \frac{\sum_{i=1}^{n} t_i}{n}$$

n 为所测元件的个数。元件在实验室条件下测出的故障率为 λ_0，即故障率数据库存储的数据。在实际应用时，还必须考虑比实验室恶劣的现场因素，适当选择严重系数 k（参见表 6-3）。故实际故障率为：

$$\lambda = k\lambda_0$$

表 6-3　严重系数 k 值举例

使用场所	k	使用场所	k
实验室	1	火箭实验台	60
普通室内	1.1～10	飞机	80～150
船舶	10～18	火箭	400～1000
铁路车辆,牵引式公共汽车	18～30		

μ 为可维修度，它是反映元件或单元维修难易程度的量度，是所需平均修复时间（MTTR）τ 的倒数，$\mu = 1/\tau$，因为 MTBF≥MTTR，故 $\lambda \leqslant \mu$，所以，

$$q = \frac{\lambda}{\lambda + \mu} \approx \frac{\lambda}{\mu} = \lambda\tau$$

即 $q \approx \lambda\tau$

对于一般不可修复系统，元件或单元的故障概率为

$$q = 1 - e^{-\lambda t}$$

式中，t 指元件运行时间。

如果把 $e^{-\lambda t}$ 按无穷级数展开，略去后面的高阶无穷小，则可近似为

$$q = \lambda t$$

现在许多工业发达国家都建立了故障率数据库，而且若干国家，如北美和西欧，联合建库，用计算机存储和检索，对数据的输入和使用非常方便，为集中进行故障率试验提供了良好的条件，为安全性和可靠性分析提供了极大的方便。从目前我国开展系统安全工程和可靠性工程的趋势来看，也必将走建立数据库、储存事故资料的道路。但是，我们必须认识到，系统安全工程的开发，事故树分析的开发，并不是以数据库为前提条件的。而我们现在面临的局面，正是当时 FTA 开发者们面临的，即在没有数据库的情况下来评价故障率。这样就存在如何取得故障率数据的问题。

在目前情况下，我们可以通过系统或设备长期的运行经验，或若干系统平行的

运行过程，粗略估计平均故障间隔期，其倒数就是所观测对象（元件、部件）的故障率。例如，某元件现场使用条件下的平均故障间隔期为 4000 小时，则其故障率为每小时 2.5×10^{-4}。若系统运行是周期性的，亦可将周期化成小时。故障率数据列举于表 6-4。

表 6-4 故障率数据举例

项 目	故障率/(1/小时) 观测值	建议值
机械杠杆、链条、托架等	$10^{-6} \sim 10^{-9}$	10^{-6}
电阻、电容、线圈等	$10^{-6} \sim 10^{-9}$	10^{-6}
固体晶体管、半导体	$10^{-6} \sim 10^{-9}$	10^{-6}
焊接	$10^{-7} \sim 10^{-9}$	10^{-8}
螺接	$10^{-4} \sim 10^{-6}$	10^{-5}
电子管	$10^{-4} \sim 10^{-6}$	10^{-5}
热电偶	—	10^{-6}
三角皮带	$10^{-4} \sim 10^{-5}$	10^{-4}
摩擦制动器	$10^{-4} \sim 10^{-5}$	10^{-4}
管路		
焊接连接破裂	—	10^{-9}
法兰连接爆裂	—	10^{-7}
螺口连接破裂	—	10^{-5}
胀接破裂	—	10^{-5}
冷标准容器破裂	—	10^{-9}
电(气)动调节阀等	$10^{-4} \sim 10^{-7}$	10^{-5}
继电器、开关等	$10^{-4} \sim 10^{-7}$	10^{-5}
断路 ID(自动防止故障)	$10^{-5} \sim 10^{-6}$	10^{-5}
配电变压器	$10^{-5} \sim 10^{-8}$	
安全阀(自动防止故障)	—	10^{-6}
安全阀(每次过压)	—	10^{-4}
仪表传感器	$10^{-4} \sim 10^{-7}$	10^{-5}
仪表指示器、记录器、控制器等		
气动	$10^{-3} \sim 10^{-5}$	10^{-4}
电动	$10^{-4} \sim 10^{-6}$	10^{-5}
人对重复刺激响应的失误	$10^{-2} \sim 10^{-3}$	10^{-2}
离心泵、压缩机、循环机	$10^{-3} \sim 10^{-6}$	10^{-4}
蒸汽透平		$10^{-3} \sim 10^{-6}$	10^{-4}
电动机、发电机	$10^{-3} \sim 10^{-6}$	10^{-4}
往复泵、比例泵	$10^{-3} \sim 10^{-5}$	10^{-5}
内燃机(汽油机)	$10^{-3} \sim 10^{-4}$	
内燃机(柴油机)	$10^{-3} \sim 10^{-5}$	10^{-4}

人的失误是另一种基本原因事件。人的失误大致有五种情况：

① 忘记做某项工作；

② 做错了某项工作；

③ 采取了不应采取的工作步骤；

④ 没按程序完成某项工作；

⑤ 没在预定时间内完成某项工作。

人的失误因素很复杂，很多专家学者对此做过研究。1961年，Swain 和 Rock 提出了"人的失误率预测法"（THERP），这种方法的分析步骤如下：

① 调查被分析者的操作程序；

② 把整个程序分成各个操作步骤；

③ 把操作步骤再分成单个动作；

④ 根据经验或实验得出每个动作的可靠度（见表6-5）；

表 6-5 人的行为可靠度举例

行为类型	可靠度	行为类型	可靠度
阅读技术说明书	0.9918	分析锈蚀和腐蚀	0.9963
读取时间（扫描记录仪）	0.9921	安装O型环状物	0.9965
读电流计和流量计	0.9945	阅读记录	0.9966
分析缓变电压和电流	0.9955	分析凹陷、裂纹	0.9967
确定多位置电气开关的位置	0.9959	读压力计	0.9969
在因素位置上标注符号	0.9958	分析老化的防护罩	0.9969
安装安全锁线	0.9961	固定螺母、螺钉和销子	0.9990
分析真空管失真	0.9961	使用垫圈胶合剂	0.9971
安装鱼形夹	0.9961	连接电缆（安装螺钉）	0.9972
安装垫圈	0.9962		

⑤ 求出各个动作的可靠度之积，得到每个操作步骤的可靠度；如果各个动作中有相容事件，则按条件概率计算；

⑥ 求出各操作步骤可靠度之积，得到整个程序的可靠度；

⑦ 求出整个程序的不可靠度（用1减去可靠度），便得到FTA所需要的人的失误发生概率。

人的失误概率受多种因素的影响，如作业的紧迫程度，单调性，人的不安全感，心理状态和生理状况，以及周围环境因素等。因此，仍然需要有修正系数 k 修正人的失误概率。就某一动作而言，其可靠度 R 为

$$R = R_1 \times R_2 \times R_3$$

式中 R_1——与输入有关的可靠度，如声、光信号传入人的眼、耳等；

R_2——与判断有关的可靠度，如信号传入大脑并进行判断；

R_3——与输出有关的可靠度，如根据判断作出反应。

R_1，R_2、R_3 的参考值见表6-6。

表 6-6　R_1、R_2、R_3 参考值

类别	说　明	R_1	R_2	R_3
简单	变量不超过几个 人机工程学上考虑全面	0.9995~0.9999	0.9990	0.9995~0.9999
一般	变量不超过十个	0.9990~0.9995	0.9950	0.9990~0.9995
复杂	变量超过十个 人机工程学上考虑不全面	0.9900~0.9990	0.9900	0.9900~0.9990

由于受作业条件、作业者自身因素及作业环境的影响，基本可靠度还会降低。因此，还需要用修正系数 k（表 6-7）加以修正，从而得到作业者单个动作的失误

表 6-7　$abcde$ 取值范围

符号	项目	内　　容	取值范围
a	作业时间	有充足的多余时间	1.0
		没有充足的多余时间	1.0~3.0
		完全没有多余时间	3.0~10.0
b	操作频率	频率适当	1.0
		连续操作	1.0~3.0
		很少操作	3.0~10.0
c	危险状况	即使误操作也安全	1.0
		误操作时危险性大	1.0~3.0
		误操作时产生重大灾害的危险	3.0~10.0
d	生理、心理条件	教育训练，健康状况、疲劳、愿望等综合条件较好	1.0
		综合条件不好	1.0~3.0
		综合条件很差	3.0~10.0
e	环境条件	综合条件较好	1.0
		综合条件不好	1.0~3.0
		综合条件很差	3.0~10.0

概率为：

$$q = k(1-R)$$

式中　k ——$abcde$；
　　　a ——作业时间系数；
　　　b ——操作频率系数；
　　　c ——危险状况系数；
　　　d ——心理、生理条件系数；
　　　e ——环境条件系数。

三、顶上事件发生概率的计算

在求得各基本事件的发生概率，弄清了各基本事件之间的关系后，就可以着手计算顶上事件的发生概率。如果各基本事件相互独立，则顶上事件的发生概率有以下几种算法。

1. 状态枚举算法

设某一事故树，有 n 个基本事件，这 n 个基本事件的两种状态的组合数为 2^n 个。根据事故树模型的结构分析可知，所谓顶上事件的发生概率，是指结构函数学 $\phi(x)=1$ 的概率。因此，顶上事件的发生概率 g 可用定义为式 (6-9)。

$$g(q) = \sum_{p=1}^{2^n} \phi_p(x) \prod_{i=1}^{n} q_i^{x_i}(1-q_i)^{1-x_i} \tag{6-9}$$

式中　$g(q)$——顶上事件的发生概率；

　　　p——基本事件状态组合符号；

　　　$\phi_p(x)$——组合为 p 时的结构函数值，

$$\phi_p(x) = \begin{cases} 1 & \text{顶上事件发生} \\ 0 & \text{顶上事件不发生} \end{cases} \quad (x = x_1, x_2, \cdots x_n)$$

　　　q——第 i 个基本事件的发生概率；

　　　$\prod_{i=1}^{n}$——连乘符号，这里为求 n 个基本事件状态组合的概率积；

　　　x_i——基本事件 i 的状态，

$$x = \begin{cases} 1 & \text{第 } i \text{ 个基本事件发生} \\ 0 & \text{第 } i \text{ 个基本事件不发生} \end{cases}$$

对上式进行剖析可看出，在 n 个基本事件两种状态的所有组合中，有的不能使顶上事件发生，即 $\phi_p(x)=0$，说明该组合对顶上事件的发生概率不产生影响。而有些组合能使顶上事件发生，即 $\phi_p(x)=1$，说明这种组合对顶上事件的发生概率产生了影响。因此，在用此式计算时，只需考虑使 $\phi_p(x)=1$ 的所有状态组合。

用上式计算时，应先列出基本事件的状态值表，再根据事故树的结构求得结构函数 $\phi_p(x)$ 值，并填入状态值表中，最后求出使 $\phi_p(x)=1$ 的各基本事件对应状态的概率积之代数和，即为顶上事件的发生概率。

图 6-40 中的事故树，含有 3 个基本事件 x_1，x_2，x_3，已知各基本事件相互独立，发生概率都为 0.1，则由式 (6-9) 计算顶上事件的发生概率。

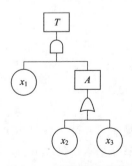

图 6-40　事故树示意图

表 6-8 基本事件与顶上事件状态值表

$x_1\ x_2\ x_3$ 状态值	$\phi(x)$	$g_p(q)$表达式	g_p 值
0 0 0	0	0	0
0 0 1	0	0	0
0 1 0	0	0	0
0 1 1	0	0	0
1 0 0	0	0	0
1 0 1	1	$q_1(1-q_2)q_3$	0.009
1 1 0	1	$q_1q_2(1-q_3)$	0.009
1 1 1	1	$q_1q_2q_3$	0.001
$G(q)$			0.019

由表可知，使 $\phi(x)=1$ 的基本事件的状态组合有三个，将表中数据代入式 (6-9) 中，可得：

$$\begin{aligned}g(q)&=\sum_{p=1}^{2^n}\phi p(x)\prod_{i=1}^{n}q_i{}^{x_i}(1-q_i)^{1-x_i}\\&=1\times q_1^1(1-q_1)^{1-1}q_2^0(1-q_2)^{1-0}q_3^1(1-q_3)^{1-1}\\&\quad+1\times q_1^1(1-q_1)^{1-1}q_2^1(1-q_2)^{1-1}q_3^0(1-q_3)^{1-0}\\&\quad+1\times q_1^1(1-q_1)^{1-1}q_2^1(1-q_2)^{1-1}q_3^1(1-q_3)^{1-1}\\&=q_1(1-q_2)q_3+q_1q_2(1-q_3)+q_1q_2q_3\\&=0.1\times0.9\times0.1+0.1\times0.1\times0.9+0.1\times0.1\times0.1\\&=0.019\end{aligned}$$

另外，还可将第一种状态组合所对应的 $g_p(q)$ 和 g_p 列入表 6-8 中，可由表直接求得顶上事件的发生概率。

2. 最小割集法

如前所述，事故树可以用其最小割集等效树来表示。这时，顶上事件等于最小割集的并集。

与门的结构函数为：

$$\Phi(x)=\bigcap_{i=1}^{n}x_i=\prod_{i=1}^{n}x_i$$

或门的结构函数为：

$$\Phi(x)=\bigcup_{i=1}^{n}x_i=1-\prod_{i=1}^{n}(1-x_i)$$

设某事故树有 k 个最小割集 $G_1, G_2, \cdots, G_k$，则顶上事件的表达式为：

$$\Phi(x)=G_1\bigcup G_2\bigcup\cdots\bigcup G_k$$

即

$$\Phi(x)=\bigcup_{r=1}^{k}G_r=\bigcup_{r=1}^{k}\bigcap_{x_i\in G_r}x_i$$

顶上事件的发生概率按有限个相互独立事件并的概率公式为式（6-10）。

$$g = \bigcup_{r=1}^{k} \prod_{x_i \in Gr} q_i = \prod_{r=1}^{k} \prod_{x_i \in Gr} q_i \tag{6-10}$$

式中　i ——基本事件的序数；

　　　r ——最小割集的序数；

　　　k ——最小割集的个数；

　　　x_i ——第 i 个基本事件属于第 r 个最小割集。

例如某事故树最小割集为：$\{x_1, x_2\}$，$\{x_3, x_4\}$，$\{x_5, x_6\}$，其发生概率为 q_1，q_2，q_3，q_4，q_5 和 q_6，求顶上事件发生概率。

事故树的最小割集中彼此间没有重复事件，依据式（6-10）得：

$$g = \bigcup_{r=1}^{k} \prod_{x_i \in Gr} = \prod_{r=1}^{k} \prod_{x_i \in Gr} q_i$$
$$= 1 - (1 - q_1 q_2)(1 - q_3 q_4)(1 - q_5 q_6)$$

若事故树中各割集中有重复基本事件时将上式展开，用布尔代数消除每个概率积中的重复事件，则为式（6-11）。

$$g = \sum_{r=1}^{k} \prod_{x_i \in Gr} q_i - \sum_{1 \leqslant r \leqslant s \leqslant k} \prod_{x_i \in Gr \cup Gs} q_i + \sum_{1 \leqslant r \leqslant s \leqslant t \leqslant k} \prod_{x_i \in Gr \cup Gs \cup Gt} q_i + \cdots + (-1)^{k-1} \prod_{\substack{r=1 \\ x_i \in Gr}}^{k} q_i \tag{6-11}$$

式中　r, s, t ——最小割集的序数；

　　　k ——最小割集的个数；

$\sum_{r=1}^{k} \prod_{x_i \in Gr} q_i$ ——每个最小割集中的基本事件的概率之积的代数和；

$\sum_{1 \leqslant r \leqslant s \leqslant k} \prod_{x_i \in Gr \cup Gs} q_i$ ——属于任意两个最小割集并事件中的基本事件之概率积的代数和；

$\sum_{1 \leqslant r \leqslant s \leqslant t \leqslant k} \prod_{x_i \in Gr \cup Gs \cup Gt} q_i$ ——属于任意三个最小割集并事件中的基本事件之概率积的代数和；

$\prod_{\substack{r=1 \\ x_i \in Gr}}^{k} q_i$ —— k 个最小割集中基本事件的概率积；

$x_i \in Gr$ —— i 事件属于 r 最小割集；

$x_i \in Gr \cup Gs$ —— i 事件属于 r 最小割集或 s 最小割集。

例如某事故树最小割集为：$\{x_1, x_2\}$，$\{x_1, x_3\}$，$\{x_2, x_4, x_5\}$，其发生概率为 $q_1 = 0.01$，$q_2 = 0.02$，$q_3 = 0.03$，$q_4 = 0.04$，$q_5 = 0.05$，求顶上事件发生概率。

因为各最小割集中有重复事件出现，根据式（6-11）得：

$$g = \sum_{r=1}^{k} \prod_{x_i \in Gr} q_i - \sum_{1 \leq r \leq s \leq k} \prod_{x_i \in Gr \cup Gs} q_i + \sum_{1 \leq r \leq s \leq t \leq k} \prod_{x_i \in Gr \cup Gs \cup Gt} q_i + \cdots + (-1)^{k-1} \prod_{\substack{r=1 \\ x_i \in Gr}}^{k} q_i$$

$$= (q_1 q_2 + q_1 q_3 + q_2 q_4 q_5) - (q_1 q_2 q_3 + q_1 q_2 q_4 q_5 + q_1 q_2 q_3 q_4 q_5) + q_1 q_2 q_3 q_4 q_5$$

$$= q_1 q_2 + q_1 q_3 + q_2 q_4 q_5 - q_1 q_2 q_3 - q_1 q_2 q_4 q_5$$

$$= 0.0005336$$

3. 最小径集法

根据最小径集与最小割集的对偶性，利用最小径集也可以求出顶上事件的发生概率。当最小径集中彼此没有重复的基本事件时，顶上事件的发生概率按式（6-12）计算。

$$g = \prod_{r=1}^{l} \coprod_{x_i \in Pr} q_i = \prod_{r=1}^{l} [1 - \prod_{x_i \in Pr} (1 - q_i)] \tag{6-12}$$

例 某事故树最小径集为 $\{x_1, x_2, x_3\}$，$\{x_4, x_5\}\{x_6, x_7\}$，其发生概率为 q_1，q_2，q_3，q_4，q_4，q_6，q_7，求顶上事件发生概率。

因为各最小径集中没有重复事件出现，根据式（6-12）得：

$$g = \prod_{r=1}^{l} \coprod_{x_i \in Pr} q_i = \prod_{r=1}^{l} [1 - \prod_{x_i \in Pr} (1 - q_i)]$$

$$= [1 - (1 - q_1)(1 - q_2)(1 - q_3)][1 - (1 - q_4)(1 - q_5)][1 - (1 - q_6)(1 - q_7)]$$

当各最小径集彼此有重复事件时，则需去掉重复计算的内容，顶上事件发生概率按式（6-13）计算。

$$g = 1 - \sum_{r=1}^{l} \prod_{x_i \in Pr} (1 - q_i) + \sum_{1 \leq r \leq s \leq l} \prod_{x_i \in Pr \cup Ps} (1 - q_i) - \sum_{1 \leq r \leq s \leq t \leq l} \prod_{x_i \in Pr \cup Ps \cup Pt} (1 - q_i)$$

$$+ \cdots + (-1)^l \prod_{\substack{r=1 \\ x_i \in Pr}}^{l} (1 - q_i) \tag{6-13}$$

式中　　　　　　　　l——最小径集数；

　　　　　　　　　　r, s——t 最小径集序数 $r < s < t < l$；

$$\sum_{r=1}^{l} \prod_{x_i \in Pr} (1 - q_i)$$——每个最小径集中基本事件不发生的概率之积的代数和；

$$\sum_{1 \leq r \leq s \leq l} \prod_{x_i \in Pr \cup Ps} (1 - q_i)$$——属于任意两个最小径集的并事件中的基本事件不发生概率之积的代数和；

$$\sum_{1 \leq r \leq s \leq t \leq l} \prod_{x_i \in Pr \cup Ps \cup Pt} (1 - q_i)$$——属于任意三个最小径集的并事件中的基本事件不发生概率之积的代数和；

$\prod\limits_{\substack{r=1 \\ x_i \in Pr}}^{l}(1-q_i)$——全部基本事件不发生的概率之积；

$x_i \in Pr$——i 事件属于最小径集 Pr；

$x_i \in Pr \bigcup Ps$——i 事件或属于最小径集 Pr 或属于最小径集 Ps；

$x_i \in Pr \bigcup Ps \bigcup Pt$——$i$ 事件或属于最小径集 Pr 或属于最小径集 Ps 或属于最小径集 Pt；

$(1-q_i)$——i 事件不发生的概率。

例 某事故树最小径集为：$\{x_1,x_4\}$，$\{x_2,x_3\}$，$\{x_2,x_5\}$，其发生概率为 $q_1=0.01$，$q_2=0.02$，$q_3=0.03$，$q_4=0.04$，$q_5=0.05$，求顶上事件发生概率。

因为各最小径集中有重复事件出现，根据式（6-13）得：

$$g = 1 - \sum_{r=1}^{l}\prod_{x_i \in Pr}(1-q_i) + \sum_{1 \leqslant r \leqslant s \leqslant l}\prod_{x_i \in Pr \bigcup Ps}(1-q_i) - \sum_{1 \leqslant r \leqslant s \leqslant t \leqslant l}\prod_{x_i \in Pr \bigcup Ps \bigcup Pt}(1-q_i)$$
$$+ \cdots + (-1)^l \prod_{\substack{r=1 \\ x_i \in Pr}}^{l}(1-q_i)$$

$= 1 - [(1-q_2)(1-q_3) + (1-q_1)(1-q_4) + (1-q_1)(1-q_5)]$
$+ [(1-q_1)(1-q_2)(1-q_3)(1-q_4) + (1-q_1)(1-q_2)(1-q_3)(1-q_5) + (1-q_1)(1-q_4)(1-q_5)]$
$- (1-q_1)(1-q_2)(1-q_3)(1-q_4)(1-q_5)$

$= 0.000591812$

在上述三种顶事件发生概率的精确算法中，后两种比较简单。但从后两种方法的计算项数看，最小割集法中的和差项数为 2^n-1。最小径集法中的和差项数为 2^n。最小割集和最小径集数 k、l 的增大。都会使计算量显著增加。因此，选择计算方法时，原则上是最小割集少的，最好选用最小割集法；最小径集少的，则最好选用最小径集法。一般事故树的最小割集数量都比较多，而最小径集数量较少，所以最小径集法的实际使用价值更大些。但在基本事件发生概率非常小的情况下，由于计算机有效位有限，采用最小径集法可能会因减少位数而失去有效数字，结果会出现较大的误差，对此，应引起足够重视。

4. 顶上事件发生概率的近似计算

在系统的基本事件很多，并且由此而产生的最小割集和最小径集的数量也非常庞大的情况下，计算这类复杂系统的顶上事件发生概率时，因为计算时间和计算机存储容量的限制，采用精确计算方法往往很困难。加之，在没有数据库的条件下，设备的故障率、人的失误概率均难于得到准确的数值，计算时多凭经验取值。这样，即便采取了精确算法，也会因凭经验取值的不准确而降低精确算法的意义。因此，实际计算中多采用近似算法。近似算法有好多种，现介绍以下几种。

(1) 首项近似法　根据最小割集计算顶上事件发生概率的公式 (6-11)：

$$g = \sum_{r=1}^{k} \prod_{x_i \in G_r} q_i - \sum_{1 \leqslant r \leqslant s \leqslant k} \prod_{x_i \in G_r \cup G_s} q_i + \sum_{1 \leqslant r \leqslant s \leqslant t \leqslant k} \prod_{x_i \in G_r \cup G_s \cup G_t} q_i + \cdots + (-1)^{k-1} \prod_{\substack{r=1 \\ x_i \in G_r}}^{k} q_i$$

设：

$$\sum_{r=1}^{k} \prod_{x_i \in G_r} q_i = F_1$$

$$\sum_{1 \leqslant r \leqslant s \leqslant k} \prod_{x_i \in G_r \cup G_s} q_i = F_2$$

$$\sum_{1 \leqslant r \leqslant s \leqslant t \leqslant k} \prod_{x_i \in G_r \cup G_s \cup G_t} q_i = F_3$$

则：

$$\prod_{\substack{r=1 \\ x_i \in G_r}}^{k} q_i = F_k$$

则原式可写为：

$$g = F_1 - F_2 + F_3 - \cdots + (-1)^{k-1} F_k$$

这样，可逐次求 F_1，F_2 的值，当认为满足计算精度时，就可停止计算。一般情况下，$F_1 \geqslant F_2$，$F_2 \geqslant F_3$，在近似过程中往往求出 F_1 就能满足要求，其余均忽略不计，即：

$$g \approx F_1 = \sum_{r=1}^{k} \prod_{x_i \in G_r} q_i \tag{6-14}$$

也就是说，顶上事件的发生概率近似等于所有最小割集发生概率的代数和。这种近似算法称为首项近似。

(2) 平均近似法　有时为了使近似值更接近精确值，对顶上事件发生概率，取首项与第二项之半的差作为近似值，即：

$$g \approx F_1 - \frac{1}{2} F_2 \tag{6-15}$$

在利用式 (6-11) 计算顶上事件发生概率过程中，可以得到一系列判别式：

$$g \leqslant F_1$$
$$g \geqslant F_1 - F_2$$
$$g \leqslant F_1 - F_2 + F_3$$

由此可求出任意精度的近似区间：

$$F_1 \geqslant g \geqslant F_1 - F_2$$
$$F_1 - F_2 + F_3 \geqslant g \geqslant F_1 - F_2$$

这样经过上下限的计算，便能得出精确的概率值，一般采用 $g = F_1 - \frac{1}{2} F_2$ 就可以得到较为精确的近似值。这种方法称为平均近似法。

(3) 独立近似法　这种近似方法的实质是：尽管事故树各最小割集（或最小径集）中彼此有共同事件，但均认为是无共同事件的，即认为各最小割集（或最小径集）都是彼此独立的。均用下列两公式计算顶上事件发生概率。

$$g \approx \prod_{r=1}^{k} \prod_{x_i \in G_k} q_i$$

$$g \approx \prod_{r=1}^{l} \prod_{x_i \in P_r} q_i$$

四、化相交集合为不交集合理论在事故树分析中的应用

事故树分析中，往往各独立的基本事件彼此是相交集合，而且各最小割集彼此也是相交集合。求解相交集合的概率运算过程不仅非常繁琐，而且还存在消去相同因子的问题。如将化交集为不交集的方法引入事故树分析，化相交集合为不交集合（互不相容集合），就可减少顶上事件发生概率的计算量。同时，可以排除用最小割集或最小径集计算时出现的 $q_i q_i \neq q_i^2$ 的问题，给手工求解和计算机编程序计算顶上事件的发生概率提供方便。

化相交集合为不交集合的依据是布尔代数的如下运算定律：

$$A+B = A + A'B$$
$$A' + B' = A' + AB'$$
$$AA' = 0$$
$$(A')' = A$$
$$(AB)' = A' + B'$$
$$(A+B)' = A'B'$$

对于独立事件、相容事件，$A+B$ 和 $A'+B'$ 均为相交集合，而 $A+A'B$ 和 $A'+AB'$ 则变为不交集合。

同理可得：

$$A+B+C = A + A'B + A'B'C$$
$$A+B+\cdots+M+N = A + A'B + A'B'C + \cdots + A'B'\cdots M'N \tag{6-16}$$

例：某事故树三个最小割集 (x_1, x_2, x_4)、(x_1, x_3, x_4) 和 (x_2, x_3, x_4) 中有重复事件，利用化相交集合为不交集合理论对其化简。

$$\begin{aligned}
T &= x_1 x_2 x_4 + x_1 x_3 x_4 + x_2 x_3 x_4 \\
&= x_1 x_2 x_4 + (x_1 x_2 x_4)' x_1 x_3 x_4 + (x_1 x_2 x_4)'(x_1 x_3 x_4)' x_2 x_3 x_4 \\
&= x_1 x_2 x_4 + (x_1' + x_2' + x_4') x_1 x_3 x_4 + (x_1' + x_2' + x_4')(x_1' + x_3' + x_4') x_2 x_3 x_4 \\
&= x_1 x_2 x_4 + (x_1' x_1 + x_1 x_2' + x_1 x_2 x_4') x_1 x_3 x_4 + (x_1' + x_1 x_2' + x_1 x_2 x_4')(x_1' + x_1 x_3' + x_1 x_3 x_4') \ x_2 x_3 x_4 \\
&= x_1 x_2 x_4 + x_1 x_2' x_3 x_4 + (x_1' + x_1 x_2' x_3' + x_1 x_2' x_3 x_4' + x_1 x_2 x_3' x_4' + x_1 x_2 x_3 x_4') x_2 x_3 x_4 \\
&= x_1 x_2 x_4 + x_1 x_2' x_3 x_4 + x_1' x_2 x_3 x_4
\end{aligned}$$

五、基本事件的概率重要度和临界重要度分析

1. 基本事件的概率重要度

事故树的基本事件的重要度，仅仅以结构重要度评价是不够的，因为结构重要

度只是分析各基本事件的重要程度。换言之,它是在忽略各基本事件发生概率不同影响的情况下,分析各基本事件重要程度的。因此,用结构重要度评价基本事件的重要度,往往与实际重要程度有一定的差距。

所以在分析各基本事件的重要度时,必须考虑各基本事件发生概率的变化对顶上事件发生概率的影响,即要对事故树进行定量的概率重要度分析。

利用顶上事件发生概率函数是一个关于基本事件发生概率的多重线性函数这一性质,只要对自变量 q_i 求一次偏导,就可以得到该基本事件的概率重要度系数,即顶上事件发生概率对基本事件 i 发生概率的变化率。

$$I_g(i) = \frac{\partial g}{\partial q_i} \tag{6-18}$$

$I_g(i)$ 表示第 i 个基本事件的概率重要度系数。

例:事故树的最小割集为 (x_1, x_3),(x_3, x_4),(x_1, x_5),(x_2, x_4, x_5) 各基本事件发生概率分别为 $q_1 = q_2 = 0.02$,$q_3 = q_4 = 0.03$,$q_5 = 0.025$,求各基本事件概率重要度系数。

(1) 求顶上事件的概率函数

$$\begin{aligned}g =& q_{G_1} + q_{G_2} + q_{G_3} + q_{G_4} - (q_{G_1} q_{G_2} + q_{G_1} q_{G_3} + q_{G_1} q_{G_4} + q_{G_2} q_{G_3} + q_{G_2} q_{G_4} + q_{G_3} q_{G_4}) \\ &+ (q_{G_1} q_{G_2} q_{G_3} + q_{G_1} q_{G_2} q_{G_4} + q_{G_2} q_{G_3} q_{G_4} + q_{G_1} q_{G_3} q_{G_4}) - q_{G_1} q_{G_2} q_{G_3} q_{G_4} \\ =& q_1 q_3 + q_3 q_4 + q_1 q_5 + q_2 q_4 q_5 - (q_1 q_3 q_4 + q_1 q_3 q_5 + q_1 q_2 q_3 q_4 q_5 + q_1 q_3 q_4 q_5 \\ &+ q_2 q_3 q_4 q_5 + q_1 q_2 q_4 q_5) + (q_1 q_3 q_4 q_5 + q_1 q_2 q_3 q_4 q_5 + q_1 q_2 q_3 q_4 q_5 + q_1 q_2 q_3 q_4 q_5) \\ &- q_1 q_2 q_3 q_4 q_5 \\ =& q_1 q_3 + q_3 q_4 + q_1 q_5 + q_2 q_4 q_5 - q_1 q_3 q_4 - q_1 q_3 q_5 - q_2 q_3 q_4 q_5 - q_1 q_2 q_4 q_5 + q_1 q_2 q_3 q_4 q_5\end{aligned}$$

(2) 求各基本事件的概率重要度

$$I_g(1) = \frac{\partial g}{\partial q_1} = q_3 + q_5 - q_3 q_4 - q_3 q_5 - q_2 q_4 q_5 + q_2 q_3 q_4 q_5 = 0.0533$$

$$I_g(2) = \frac{\partial g}{\partial q_2} = q_4 q_5 - q_1 q_4 q_5 - q_3 q_4 q_5 + q_1 q_3 q_4 q_5 = 0.0007$$

$$I_g(3) = \frac{\partial g}{\partial q_3} = q_1 + q_4 - q_1 q_4 - q_1 q_5 - q_2 q_4 q_5 + q_1 q_2 q_4 q_5 = 0.0489$$

$$I_g(4) = \frac{\partial g}{\partial q_4} = q_3 + q_2 q_5 - q_1 q_3 - q_1 q_2 q_5 - q_2 q_3 q_5 + q_1 q_2 q_3 q_5 = 0.0298753$$

$$I_g(5) = \frac{\partial g}{\partial q_5} = q_1 + q_2 q_4 - q_1 q_3 - q_1 q_2 q_4 - q_2 q_3 q_4 + q_1 q_2 q_3 q_4 = 0.01997036$$

(3) 各基本事件概率重要度排序结果

$$I_g(1) > I_g(3) > I_g(4) > I_g(5) > I_g(2)$$

若所有基本事件发生概率都等于 0.5 时,概率重要度系数等于结构重要度系数,利用这一点,可以用量化手段求得结构重要度系数。

$$I_g(1) = \frac{\partial g}{\partial q_1} = q_3 + q_5 - q_3 q_4 - q_3 q_5 - q_2 q_4 q_5 + q_2 q_3 q_4 q_5 = \frac{7}{16}$$

$$I_g(2)=\frac{\partial g}{\partial q_2}=q_4q_5-q_1q_4q_5-q_3q_4q_5+q_1q_3q_4q_5=\frac{1}{16}$$

$$I_g(3)=\frac{\partial g}{\partial q_3}=q_1+q_4-q_1q_4-q_1q_5-q_2q_4q_5+q_1q_2q_4q_5=\frac{7}{16}$$

$$I_g(4)=\frac{\partial g}{\partial q_4}=q_3+q_2q_5-q_1q_3-q_1q_2q_5-q_2q_3q_5+q_1q_2q_3q_5=\frac{5}{16}$$

$$I_g(5)=\frac{\partial g}{\partial q_5}=q_1+q_2q_4-q_1q_3-q_1q_2q_4-q_2q_3q_4+q_1q_2q_3q_4=\frac{5}{16}$$

2. 基本事件的临界重要度

基本事件的概率重要度系数，只反映了基本事件发生概率改变 Δq 与顶上事件发生变化 Δg 之间的关系，并未反映基本事件本身的发生概率对顶上事件发生概率的影响。当各基本事件发生概率不等时，如果将各基本事件发生概率都改变 Δq，则对发生概率大的事件进行这样的改变就比发生概率小的事件来得容易。因此，用基本事件发生概率的变化率（$\Delta q_i/q_i$）与顶上事件发生概率的变化率（$\Delta g/g$）比值来确定事件 I 的重要程度更有实际意义。这个比值称为临界重要度系数。即：

$$I_G(i)=\frac{\partial \ln g}{\partial \ln q_i}=\frac{\partial g}{g} / \frac{\partial q_i}{q_i}=\frac{q_i}{g}I_g(i) \tag{6-19}$$

$I_G(i)$ 表示第 i 个基本事件的临界重要度系数。求上述事故树的临界重要度系数：

$$G=q_1q_3+q_3q_4+q_1q_5+q_2q_4q_5-q_1q_3q_4-q_1q_3q_5-q_2q_3q_4q_5-q_1q_2q_4q_5+q_1q_2q_3q_4q_5$$

$$I_g(1)=0.0533 \quad I_g(2)=0.0007 \quad I_g(3)=0.0489$$

$$I_g(4)=0.0298 \quad I_g(5)=0.0199$$

$$I_G(1)=\frac{q_1}{g}I_g(1)=\frac{0.02}{0.00198}\times 0.0533\approx 0.538$$

$$I_G(2)=\frac{q_2}{g}I_g(2)=\frac{0.02}{0.00198}\times 0.0007\approx 0.007$$

$$I_G(3)=\frac{q_3}{g}I_g(3)=\frac{0.03}{0.00198}\times 0.0489\approx 0.755$$

$$I_G(4)=\frac{q_4}{g}I_g(4)=\frac{0.03}{0.00198}\times 0.0298\approx 0.452$$

$$I_G(5)=\frac{q_5}{g}I_g(5)=\frac{0.025}{0.00198}\times 0.0199\approx 0.251$$

临界重要度系数

$$I_G(3)>I_G(1)>I_G(4)>I_G(5)>I_G(2)$$

三种重要度系数中，结构重要度系数是从事故树结构上反映基本事件的重要程度；概率重要度系数是反映基本事件发生概率的增减对顶上事件发生概率影响的敏感程度；临界重要度系数是从敏感度和自身发生概率大小的双重角度，反映基本事件的重要程度。实际应用时，一方面可依据这三种重要度系数的大小，安排采取措施的优先次序；另一方面，也可以按三种重要系数的顺序，分别编制安全检查表，用检查的手段控制事故因素，防止同类事故发生。三种检查表中，临界重要度分析所产生的检查表更能指导实际。

第七节 事故树分析的适用性说明

一、适用条件

事故树分析是确定导致某项不希望发生事件的根本原因及其发生概率的安全分析技术，为了了解和阻止大型复杂系统的潜在问题，通常采用该方法进行分析。这种分析方法是一种逻辑推导性方法，由一个简单的不希望发生的顶上事件推导出底部所有可能的原因，这种方法易于操作、易于理解，分析结果也很直观。

事故树分析可以基于系统的各个层次，对系统、子系统、组件、程序、工作环境等都可采用这种分析方法。事故树分析方法的应用具有两个突出的方面，一是在系统设计、研发阶段主动分析可以预测和阻止未来可能出现的问题，另一方面则是在事故发生后可被动找出事故的致因。因而事故树分析涵盖了系统生命周期从设计早期阶段至使用维护各个阶段，且适用领域非常广泛，如航天、采矿、化工、医疗等行业。

在事故树分析方法的学习过程中多采用简单的系统，但应用时，随着系统复杂性的增加，在分析时对有关相应系统方面知识的要求、对事故树分析理论……的要求都有着明显的增加，该方法的学习虽不难，但生产实践中的应用却较为复杂。

有些行业应用事故分析是为了求得一个量化的结果，目前有多种软件可以计算顶上事件发生概率及相关重要度。因此，尽管事故树分析方法是危险分析方法，它不仅可以提供定性的风险评估，还可以提供定量的风险评估。

二、优点

事故树分析具有如下的优点。

① 事故树分析法可以对复杂系统中组合的故障或缺陷的发生概率进行分析，这是前面几种分析方法所不具备的。

② 事故树分析方法可以辨识和评估单个事件的故障和多个原因产生的故障。

③ 事故树最小割集可以确定导致事故发生的最基本原因，最小径集可以确定避免事故发生的最根本的手段，因而可以指导决策者进行风险决策。

三、使用局限性

事故树分析的局限性如下所述。

① 事故树分析强调对单个不希望发生事件的分析，对于复杂系统，其不希望发生事件有多个，因而需要进行多次分析。

② 事故树分析可进行定量分析，需要大量的时间和丰富的信息资源，但众多

行业中，复杂系统各基本事件发生概率难以获取，因而定量分析很难真正实现。当基本事件发生概率不够准确时，顶上事件的发生概率结果没有真正的意义。

③ 事故树分析时各逻辑门下的事件或条件彼此间是相互独立的，它们是导致逻辑门上中间事件的直接原因，如果某个逻辑门下的原因事件没有充分辨识出来，则事故树分析是有缺陷的。

四、注意事项

在运用事故树分析时，应注意避免如下的问题。
① 没有充分理解系统的设计与操作。
② 没有分析透彻某一中间事件的所有的原因事件。
③ 没有明确各原因事件的逻辑关系。
④ 在基本事件或中间事件没有用简明、准确的语言表达事件的内容。

复习思考题

1. 请理解逻辑符号的含义及其表达式。
2. 请解释割集、最小割集、径集及最小径集的含义。
3. 试说明事故树分析的流程。
4. 事故树如何进行危险辨识？
5. 事故树分析如何进行定性分析？如何进行定量分析？
6. 简述事故树分析的适用条件。

第七章 事件树分析

事件树分析（Event Tree Analysis，ETA）是依据决策论对某一问题初始事件的后续过程依次采用两元决策以确定事故状况的一种分析方法，它是系统安全工程的重要分析方法之一。事件树分析方法的产生与发展源于美国商用核电站风险评价（WASH—1400）研究。1974 年，WASH—1400 小组在运用事故树分析方法对核电进行概要性风险评估时，他们意识到事故树分析法非常繁杂，于是创造了更倾向于采用决策性框图分析的事件树分析法。这种方法现已成为许多国家的标准化的分析方法。

第一节 事件树基本概念

一、事故情境

事故情境（Accident Scenario）是指最终导致事故的一系列事件。该序列事件通常起始于初始事件，后续的一个或多个中间事件，最终导致不希望发生的事件或状态。回答"什么可能出错？"是梳理事故情境的技巧。图 7-1 是事故情境的示意图。

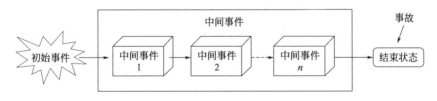

图 7-1 事故情境的示意图

（来源：Clifton A. Ericson，Hazard Analysis Techniques for System Safety，John Wiley & Sons，Inc）

二、初始事件

初始事件（Initiating Event）是指导致故障或不希望事件的系列事件的起始事件。初始事件是否会导致事故，取决于系统设计时针对危险的控制措施是否正常起到作用。

三、中间事件

中间事件（Intermediate Event）又叫环节事件或枢轴事件，是初始事件与最终结果之间的中间事件。中间事件是系统设计时阻止初始事件演变为事故的安全控制措施。如果它正常发挥作用，则会阻止事故情境的发生；如果它控制失效，则事故情境则沿着图 7-1 转向下一枢轴。

四、概率风险评价

概率风险评价（Probabilistic Risk Assessment，PRA）是对大型复杂系统采用综合的、逻辑的分析方法辨识、评价系统的风险且以排列方式表达其结果。其目标在于采用定量的方法详细地辨识和评估事故情境。概率风险评价中的风险常基于以下三点：

① 事故情境——什么出现了错误？
② 情境频率——它容易发生吗？
③ 情境结果——它的后果是什么？

五、事件树

事件树（Event Tree）是指用图形方式所表达的多结果事故情境。事件树概念见图 7-2。

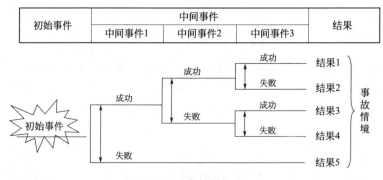

图 7-2　事件树概念

第二节　事件树分析方法

一、事件树分析流程

事件树分析的理论基础是系统工程的决策论。所谓决策，就是为解决当前或未来可能发生的问题，选择最佳方案的一种过程。以往，人们的决策往往凭经验和主观判断，而决策论则是在做某项工作或从事某项工程之前，通过分析、评价各种可能的结果，权衡利弊，根据科学的判断和预测做出最佳决策的一种系统的方法论。

决策论中的一种决策方法是用决策树进行决策的，而事件树分析则是从决策树引申而来的一种辨识和评估潜在事故情境各中间事件的分析方法，该方法概要见图

7-3。该方法需要分析人员掌握详细的设计信息，确定初始事件，设计事件树结构，推导事故情境。一旦事件树结构建立起来，则应尽可能获取事件的发生概率，注意"成功"与"失败"的概率和等于1。

图 7-3 事件树分析概要图

（来源：Clifton A. Ericson，Hazard Analysis Techniques for System Safety，John Wiley & Sons，Inc）

事件树的分析步骤如下所述。

① 确定系统、熟悉系统　明确系统、子系统的边界范围以及各部件的相互关系。

② 辨识事故情境　通过进行系统评估和危险分析以辨识系统在设计中存在的危险和事故情境，如火灾导致的损失、过马路出现的交通事故。

③ 辨识初始事件　初始事件是事件树中在一定条件下造成事故后果的最初原因事件。如着火、过马路、系统故障、设备失效、人员误操作或工艺过程异常。通常以分析人员最感兴趣的异常事件作为初始事件。

④ 辨识中间事件　辨识在系统设计中为避免初始事件发生而设置的安全防护措施，如烟感、火灾报警器等。

⑤ 建造事件树图　把初始事件写在最左边，各种环节事件按顺序写在右面；从初始事件画一条水平线到第一个环节事件，在水平线末端画一垂直线段，线段上端表示成功，下端表示失败；再从垂直线段两端分别向右画水平线到下个环节事件，同样用垂直线段表示成功与失败两种状态；依此类推直到最后一个环节事件为止。如果某一环节事件不需要往下分析则水平线延伸下去，不发生分支。

⑥ 获取各事件失败概率　获取或计算初始事件和中间事件在事件树框图的发生概率，该数据可通过事故树分析方法获得。

⑦ 评估风险　计算事件树每一分支的概率以求总概率。

⑧ 控制措施　如果某分支风险不可接受，则需提出改进措施。

二、元件事件树分析过程

事件树分析最初用于可靠性分析，它是用元件可靠性表示系统可靠性的系统分析方法之一。系统中的每个元件，都存在具有与不具有某种规定功能的两种可能。元件正常，则说明其具有某种规定功能；元件失效，则说明其不具有某种规定功能。人们把元件正常状态记为成功，其状态值为1；把失效状态记为失败，其状态值为 0。按照系统的构成状况，顺序分析各元件成功、失败的两种可能，将成功作为上分支，失败作为下分支，不断延续分析，直至最后一个元件，最后就形成一个水平放置的树形图。

例如，有一泵 A 和两个阀门 B、C 串联的物料输送系统，如图 7-4 所示。物料沿箭头方向按顺序经过泵 A、阀门 B 和阀门 C。组成系统的元件 A、B、C 都有正常和失效两种状态。根据系统实际构成情况，当泵 A 接到启动信号后，可能有两种状态：正常起动开始运行；失效，不能输送物料。将正常作为上分支，失效作为下分支。三元素两状态的组合应为 $2^3=8$ 种系统状态。实际上，事件树的结构则是按照系统的具体情况作出的。因此，阀门 B 的正常与失效只接在泵 A 正常状态的分支上。泵 A 处于失效状态，系统就呈失效状态，阀门 B 和 C 对此结果没有影响，不再延续分析。而阀门 B 的失效同样能导致系统失效，不再继续分析阀门 C 的状态。从而只分析 B 正常时 C 的两种状态，这样，就形成了这个物料输送系统的事件树。如图 7-5 所示。

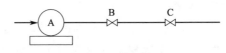

图 7-4　物料输送系统

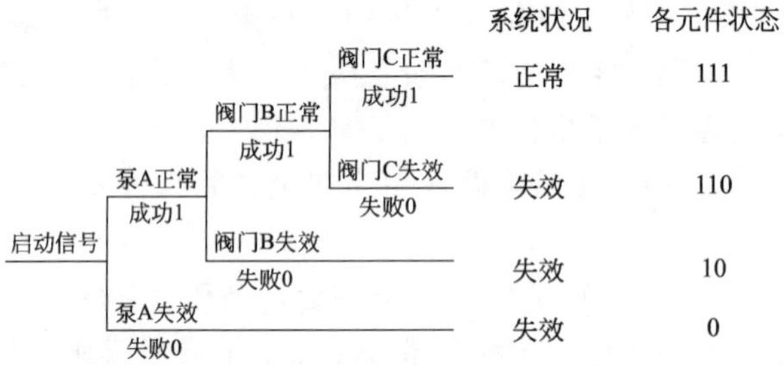

图 7-5　物料输送系统的事件树

从事件树中看出，只有泵 A 和阀门 B、C 均处于正常状态（111）时，系统才能正常运行，而其他三种情况（110），（10），（0），均是系统失效状态。

若各个元件的可靠度是已知的，就可根据元件可靠度求取系统可靠度。例如，泵 A 的可靠度为 R_A，阀门 B、C 的可靠度分别为 R_B 和 R_C，则系统可靠度 R_S 为泵 A 和阀门 B、C 均处于正常状态，即（111）时的概率。

$$R_S = R_A R_B R_C$$

如果改变一下图 7-4 物料输送系统的结构，将串联阀门 B、C 改为并联，将阀门 C 作为备用阀。当 B 失效时，C 开始工作。其系统流程图如图 7-6 所示。这样，变更后系统的事件树则如图 7-7 所示。

从图 7-7 事件树看出，各元件状态组合为（11）和（101）时，系统处于正常状态。其余两种情况，系统处于失效状态。这样，就可以从上述结果求得阀门并联系统的可靠度。

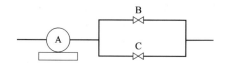

图 7-6 物料输送系统示意图

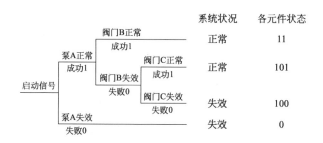

图 7-7 物料输送系统的事件树

$$R_S = R_A R_B + R_A(1-R_B)R_C$$

显然，阀门并联的系统可靠度比阀门串联的系统大得多。

这就是用元件可靠性表示系统可靠性的系统分析方法及其应用情况。

三、事件树分析过程示例

行人过马路，就某一段马路而言，可能有车来往，也可能无车通行。当无车时过马路，当然会顺利通过。若有车，则看你是在车前通过还是在车后通过。若在车辆通过后过马路，当然也会顺利通过。若在车前过，则看你是否有充足的时间，如果有，则不会出现车祸，但却很冒险；如果没有，则看司机是否采取紧急制动措施或避让措施。若未采取则必然会发生撞人事故，导致人员伤亡；若采取措施，则取决于制动或避止是否奏效。奏效，则人幸免于难；失败，则必造成人员伤亡。其事件树如图 7-8 所示。

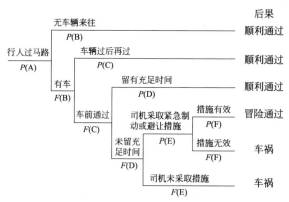

图 7-8 行人过马路事件树分析图

这是一个以行人、司机、车辆、马路为分析对象的综合系统。它是以行人过马路为初始事件，经过对五个环节事件的分析判断，而得出六种结果：其中四种为我们希望得到的结果，两种是我们不希望的结果。

在此事件树分析中，分析结果有利于以下几方面。

(1) 能够指出如何不发生事故，以对员工进行直观的安全教育 行人过马路不发生事故可以遵循如下四种途径。

① 当这段马路上无车辆来往时过马路最安全。因为这时过马路的路线不会和行车路线交叉，没有和车辆相撞的机会。就是说，过马路不宜操之过急，在马路边稍等一下可以完全避免事故的发生。

② 当马路上有车时，等到车辆过后再横穿马路仍能保证安全。

③ 如果在车辆行驶前方过马路，则必须保证有充足的时间。这就要求准确判断车辆行驶速度和自己的步行速度和能力，也要考虑行走过程会不会发生意外，如滑倒、绊倒等。

④ 如果没有充足的时间，则只能靠司机是否采取制动和避让措施以及这些措施是否奏效。

从前三种途径来看，是否发生事故完全操控在行人手里。第四种途径则是一种冒险，完全依赖司机的谨慎行车和车辆的性能，实际这是最不可取的。鉴于仍有些年轻人愿意冒险，司机在行车时必须保持高度警惕，随时注意路面情况的变化，保持车辆刹车系统的灵敏可靠，掌握避让的技能。

(2) 能够指出消除事故的根本措施，改进系统的安全状况 从事件树可以看出，当行人和车辆形成时间和空间交叉时就会发生事故。

从第一种安全途径看出，在马路上没有车辆来往时过马路最安全。这在暂时的情况下可能存在，若在行车高峰时根本不存在。要想创造这种条件，只能另辟行车路线或人行通道。现在，在某些城市建造的过街天桥和人行地下通道，就是避免人与车辆空间交叉的措施。第二种途径，实际是避免人与车辆的时间交叉。例如，某些繁华区十字路口设置的行人交通指挥灯，就是这种措施，它使行人和车辆错开使用马路的时间。

(3) 从宏观角度分析系统可能发生的事故，掌握系统中事故发生的规律 从事件树分析可以看到事故发生发展的全部动态过程（而事故树分析则仅限于事故的瞬间静态分析），它从宏观角度分析系统可能会发生哪些事故（而事故树分析则是从微观角度分析系统中一种事故），因而能全面掌握系统中各种事故的发生规律从行人过马路事件树可以看出，事故是沿着两条路线发展形成的结果。其一是，过马路—有车—车前过—没留充足的时间—司机未采取紧急措施。其二是，过马路—有车—车前过—没留充足的时间—司机采取的紧急措施失效。这就形象直观地反映了事故发生发展的整个过程。也说明了，假如这些环节事件全部失败就会发生事故。但是，这些环节事件中如果有一个环节不失败，则不会形成事故。因此，我们说任何一起事故发生，都是若干起环节事件连续失败形成的。它是一个连续过程。这种连续过程可称其为事故链。这些事故链相当于骨牌理论中若干直立的骨牌串，前一个骨牌向后倒下，就可引起一连串骨牌倒下。事件树则表示了若干骨牌串。但是，如果从中抽掉一个骨牌，则不会造成整串骨牌倒下，由此，亦可指出防止事故的一些办法。

(4) 可以找出最严重的事故后果，为确定后续顶上事件分析提供依据 事故树分析确定顶上事件需要两个参数（事故损失的严重度）即每次事故损失的价值和单位时间损失的次数，从而求出损失率（或风险率）的大小，即单位时间损失的价值。通过对初始事件（在图 7-8 行人过马路事件树中的"行人过马路"），估计一个单位时间过马路的次数，对各环节事件给出成功失败的可能性（即发生概率），即能很容易地求出各种后果事件单位时间发生的次数。如果能够估计各种后果事件损失价值的多少，就可以得到每种事故的损失率。这样，就可以以这种统一标准确定事故树的顶上事件。

第三节　事件树分析工作表

事件树分析时为了易于分析，通常结合事件树图以工作表形式表示其分析过程，见图 7-9，事件树工作表通常包括以下信息：

- 初始事件
- 中间事件
- 结果
- 各事件概率

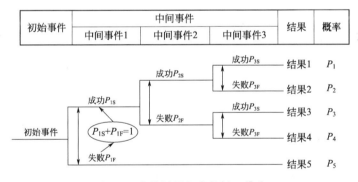

图 7-9　事件树图与事件树工作表

第四节　事件树分析举例

任何事故都是一个多环节事件发展变化过程的结果，因此，事件树分析也称为事故过程分析。瞬间造成的事故后果，往往是多环节事件失败而酿成的，所以，这种宏观地分析事故的发展过程，对掌握事故规律、控制事故发生是非常有益的。

事件树分析的实质，是利用逻辑思维的形式，分析事故形成过程。将本章第一节介绍的系统可靠性分析方法应用于事故分析，就是安全管理所需要的事件树分析。所不同的是，前者是以硬件系统为分析对象，分析其正常与失效两种状态；而后者是以人、物，环境系统为分析对象，分析其成功与失败的两种情况，对事物发展的各个环节事件给以肯定或否定的判断，从而得到各种不同的结果。

一、某反应系统无冷水事件树分析

某反应系统是放热的，为此在反应器的夹套内通入冷冻盐水以移走反应热。如果冷冻盐水流量减少会使反应器温度升高，反应速度加快，以至反应失控。在反应器上安装有温度测量控制系统，并与冷冻盐水入口阀门连接，根据温度控制冷冻盐水流量。同时安装超温报警仪，当温度超过规定值时自动报警，以便操作者及时采取措施。反应程序见图 7-10。

图 7-10 某反应器冷冻系统示意图

以冷冻盐水流量减少作为初始事件；高温报警仪报警、操作者发现反应器超温、操作者恢复冷冻盐水流量和操作者紧急关闭反应器作为后续事件。事件树图见图 7-11，事件树分析工作表见表 7-1。

表 7-1 某反应器冷冻系统无冷却水事件树分析工作表

初始事件	中 间 事 件				结果
反应器无冷却水	高温报警仪报警	操作工发现反应器超温	操作工恢复冻盐水流量	操作工紧急关闭反应器	

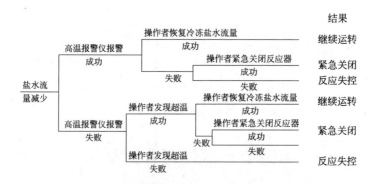

图 7-11 某反应系统无冷却水事件树图

（来源：廖学品编著，化工过程危险性分析，化学工业出版社，2000）

二、排水系统事件树分析

某地下操作室设有如图 7-12 排水控制系统以保护操作室不会被水淹。当操作室涌水时，升高的水位使浮控开关（S）上升，使供电回路闭合，泵（P）则从断开状态开始启动抽水。如果泵出现故障，喇叭（K）广播提醒操作人员用桶（B）手动排水。假设系统始终供电，只分析元件 S、P、K 和 B，且在操作人员用桶排水时只考虑人的错误，试用事件树分析排水过程。

该系统初始事件是水位上升，该系统结构框图见图 7-13，其事故情境图图及分析结果见图 7-14。如果知道各中间事件的发生概率，则可计算出排水成功的概率。

$$P_S = 1 - P_S - P_K P_P + P_K P_P\ P_S - P_B P_P + P_B P_P\ P_S + P_B P_K P_P - P_B P_K P_P\ P_S$$
$$P_F = P_S + P_K P_P - P_K P_P\ P_S + P_B P_P - P_B P_P\ P_S - P_B P_K P_P + P_B P_K P_P\ P_S$$

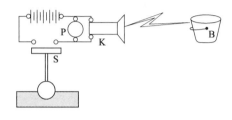

图 7-12 排水控制系统图

图 7-13 排水控制系统结构图

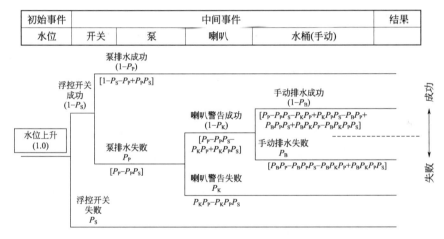

图 7-14 排水控制系统事件树图

第五节　事件树适用性说明

一、适用条件

事件树分析是要找出由初始事件分析可能导致的各种结果。通过建造事件树辨识由初始事件引发的事故情境，这个过程是危险辨识的过程。根据分析得到的结果，可以定性地评估系统的风险；如果能确定各中间事件的发生概率则可对其进行定量的风险评估。因此，事件树分析既可以定性分析，也可以定量分析。

事件树分析在产品生命周期早期阶段不太适用，其可以用来分析整个系统，也可用来分析子系统，还可以分析环境因素和人因因素。定量评价需要分析人员对整个系统有着较为深刻的认识，特别是每个中间事件发生概率的确定需要分析人员通过事故树分析方法计算。

二、优点

事件树分析具有如下的优点。
① 事件树分析是一种严谨的、通过计算进行安全分析的方法。
② 事件树分析简单易学，而且大量的工作可以通过计算机来完成。
③ 事件树分析可广泛应用于不同层次的设计中，还可辨识软件、硬件以及环境与人员相互作用产生的危险。
④ 事件树分析分析过程较为直观，便于直接看出导致事故的原因。

三、局限性

事件树分析的局限性如下。
① 一个事件树分析只能有一个初始事件，因而当有多个初始事件时，这种方法则不适合分析。
② 事件树在建树过程中容易忽略系统中一些不为重要的事件的影响。
③ 事件树要求每一个中间事件的结果"黑白分明"，而实践中有些事件的结果呈"灰色"。另外这种方法要求分析人员经过培训并有一定的分析经验。

四、注意事项

某些系统的环节事件含有两种以上状态，如脚手架护身栏的高度有正常、高、低三种状态，化学反应系统的反应温度也有正常、高、低三种状态等。对于这种情况，应尽量归纳为两种状态，以符合事件树分析的规律。但是，为了详细分析事故的规律和分析的方便，可以将两态事件变为多态事件。因为多态事件状态之间仍是互相排斥的，所以，可以把事件树的两分支变为多分支，而不改变事件树分析的结果。事件树分析应注意避免以下两个问题：
① 没有辨识合适的初始事件；
② 没有理清楚中间事件。

复习思考题

1. 请理解事故情境、初始事件及中间事件的含义。
2. 试说明事件树分析的流程并与事故树分析的流程进行比较。
3. 事件树分析如何进行危险辨识？
4. 事件树分析如何进行定性分析？如何进行定量分析？
5. 简述事件树分析的适用条件。

第八章　因果分析法

第六章和第七章分别介绍了事故树分析和事件树分析，两者是截然不同的两种分析方法。前者逻辑上称为演绎分析法，是一种静态的微观分析法；后者逻辑上称为归纳分析法，是一种动态的宏观分析法。两者各有优点，也都存在不足之处。为了充分发挥各自之长，尽量弥补各自之短，20 世纪 70 年代为了对斯堪的纳维亚地区一些国家的核电站进行可靠性分析和风险分析，丹麦 RISO 国家实验室推出了将两者结合的分析方法，即因果分析法（Cause-Consequence Analysis，CCA）。

第一节　因果分析法基本概念

一、原因

因果分析法原因部分是指系统所要面临的希望发生和不希望发生的事件或条件，不希望发生的事件通常为事故树顶上事件，而且可以求出其发生概率。

二、结果

结果所体现的是进行中间事件的控制措施的成功与失败的状态，可以获得每个中间事件的成功或失败概率数据。

三、因果图基本符号

因果分析法是事故树分析与事件树分析的结合，因而其分析中涉及的根本概念如初始事件、中间事件、事故情境等同第七章第一节，逻辑符号的含意同第六章第一节。因果分析法是通过因果图来确定的，因果图基本符号见表 8-1。

表 8-1　因果图基本符号

符号	名称	作　用
初始事件	初始事件	引发系列中间事件,最终导致事故的独立事件
功能 是　否	中间事件 （双向框）	表示元件或子系统所行使的某项功能事件,通常指安全防护手段,它的功能可能成功,用"是"表示,也可能失败,用"否"表示。"是"与"否"两种状态的概率和为 1

续表

符号	名称	作用
结果	结果	从初始事件经历中间事件后的结果
FT-n→	事故树指针	指向引发初始事件或中间事件的事故树分析,这些事故树分析可以辨识事件失效原因,还可以进行概率计算
或门	或门	必要时连接初始事件和/或双向框的逻辑符号,表示至少一个输入事件发生就会产生输出事件
与门	与门	必要时连接初始事件和/或双向框的逻辑符号,表示所有的输入事件发生产生输出事件

第二节 因果分析法分析方法

一、因果分析法流程

进行因果分析时,其基础是辨识和形成事故情境,这一点与事件树分析相似,是从某一初始事件起做出事件树图,这一过程中如何挖掘中间事件很重要,一定要将初始事件可能导致的各种中间事件写清楚,判断这些作为阻止事故发生的安全控制措施或手段是否防范有效。因果分析还将事件树的初因事件和失败的中间事件作为顶上事件,采用事故树分析方法做出事故树图,以辨识事件产生的原因。其分析过程如图 8-1 所示。

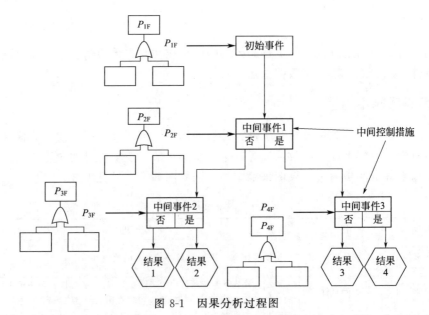

图 8-1 因果分析过程图

(来源:Clifton A. Ericson, Hazard Analysis Techniques for System Safety, John Wiley & Sons, Inc)

因果分析步骤如下所述。

① 确定及熟悉系统　明确系统、子系统的边界范围以及各部件的相互关系。

② 辨识事故情境　通过进行系统评估和危险分析以辨识系统设计中存在的危险和事故情境，如火灾导致的损失、过马路出现的交通事故。

③ 辨识初始事件　初始事件是事件树中在一定条件下造成事故后果的最初原因事件。如着火、过马路、系统故障、设备失效、人员误操作或工艺过程异常。

④ 辨识中间事件　辨识在系统设计中为避免初始事件发生而设置的安全防护措施，如烟感、火灾报警器等。

⑤ 建造因果图　从初始事件分析中间事件，直至完成每个事件的结果；对初始事件和中间事件的失败环节进行事故树分析。

⑥ 获取各事件失败概率　获取或计算初始事件和中间事件在事件树框图的发生概率，该数据可通过事故树分析方法获得。

⑦ 评估风险　计算事件树每一分支的概率以求总概率。

⑧ 控制措施　如果某分支风险不可接受，则需提出改进措施，并对危险进行跟踪。

⑨ 建立文档，保存数据。

二、元件因果分析过程

图 8-2 是一个三元件的关联系统，只要有一个元件正常工作，系统就能正常工作，以对系统"启动供电"作为初始事件，则其因果分析图如图 8-3，若元件的失效概率分别为 P_{AF}、P_{BF}、P_{CF} 可以计算系统失效的概率 P_F 为：

$$P_F = P_{AF} \times P_{BF} \times P_{CF}$$

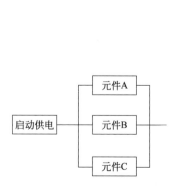

图 8-2　三元件并联系统图

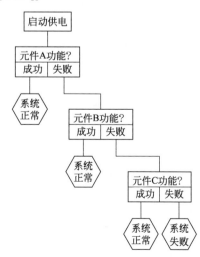

图 8-3　三元件关联系统的因果分析图

第三节 因果分析法举例

一、复印室火灾事故因果分析

某一复印室状态如下所示。

复印机的工作原理是通过电动给滚筒加热以把墨粉固定在复印纸上。滚筒的热度是由自动调温器控制的,为防止温度过高时对滚筒的损坏,故在滚筒上安装了过热自动断电保护装置,已知自动调温器和过热断电器的概率。

复印机旁边经常堆放一些易燃物质,失控的热滚筒有可能点燃这些物质。

复印室装有热感应自动喷淋系统。

员工经常到复印室里,他可以启动火灾应急报警装置。

报警后,消防队进行灭火。

对复印室火灾事故进行因果分析,初始事件为滚筒过热,其中间事件相应为周围是否有易燃物质、热感测器(自动喷淋系统)及应急响应系统的工作情况,每一个中间事件都是针对火灾的防范措施,其对火灾应对结果有两种情况,即应对成功或应对失败。对每一种情况进行事件树分析,得到图 8-4 右半部分。对每一个失败情况进一步采用事故树法分析其产生原因,得到图 8-4 左半部分。若已知初始事件和每个中间事件控制失败时的概率,则可确定不同结果的发生概率。见图中数据,其中 P_0、P_1、P_2、P_3 是初始事件和环节事件的发生概率。

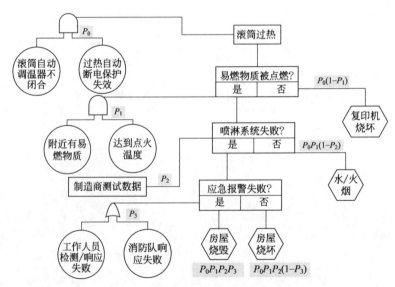

图 8-4 复印室火灾事故因果分析图

(来源:美国田纳西州塔拉霍马市 Sverdrup 科技有限公司系统安全培训教案,有改动)

二、某工厂电机过热因果分析

某工厂电机过热有可能引发火灾，工厂在设计时为减少火灾的发生，要求操作人员发现火灾苗头时立刻手动灭火，另还有烟感自动启动喷水淋系统，另外系统设有报警装置。以电机过热作为初始事件，其中间事件依次为火灾发生、操作人员手动灭火、启动喷淋系统和报警。图 8-5 电机过热为始事件的因果图。

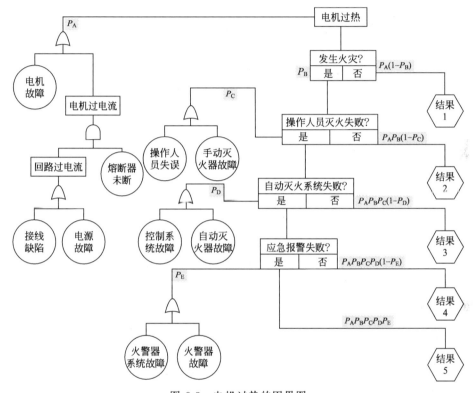

图 8-5　电机过热的因果图

(来源：罗云等，注册安全工程师手册，化学工业出版社，2004)

电机过热经分析可能引起 5 种结果（$G_1 \sim G_5$）。关于各种后果的损失，经分析如表 8-2 所示。

表 8-2　电机过热各种后果的损失　　　　　　　　　　　单位：美元

结果	直接损失①	结果描述	停工损失②	总损失 S_i
G_1	10^3	停产 2 小时	2×10^3	3×10^3
G_2	1.5×10^4	停产 24 小时	24×10^3	3.9×10^4
G_3	10^6	停产 1 个月	744×10^3	1.744×10^6
G_4	10^7	无限期停产	10^7	2×10^7
G_5	4×10^7	无限期停产	10^7	5×10^7

① 直接损失是指直接烧坏及损坏造成的财产损失。而对于 G_5，还包括人员伤亡的抚恤费。
② 停工损失是指每停工 1 小时估计损失 1000 美元，G_1 停工 2 小时，G_2 停工 1 天，G_3 停工 1 个月，按 31 天算，G_4、G_5 均无限期停工，其损失约为 10^7 美元。

为计算初因事件和各失败的环节事件的发生概率，给出下列有关参数（见表 8-3）：

表 8-3 各事件的有关参数

事件	有 关 参 数
A	A 发生概率 $P_A = 0.088/6$ 个月,(电机大修周期=6 个月)
B	起火概率 $P_B = 0.02$(过热条件下)
C	操作人员失误概率为 $P(X_5) = 0.1$ 手动灭火器故障 $X_6, \lambda_6 = 10^{-4}/h, T_6 = 730h$ (T_6 为手动灭火器的试验周期)
D	自动灭火控制系统故障 $X_7, \lambda_7 = 10^{-5}/h, T_7 = 4380h$ 自动灭火器故障 $X_8, \lambda_8 = 10^{-5}/h, T_8 = 4380h$
E	火警器控制系统故障 $X_9, \lambda_9 = 5 \times 10^{-5}/h, T_9 = 2190h$ 火警器故障 $X_{10}, \lambda_{10} = 10^{-5}/h, T_{10} = 2190h$

根据表 8-2 的数据，可以计算各后果事件的发生概率。
① 后果事件 G_1 的发生概率为：
$$P(G_1) = P_A \times (1 - P_B)$$
$$= 0.088 \times (1 - 0.02)$$
$$= 0.086/6 \text{ 个月}$$

即，六个月内电机过热但未起火的可能性为 0.086。
② 后果事件 G_2 的发生概率为：
$$P(G_2) = P_A P_B (1 - P_C)$$

C 事件的发生概率
$$P(C) = P(X_5 + X_6)$$
$$= P(X_5) + P(X_6) - P(X_5)P(X_6)$$

已知，$P(X_5) = 0.1$，$P(X_6)$ 是手动灭火器故障概率。表 5.27 给出了手动灭火器的试验周期为 730 小时，故可以设故障发生在试验周期的中点，即 $t_6 = 730/2 = 365$ 小时处，处于试验间隔中的手动灭火器相当于不可修部件，其发生概率为
$$P(X_6) = \lambda_6 t_6 = 10^{-4} \times 365 = 365 \times 10^{-2}$$
$$P(C) = P(X_5) + P(X_6) - P(X_5)P(X_6)$$
$$= 0.1 + 365 \times 10^{-2} - 0.1 \times 365 \times 10^{-2}$$
$$= 0.13285$$
$$P(G_2) = P(A)P(B_2)[1 - P(C)]$$
$$= 0.088 \times 0.02 \times (1 - 0.13285)$$
$$= 0.001526184/6 \text{ 个月}$$

③ 后果事件 G_3 的发生概率为：
$$P(G_3)=P(A)P(B)P(C)P(D)$$
$$=P(A)P(B)P(C)[1-P(D)]$$

D 事件发生概率为 $P(D)$ 可以仿照上述 $P(C)$ 的处理方法。

自动灭火控制系统工作时间
$$t_7=T_7/2=4380/2=2190 \text{ 小时}$$

自动灭火控制系统故障概率
$$P(X_7)=\lambda_7 t_7=10^{-5}\times 2190=0.0219$$
$$P(X_7)=P(X_8)=0.0219$$
$$P(D)=P(X_7)+P(X_8)-P(X_7)P(X_8)$$
$$=0.0219+0.0219-0.0219\times 0.0219$$
$$=0.04332039$$
$$P(G_3)=P(A)P(B)P(C)[1-P(D)]$$
$$=0.088\times 0.02\times 0.13285\times(1-0.04332039)$$
$$=0.000223686/6 \text{ 个月}$$

④ 后果事件 G_4 的发生概率为
$$P(G_4)=P(A)P(B)P(C)P(D)F(E)$$
$$=P(A)P(B)P(C)P(D)[1-P(E)]$$

同样，
$$P(E)=P(X_9)+P(X_{10})-P(X_9)P(X_{10})$$
$$P(X_9)=\lambda_9 t_9=\lambda_9 T_9/2$$
$$=5\times 10^{-5}\times 2190/2=0.05475$$
$$P(X_{10})=\lambda_{10}t_{10}=\lambda_{10}T_{10}/2$$
$$=10^{-5}\times 2190/2=0.01095$$
$$P(E_2)=P(X_9)+P(X_{10})-P(X_9)P(X_{10})$$
$$=0.05475+0.01095-0.05475\times 0.01095=0.065100488$$
$$P(G_4)=P(A)P(B)P(C_2)P(D_2)[1-P(E_2)]$$
$$=0.088\times 0.02\times 0.13285\times 0.04332039\times(1-0.065100488)$$
$$=0.000009469/6 \text{ 个月}$$
$$P(G_5)=P(A)P(B)P(C)P(D)P(E)$$
$$=0.088\times 0.02\times 0.13285\times 0.04332039\times 0.065100488$$
$$=0.000000659/6 \text{ 个月}$$

各种后果事件的发生概率和损失大小均已知道，便可求 i 后果事件的风险率（或称损失率）：
$$R_i=P_iS_i$$

于是，可得到各种后果事件的发生概率、损失大小（严重和风险率表。见表 8-4）。

表 8-4　各种后果事件的发生概率、损失大小和风险率

后果事件 G_i	损失大小/美元 S_i	发生概率/(1/6个月)P_i	风险率/(美元/6个月)R_i
G_1	3×10^3	0.086	258
G_2	3.9×10^4	0.001526184	59.52
G_3	1.744×10^6	0.000223686	390.11
G_4	2×10^7	0.000009469	189.38
G_5	5×10^7	0.000000659	32.95
累计			929.96 美元/6个月 =1859.92 美元/年

按表 8-4 中数据可画出电机过热各种后果的风险评价图。见图 8-6。

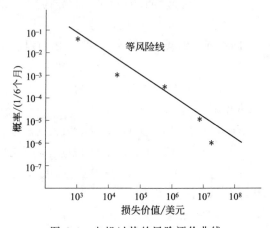

图 8-6　电机过热的风险评价曲线

这个图是英国教授法默（Farmer）最早提出的，因此这个图又称为法默风险评价图。图中斜线表示风险率为 300 美元/6 个月的等风险线。如果设计要求所有后果事件均不得超过这个风险率，那么，这个系统除 G_3 以外都达到了安全要求，不需再调整。而对于 G_3，则应对有关安全设施或系统本身重新进行安全性可靠性分析，提出相应措施，使其降至 300 美元/6 个月以下。如果从整体考虑，各后果事件的风险率总和不超过 1000 美元/6 个月为允许的风险率的话，亦可认为此系统及其安全设施是可以接受的，或称其为安全的。

第四节　因果分析法适用性说明

一、适用条件

因果分析的目的是辨识某一初始事件可能导致的各种结果，通常始于一个意

外事件而以不希望的结果结束。这种分析方法可以提供一个概率计算。它适用于系统、子系统以及组件各个层面的分析，在概念设计阶段、详细设计阶段都有着较好的适用性。这种方法在产品生命周期运用的越早，越有利于提出有效的控制措施。

采用因果分析法时，需要分析对研究对象有着较为深刻的理解，这样易于确定初始事件以及相对应的中间事件，也便于确定各种结果。由于因果分析是基于事故树和事件树的分析方法，因而也要求分析人员对事件树和事故树分析方法有着较好的掌握。特别是当系统复杂时，这方面的要求也就越高。

因果分析法可定性地确定由初始事件引发的各种结果，从而在管理上为确定控制提供依据，还可通过概率风险评估手段确定各种结果的发生概率，在管理和设计修改方面都很有参考价值。

二、优点

因果分析的优点在于：

① 这种分析方法不仅仅限于某个故障的最坏结果，因而能较为客观地对初始事件的发生发展进行评估；
② 这种分析方法可以对多层面、相互作用的子系统共同存在的缺陷进行评估；
③ 事件发生发展明晰，分析图十分直观；
④ 可以评估单个事件潜在的结果，了解整个系统的脆弱环节以及如何采取安全控制措施，其分析结果可进一步指导风险决策；
⑤ 这种分析方法可通过计算机实现，可大大减少分析时的工作量。

三、局限性

因果分析法的局限性在于：

① 这种分析方法是针对一个初始事件的分析，因而对一个复杂系统则需要进行多个分析；
② 需要分析人员对初始事件可能发生的事情有着较好的掌握；
③ 许多中间事件的发生概率并不容易求出；
④ 后果的严重度的确定往往依据分析人员的经验判断，具有主观性。

四、注意事项

当初次运用因果分析时应避免如下三个问题：

① 没有辨识合理的初始事件；
② 没有辨识所有有关的中间事件；
③ 没有建立正确的因果分析图。

复习思考题

1. 请掌握因果图的基本符号。
2. 试说明因果分析法的流程并与事故树分析、事件树分析的流程进行比较。
3. 因果分析法如何进行危险辨识和危险控制?
4. 简述因果分析法的适用条件。

第九章 其他危险分析方法

第二章系统安全分析法中已经提到,生产实践中危险分析的方法多达几十种,但每一种方法都有其适用性,有的强调产品生命周期的不同阶段,有的强调生产领域或行业特点,前面几章所介绍的方法在各个行业有着较好的适用性,本章所介绍的安全检查表和故障假设分析两种方法在生产领域也有着广泛的应用。

第一节 安全检查表

一、方法概述

安全检查表(Safety CheckList,简称 SCL)是进行安全检查,发现潜在危险,督促各项安全法规、制度、标准实施的一个较为有效的工具。20 世纪 30 年代,国外就采用了安全检查表,该方法至今仍然是系统安全工程中最基础也是最广泛使用的一种定性分析方法。一些成熟的安全表通常作为危险辨识的对照依据,生产中也常常通过安全检查表的编制过程辨识特定的危险,安全检查表采用系统工程的观点,进行全面的科学分析,明确检查项目和各方责任,使检查工作做到尽量避免遗漏和不流于形式。安全检查表实际上是一份实施安全检查和诊断的项目明细表,安全检查结果的备忘录还可作为检查的依据。

二、安全检查表的编制

安全检查表的编制过程如图 9-1 所示,首先要熟悉系统,将系统功能进行划分,确定要检查范围,然后确定检查内容。安全检查表以工作表形式体现分析结果,表 9-1 是一个安全检查表的格式示例,安全检查表形式不拘一格。检查内容的确定即为危险辨识的过程,检查结果的统计分析可以对检查对象的安全状况得到一个粗略的定性评价。

图 9-1 安全检查表编制过程

为了使检查表在内容上能结合实际、突出重点、简明易行、符合安全要求，进行编制时通常应考虑如下四点。

① 组成由安全专业人员、生产技术人员、有经验的岗位操作工人参加的三结合编制团队，集中讨论、集思广益、共同编写。

② 以国家、部门、行业、企业所颁发的有关安全法令、规章、制度、规程以及标准、手册等作为依据。例如，编制生产装置的检查表，要以该产品的设计规范为依据，对检查中设计的控制指标应规定出安全的临界值等。

③ 依据科学技术的发展和实践经验的总结，列举所有存在于系统中的不安全因素。

④ 收集同类或类似系统的事故教训和安全科学技术情报，了解多方面的信息，掌握安全动态。

表 9-1　安全检查表格式示例

安全检查表

检查人：_____　时间：_____

序号	检查内容	标准和要求	检查结果	检查人建议	处理结果

三、安全检查表实例

1. 高空作业安全检查表实例

人体坠落是建筑业严重意外的主要成因之一。每年都有很多工人从高处坠落死亡或严重受伤。要防止或减少这类意外，建筑公司可以委派工地主管及班组长定期进行工地检查，以确保各项安全措施及设备均达到安全要求，表 9-2 香港职业安全健康局设计的一份建筑业高空工作的安全检查表样本，它可以作为工地自我检查的参考，当然使用者也可以因工地特殊情况而对样本检查项目进行更改或补充。

表 9-2　高空作业安全检查表

机构名称：　　　　　　　　　　日期：

工作地点：

检查员姓名：　　　　　　　　　时间：

项　目	妥善	须改善	须即时改善	不适用	备注
1. 棚架					
① 棚架的搭建、加建或更改过程是否由受过训练及具备足够经验人士在合资格人士直接监督下进行？	□	□	□	□	
② 棚架是否有效地向纵、横及对角稳定系紧以防止塌下？	□	□	□	□	
③ 棚架是否搭建于适当地面或地基上？	□	□	□	□	
④ 是否为使用棚架的人士提供安全进出途径？	□	□	□	□	
⑤ 棚架是否由合资格人士在使用前及最少每十四天内检查一次及将结果填报于法定表格内？	□	□	□	□	
⑥ 棚架是否在经过扩建或更改后或与暴露在恶劣天气情况后再由合资格人士检查及将结果填报与法定表格内？	□	□	□	□	
⑦ 塔式通架的高度与最小底边长度比率是否符合安全要求（室内限于 3.5，室外限于 3）？	□	□	□	□	
⑧ 流动式塔式通架脚部之滑轮是否装上紧锁系统及保持良好效能？	□	□	□	□	

续表

项　　目	妥善	须改善	须即时改善	不适用	备注
2. 工作台 ① 工作台的木板或夹板是否结构良好及有足够厚度？ ② 工作台的木板或夹板是否紧密的铺上？ ③ 工作台的木板或夹板是否排列妥当？ ④ 工作台上的物料是否平均分布及没有超荷？ ⑤ 高于两米的工作台，是否每边均有适当围栏和踢脚板？ ⑥ 工作台是否有足够宽度让行人及物料通过？	□ □ □ □ □ □	□ □ □ □ □ □	□ □ □ □ □ □	□ □ □ □ □ □	
3. 楼边、电梯边、电梯槽口及楼面洞口 ① 高于两米的楼边、梯边、电梯槽口或其他危险地方是否设有适当的围栏和踢脚板？ ② 围栏是否有足够强度及系稳在坚固的楼面或地台上，以防止人体坠落？ ③ 所有楼面洞口、地洞或其他危险地方是否设有适当构造的覆盖物，及稳固于正确位置上？ ④ 该等覆盖物是否以粗体字清晰地标明，以显示其用途？	□ □ □ □	□ □ □ □	□ □ □ □	□ □ □ □	
4. 梯子 ① 梯子是否只用在不能搭建棚架的工作地方？ ② 所有梯子部分例如梯边、梯级及防滑梯脚蹬是否结构良好？ ③ 所有梯子顶部是否系稳或若切实不可行时，有没有在靠近梯子的底部予以稳固？ ④ 所有梯子是否竖立于平稳及稳固的立足处？ ⑤ 所有梯子是否高于其顶部落脚点最少1米？	□ □ □ □ □	□ □ □ □ □	□ □ □ □ □	□ □ □ □ □	
5. 防止人体坠落措施？ ① 在不能搭建安全工作台的情况下，是否有提供适当的安全网、安全带或其他类似设备以防止任何人士因坠落而受伤？ ② 若利用安全带，是否有提供适当的牢固点例如独立救生网及适当的装配？ ③ 所有安全网及安全带等，是否均维修妥当？ ④ 有没有确保安全装置接近建筑物？ ⑤ 在安装安全网时，是否确保网身没有过度拉近而略为下垂？	□ □ □ □ □	□ □ □ □ □	□ □ □ □ □	□ □ □ □ □	
6. 防止物料坠落措施 ① 是否已采取所需的预防措施，以防止工人遭坠落的物料或物体所击中？ ② 是否采取步骤以防止棚架物料、工具或其他物料从高度掷下、倾倒或投下？ ③ 是否利用起重机械或起重装置，以安全的方式妥善的卸降棚架物料、工具或其他物料？ ④ 是否采取所需的预防措施，以保护受雇于地盘的工人，使其免受坠落或横飞的碎料所伤？	□ □ □ □	□ □ □ □	□ □ □ □	□ □ □ □	
7. 其他事项					

检查员签名：
时间：
来源：www.oshc.org.hk

2. 手持灭火器安全检查表实例

表 9-3 为手持灭火器安全检查表实例。

表 9-3　手持灭火器安全检查表

手持灭火器安全检查表

检查人：_____　　时间：_____

序号	检查内容	检查结果
1	灭火器的数量足够吗？	
2	灭火器的放置地点能使任何人都能马上看到和拿到吗？	
3	通往灭火器的通道畅通无阻吗？	
4	每个灭火器都有有效的检查标志吗？	
5	灭火器类型对所要扑灭的火灾适用吗？	
6	大家都熟悉灭火器的操作吗？	
7	是否已用其他灭火器取代了四氯化碳灭火器？	
8	在规定了的所在的地点都配备了灭火器吗？	
9	灭火药剂容易冻的灭火器采取了防冻措施吗？	
10	能保证用过的或损坏的灭火器及时更换吗？	
11	每个人都知道自己工作区域内的灭火器在什么地点吗？	
12	汽车库内有必备的灭火器吗？	

3. 矿山安全检查表实例

表 9-4 为矿山安全检查表实例。

表 9-4　矿山安全检查表

矿山安全检查表

检查人：_____　　时间：_____

序号	检查内容	检查结果	备注
1	各车间是否有专人值班？		
2	安全机构、安全人员是否按规定配置？		
3	各工种是否有安全操作规程？		
4	特殊工种是否实行了操作票制度？		
5	新工人上岗前是否进行了三级安全教育？		
6	前次查出的隐患是否整改了？		
7	提升运输设施是否完好、无隐患？		
8	电机车架空线是否符合规定要求？		
9	电汽线路是否完好、闸刀无欠盖、裸露现象？		
10	电气设备保护接零、接地是否完好？		
11	供配电是否符合安全要求？		
12	电气线路、设备是否定期检查维修？		
13	空压机、乙炔发生器是否按要求设置？		
14	乙炔发生器的操作是否符合安全要求？		
15	工作场地(巷道)工作面、坑、池、沟等是否加盖或护栏？		

续表

序号	检查内容	检查结果	备注
16	照明、电话、信号是否完好?		
17	通风系统是否完好?		
18	局部通风设施是否起作用?		
19	井下作业点空气粉尘浓度是否达标?		
20	有毒、不害物质、水、气是否进行处理?		
21	噪声、振动是否采取控制措施?		
22	炸药库炸药存放是否符合规程要求?		
23	天井、溜井和漏斗器处是否有标志、照明、格筛、护栏或盖板?		
24	井巷、井筒支护是否完好?无地压应力集中?		
25	井巷危岩、悬岩是否及时观察和处理?		
26	井下泵房是否能及时排泄地下涌水?		
27	有无地面防水设施?		
28	安全出口在应急时是否有效?		
29	是否有有效措施防止自然火灾和内因火灾?		
30	是否配置安全防火设施?		
31	爆破作业后是否按规定时间进入现场?		
32	是否有应急、救护、消防等措施计划?		

四、适用条件

安全检查表适用于产品、系统生命周期的各个阶段,适用范围涉及生产、工艺、规程、管理等各个方面,该分析方法列出的检查内容的过程,即为危险辨识的过程。

该分析方法适用范围较为广泛,分析的精确度却较低,生产中的安全检查表需要在实践中不断修改完善。

第二节 故障假设分析

一、方法概述

故障假设分析(What-IF Analysis,WIA)方法是对工艺过程或操作的创造性分析方法,这种分析方法可辨识检查设计、安装、技改或操作过程中可能产生的危险,危险分析人员在分析会上围绕分析人员所确定的安全分析项目对工艺过程或操作进行分析,鼓励每个分析人员对假定的故障问题发表不同的看法,分析的结果通常以工作表的形式体现。

故障假设分析与检查表相似,旨在对生产系统进行检查,但该方法在进行危险辨识时常采用一种固定的模式进行提问，假设某处出现故障后的情况，即"如果某某出现了问题会出现什么情况"。分析小组在提出这样的问题后再通过回答、分析危险导致的后果、已采用的安全措施以及还应补充的措施等。当然也可通过第一章第四节的风险矩阵进行风险评估。

二、故障假设分析过程

故障假设分析过程如图 9-2 所示，与其他方法相同，分析步骤如下所述。

① 首先要熟悉系统，确定要分析的范围，然后提出要分析的问题。

② 分析的过程仍旧采用头脑风暴的过程，分析中应确定假设出现某故障时其可能导致的最坏的后果，列出所有的后果。

③ 检查和分析系统在设计初始时针对该故障已经采取的安全保护措施，判断其是否能够真正阻止危险或将风险降低到可接受的水平。

④ 若上一步不足以保证生产安全，则需确定进一步的控制措施。

图 9-2 故障假设分析过程

故障假设分析结果仍以工作表表达。表 9-5 是一个故障假设分析工作表的格式示例，工作表形式不拘一格。

表 9-5 故障假设分析工作表格式示例

问题 如果……将发生什么情况	后果	已有安全保护	建议

三、故障假设分析实例

仍以第四章、第五章 DAP 反应系统的实例为背景，见图 9-3，分析以下的问题：

① 进料不是磷酸而是其他物质；
② 磷酸浓度太低；
③ 磷酸中含有其他物质；
④ 阀门 B 关闭或堵塞；
⑤ 进入反应器中氨的比例太高。

故障假设分析结果见表 9-6。

表 9-6　DAP 反应系统故障假设分析表

问题 如果……将发生什么情况	后果	已有安全保护	建议
进料不是磷酸而其他物质	其他物质与磷酸或氨反应可能产生危险，或产品不符合质量要求	供应商可靠 装置物料的管理规程	保证物料管理规程得以严格执行
磷酸浓度太低	未反应的氨带到 DAP 储槽并释放到工作区域	供应商可靠 氨检测器和报警器	在送入储槽之前分析磷酸的浓度
磷酸中含有其他物质	磷酸中的杂质与氨反应可能带来危险，或产品不符合质量要求	供应商可靠 装置物料的管理规程	保证物料管理规程得以严格执行
阀门 B 关闭或堵塞	未反应的氨带到 DAP 储槽并释放到工作区域	定时维修 氨检测器和报警器 磷酸管线上有流量器	通过阀门 B 的流量较低时阀门 A 氨报警或关闭
进入反应器的氨比例太高	未反应的氨带到 DAP 储槽并释放到工作区域	氨水管线上有流量显示器、氨检测器和报警器	通过阀门 A 的流量较低时阀门 A 氨报警或关闭

来源：廖学品编著，化工过程危险性分析，北京，化学工业出版社，2000

四、适用条件

故障假设分析法可用于设备设计和操作的各个方面（如建筑物、动力系统、原料、产品、储存、物料的处理、装置环境、操作规程、管理规程、装置的安全保卫等）。

安全检查表分析是建立在分析人员的经验之上的，如果分析人员对某过程缺乏经验，安全检查表分析就不能完整地对过程的设计、操作规程等进行安全性分析，就需要更为通用的分析方法，而故障假设分析可以利用分析组的创造性和经验最大程度地考虑到可能的事故情况；另一方面故障假设分析没有其他更规范的分析方法（如 HAZOP、FMEA）详细、系统和完整，使用安全检查表可以弥补它的不足。在生产中如能将安全检查表与故障假设两种分析方法组合起来则能够发挥各自的优点（故障假设分析的创造性和基于经验的安全检查表分析的完整性），弥补各自单独使用时的不足。

复习思考题

1. 了解安全检查表和故障假设分析两种方法的分析过程。
2. 理解安全检查表和故障假设分析两种方法的适用条件。
3. 试编制学生宿舍火灾防范安全检查表。

第十章 其他事故风险评价方法

早在19世纪50年代初期，欧美一些资本主义国家就先后开展了风险评价和风险管理这一工作。日本引进风险管理已有30多年的历史，开展风险评价的工作也有20多年了。但是，日本人有时避讳"风险"这个词，所以有的日本安全工程学学者建议在安全工作中把风险评价改称为安全评价。风险评价问题的提出，最早来自保险行业，后来才逐渐推广到安全管理工作中。因此，对于风险评价的内容和含义大致有两种理解：从事保险业务的人员和研究保险工作的学者认为，风险管理的中心是保险，而把预防事故风险作为补充内容，风险管理是为了减小风险而减少支付保险金；安全工作者则是把风险评价当作一种行之有效的先进的安全管理方法，因为风险评价既分析评定系统中存在的静态危险，也评估分析系统中可能存在的动态事故风险，开展风险评价能够预防和减少事故，所以事故风险评价是系统安全工程的重要组成部分。本章所介绍的是在系统安全工程中基于风险的概念并在实践中加以扩展的几种常用方法。

第一节 作业条件危险性评价法

一、方法概述

作业条件危险性评价法又称 LEC 法，是美国格雷厄姆和金尼基于风险的概念本身对具有危险的作业环境所采用的评价方法。针对有危险的作业环境，事故的发生概率既与该作业环境本身发生事故的概率有关，还与人员暴露于该环境的状况有关，因而影响危险作业条件的因素可由以下三个方面确定：

① 危险作业条件（或环境）发生事故的概率，通常用 L 表示；
② 人员暴露于危险作业条件（或环境）的概率，通常用 E 表示；
③ 事故一旦发生可能产生的后果，通常用 C 表示。

如果作业危险性评价结果用 D 表示，则作业危险性评价公式如式（10-1）

$$D = L \times E \times C \tag{10-1}$$

作业危险性评价法依据格雷厄姆和金尼确定的各值分级标准见图 10-1，代入公式计算后，从而可以确定评价结果。D 值大，说明该系统危险性大，需要增加安全措施，或改变发生事故的可能性，或减少人体暴露于危险环境中的频繁程度，或减轻事故损失,直至调整到允许范围。

L 是指发生事故的可能性大小。事故或危险事件发生的可能性大小,当用概率来表示时,绝对不可能的事件发生的概率为 0;而必然发生的事件的概率为 1。然而,在作系统安全考虑时,绝不发生事故是不可能的,所以人为地将"发生事故可能性极小"的分数定为 0.1,而必然要发生的事件的分数定为 10,介于这两种情况之间的情况指定了若干个中间值,L 值分级标准如图 10-1 所示。

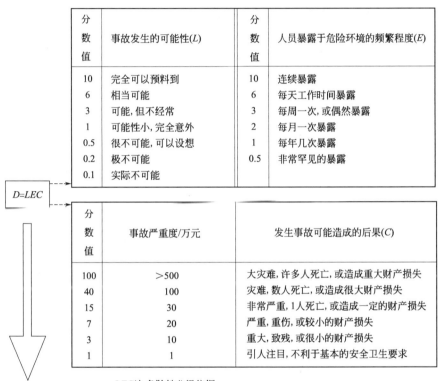

图 10-1 LEC 分级法

E 是指暴露于危险环境的频繁程度。人员出现在危险环境中的时间越多,则危险性越大。规定连续暴露在危险环境的情况定为 10,而非常罕见地出现在危险环境中定为 0.5。同样,将介于两者之间的各种情况规定若干个中间值,E 值分级标准如图 10-1 所示。

C 是指发生事故产生的后果。事故造成的人身伤害变化范围很大,对伤亡事故来说，可从极小的轻伤直到多人死亡的严重结果。由于范围广阔，所以规定分数值为 1～100，把需要救护的轻微伤害规定分数为 1，把造成多人死亡的可能性分数规定为 100。其他情况的数值均在 1 与 100 之间，C 值分级标准图 10-1 所示。

D 是指危险性分值。根据公式就可以计算作业的危险程度，但关键是如何确定各个分值和总分的评价。根据经验，总分在 20 以下是被认为低危险的，这样的危险比日常生活中骑自行车去上班还要安全些；如果危险分值到达 70～160 之间，那就有显著的危险性，需要及时整改；如果危险分值在 160～320 之间，那么这是一种必须立即采取措施进行整改的高度危险环境；分值在 320 以上的高分值表示环境非常危险，应立即停止生产直到环境得到改善为止。危险等级的划分是凭经验判断，难免带有局限性，不能认为是普遍适用的，应用时需要根据实际情况予以修正。危险等级划分如图 10-1 所示。

二、适用条件

作业危险性评价方法是评价人们在某种具有潜在危险的作业条件（或环境）中进行作业的危险程度，该法简单易行，危险程度的级别划分比较清楚。但是，由于该方法主要是根据经验来确定 3 个因素的分数值，随系统的变化，其应用具有局限性，因而应用时可根据行业特点或系统特点对其进行修正。

三、评价实例

某涤纶化纤厂在生产短丝过程中有一道组件清洗工序，为了评价这一操作条件的危险度，确定每种因素的分数值如下所述。

事故发生的可能性（L）：组件清洗所使用的三甘醇，属四级可燃液体，如加热至沸点时，其蒸汽爆炸极限范围为 0.9%～9.2%，属一级可燃蒸气。而组件清洗时，需将三甘醇加热后使用，致使三甘醇蒸气容易扩散的空间，如室内通风设备不良，具有一定的潜在危险，属"可能，但不经常"，其分数值 $L=3$。

暴露于危险环境的频繁程度（E）：清洗人员每天在此环境中工作，取 $E=6$。

发生事故产生的后果（C）：如果发生燃烧爆炸事故，后果将是非常严重的，可能造成人员的伤亡，取 $C=15$。则有：$D=LEC=3\times 6\times 15=270$

评价结论：270 分处于 160～320 之间。危险等级属"高度危险、需立即整改"的范畴。

第二节　美国道化学公司火灾爆炸指数评价法

一、方法概述

美国道化学公司自 1964 年开发《火灾、爆炸危险指数评价法》（第一版）以来，历经 29 年，不断修改完善，在 1993 年推出了第七版。道化学公司火灾、爆炸危险性指数评价法（以下简称道七版）是以工艺过程中物料的火灾、爆炸潜在危险性为基础，结合工艺条件、物料量等因素求取火灾、爆炸指数，以以往的事故统计资料及物质的潜在能量和现行安全措施为依据，以可能造成的经济损失来评估生产装置的安全性。

二、评价步骤

道化学火灾、爆炸指数评价法基本步骤如图10-2所示。

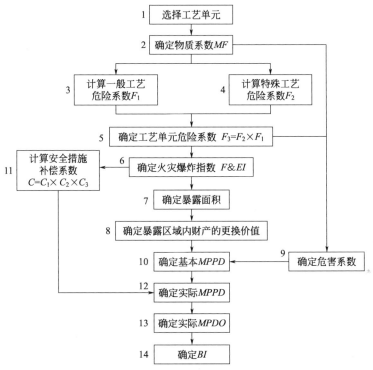

图10-2 道化学火灾、爆炸指数评价法基本步骤
（来源：国家安全生产监督管理局，安全评价，煤炭工业出版社，有修改）

1. 选择工艺（评价）单元

一套生产装置包括许多工艺单元，但计算火灾、爆炸指数时，只评价那些从损失预防角度来看影响比较大的工艺单元，这些单元可称评价单元。工艺单元的划分要根据设备间的逻辑关系，如在氯乙烯单体或二氯乙烷工厂的加热炉或急冷区中可以划分为二氯乙烷预热器、二氯乙烷蒸发器、加热炉、冷却塔、二氯乙烷吸热器和脱焦槽等单元。仓库的整个储存区不设防火墙，可作为一个单元。选择评价单元时应注重潜在化学能（物质系数）、工艺单元中危险物质的数量、资金密度（每平方米美元数）、操作压力和操作温度、导致火灾、爆炸事故的历史资料、对装置操作起关键作用的单元（如热氧化器）等几个重要参数。一般情况下，这些方面的数值越大，该工艺单元越需要评价。评价单元

确定后将其填写在表 10-1 中"工艺单元"后的空格中。

表 10-1　火灾、爆炸指数 F&EI 计算表

地区/国家：		部门：		场所：		日期：	
位置：		生产单元：		工艺单元：			
评价人：		审定人(负责人)：				建筑物：	
检查人(管理部)：		检查人(技术中心)：				检查人(安全和损失预防)：	

工艺设备中的物料：			
操作状态：设计—开车—正常操作—停车		确定 MF 的物质：	
物质系数		温度：	
1. 一般工艺危险	危险系数范围	采用危险系数
基本系数	1.00	1.00
A. 放热化学反应	0.30～1.25	
B. 吸热反应	0.20～0.40	
C. 物料处理与输送	0.25～1.05	
D. 密封式或室内工艺单元	0.25～0.90	
E. 通道	0.20～0.35	
F. 排放或泄露控制	0.25～0.50	
一般工艺危险系数(F_1)		
2. 特殊工艺危险		
基本系数	1.00	1.00
A. 毒性物质	0.20～0.80	
B. 负压(<66.5kPa)	0.50	
C. 易燃范围内及接近易燃范围的操作		
惰性化		
未惰性化		
a. 罐装易燃液体	0.50	
b. 过程失常或吹扫故障	0.30	
c. 一直在燃烧范围内	0.80	
D. 粉尘爆炸(由道七版技术资料查得)	0.25～2.00	
E. 压力(由道七版技术资料查得)		
操作压力(绝对压力)/kPa		
F. 低温	0.20～0.30	
G. 易燃及不稳定物质的能量		
物质重量/kg		
物质燃烧热 $H_c/(J/kg)$		
a. 工艺中的液体及气体(依据道化学公司技术手册)		
b. 储存中的液体及气体(依据道化学公司技术手册)		
c. 储存中的可燃固体及工艺中的粉尘(依据道化学公司技术手册)		
H. 腐蚀与磨蚀	0.10～0.75	
I. 泄露-接头和填料	0.10～1.50	
J. 使用明火设备(由图查得)		
K. 热油热交换系统	0.15～1.15	
L. 转动设备	0.50	
特殊工艺危险系数(F_2)		
工艺单元危险系数($F_3 = F_1 \times F_2$)		
火灾、爆炸指数($F\&EI = F_3 \times MF$)		

注：各项无危险时系数则计为 0.00。

2. 确定物质系数（MF）

在火灾、爆炸指数的计算和其他危险性评价时，物质系数（MF）是最基础的数值，它是表述物质由燃烧或其他化学反应引起的火灾、爆炸中释放能量大小的内在特性。

物质系数根据由美国消防协会规定的物质可燃性 N_f 和化学活性（或不稳定性）N_r，从表 10-2 中求取，将所得结果填入表 10-1 的"确定 MF 的物质"后的空格中。

表 10-2 物质系数确定表

液体、气体的易燃性或可燃性	NFPA325M 或 49	反应性或不稳定性				
		$N_r=0$	$N_r=1$	$N_r=2$	$N_r=3$	$N_r=4$
不燃物	$N_f=0$	1	14	24	29	40
$F.P.>93.3℃$	$N_f=1$	4	14	24	29	40
$37.8℃≤F.P.≤93.3℃$	$N_f=2$	10	14	24	29	40
$22.8℃≤F.P.≤37.8℃$ 或 $F.P.<22.8℃$ 并且 $B.P.≥37.8℃$	$N_f=3$	16	16	24	29	40
$F.P.<22.8℃$ 并且 $B.P.≥37.8℃$	$N_f=4$	21	21	24	29	40
可燃性粉尘或烟雾						
$St-1(K_{St}≤20MPa)$		16	16	24	29	40
$St-2(K_{St}=20-30MPa)$		21	21	24	29	40
$St-3(K_{St}>30MPa)$		24	24	24	29	40
可燃性固体						
厚度>40mm 紧密的	$N_f=1$	4	14	24	29	40
厚度<40mm 疏松的	$N_f=2$	10	14	24	29	40
泡沫材料、纤维、粉状物等	$N_f=3$	16	16	24	29	40

注：表中 $F.P.$ 为闭杯闪点；$B.P.$ 为标准温度和压力下的沸点。

表中 N_r 值可按下述原则确定：

$N_r=0$，燃烧条件下仍能保持稳定的物质；

$N_r=1$，加温加压条件下稳定性较差的物质；

$N_r=2$，加温加压易于发生剧烈化学反应变化的物质；

$N_r=3$，本身能发生爆炸分解或爆炸反应，但需强调引发源或引发前必须在密闭条件下加热的物质；

$N_r=4$，在常温常压条件下自身易于引发爆炸分解或爆炸反应的物质。

3. 计算一般工艺危险系数（F_1）

一般工艺危险性是确定事故损害大小的主要因素，共包括六项内容，见表 10-1 的"一般工艺危险"下的 A~F 内容，具体为放热化学反应、吸热反应、物料处理和输送、封闭单元或室内单元、通道、排放和泄漏，每项内容后都有危险系数范围，根据生产情况确定具体采用的危险系数，将其填入后面对应的空格。最后将这些危险系数相加，得到单元一般工艺危险系数，填入表10-1"一般工艺危险性F_1"后的空格。当然一个评价单元不一定每项都包括，要根据具体情况选取恰当的系数。

4. 计算特殊工艺危险系数（F_2）

特殊工艺危险性是影响事故发生概率的另一主要因素，共包括十二项内容，见表10-1的"特殊工艺危险"下的A～L内容，具体为毒性物质、负压物质、在爆炸极限范围内或其附近的操作、粉尘爆炸、释放压力、低温、易燃和不稳定物质的数量、腐蚀、泄漏、明火设备、热油交换系统、转动设备。每项内容后都有危险系数范围，根据生产情况并结合道化学公司技术手册确定具体采用的危险系数，将其填入后面对应的空格。最后将这些危险系数相加，得到单元特殊工艺危险系数，填入表10-1"特殊工艺危险性F_2"后的空格。当然一个评价单元不一定每项都包括，要根据具体情况选取恰当的系数。

5. 确定单元危险系数（F_3）

单元危险系数（F_3）等于一般工艺危险系数（F_1）和特殊工艺危险系数（F_2）的乘积，所得结果填入表10-1的"工艺危险系数$F_1\times F_2$"后的空格。

6. 计算火灾、爆炸指数（$F\&EI$）

火灾、爆炸指数用来估算生产过程中事故可能造成的破坏情况，它等于物质系数（MF）和单元危险系数（F_3）的乘积，所得结果填入表10-1的"火灾、爆炸指数（$F\&EI=F_3\times MF$）"后的空格。道七版还将火灾、爆炸指数划分成5个危险等级（见表10-3），以便了解单元火灾、爆炸的严重度。

表10-3　$F\&EI$系数及危险等级划分

$F\&EI$值	1～60	61～96	97～127	128～158	>159
危险等级	最轻	较轻	中等	很大	非常大

7. 确定暴露面积

用火灾、爆炸指数乘以0.84，即可求出暴露半径R（英尺或米），该半径表明生产单元危险区域的平面分布，即以工艺设备的关键部位为中心，以暴露半径为半径的圆。再根据暴露半径计算出暴露区域面积（$S=\pi R^2$），该面积表明其内的设备将暴露在本单元发生的火灾或爆炸环境中。

为了评价设备在火灾、爆炸中的损失，要考虑实际影响的体积，该体积是一个围绕着工艺单元的圆柱体体积。具体情况可查阅道化学火灾、爆炸指数评价法更为详尽技术手册。

8. 确定暴露区域内财产的更换价值

暴露区域内财产价值由区域内含有的财产的更换价值来确定。

更换价值＝原来成本×0.82×价格增长系数

式中系数0.82是考虑事故时有些成本不会被破坏或无需更换，如场地平整、道路、地下管线和地基、工程费等。如果更换价值有更精确的计算，这个系数可以改变。

9. 危害系数的确定

危害系数由单元危险系数（F_3）和物质系数（MF）按图 10-3 来确定。如果 F_3 数值超过 8.0，以 8.0 来确定危害系数。

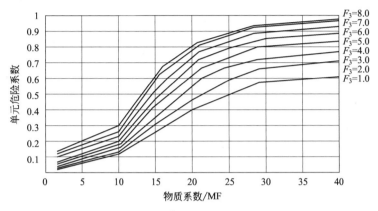

图 10-3　单元危害系数计算图

10. 计算最大可能财产损失（基本 MPPD）

确定了暴露区域面积（实际为体积）和危害系数后，就可以计算事故造成的最大可能财产损失。

$$基本 MPPD = 暴露区域的更换价值 \times 危害系数$$

11. 安全措施补偿系数（C）的计算

道七版考虑的安全措施分成三类：工艺控制（C_1）、物质隔离（C_2）、防火措施（C_3）。每一类的具体内容及相应补偿系数见表 10-4，如某"项目"无安全补偿系数时，则其对应后的空格填写"1.0"，各项控制措施的补偿系数值等于其下各项目所选取补偿系数值的乘积，单元安全措施补偿系数 C 等于 C_1、C_2、C_3 所采用安全补偿系数的乘积，将计算结果填入表 10-4 中。

表 10-4　安全措施补偿系数表

1. 工艺控制安全补偿系统（C_1）						
项　目	补偿系数范围	采用系数		项　目	补偿系数范围	采用系数
(1) 应急电源	0.98			(6) 惰性气体保护	0.94～0.96	
(2) 冷却装置	0.97～0.99			(7) 操作规程/程序	0.91～0.99	
(3) 抑爆装置	0.84～0.98			(8) 化学活泼性物质检查	0.91～0.98	
(4) 紧急切断装置	0.96～0.99					
(5) 计算机控制	0.93～0.99			其他工艺危险检查	0.91～0.98	

续表

C_1 值＝

2. 物质隔离安全补偿系数（C_2）

项 目	补偿系数范围	采用系数	项 目	补偿系数范围	采用系数
（1）遥控阀	0.96～0.98		（3）排放系统	0.91～0.97	
（2）卸料/排空装置	0.96～0.98		（4）连锁系统	0.98	

C_2 值＝

3. 工艺控制安全补偿系统（C_3）

项 目	补偿系数范围	采用系数	项 目	补偿系数范围	采用系数
（1）泄露检测装置	0.94～0.98		（6）水幕	0.97～0.98	
（2）结构钢	0.95～0.98		（7）泡沫灭火装置	0.92～0.97	
（3）消防水供应系统	0.94～0.97		（8）手体式灭火器材/喷水枪	0.93～0.98	
（4）特殊灭火系统	0.91				
（5）洒水灭火系统	0.74～0.97		（9）电缆防护	0.94～0.98	

C_3 值＝

安全措施补偿系数 $C=C_1C_2C_3=$

注：无安全补偿系数时，填入 1.00。

12. 确定实际最大可能财产损失（实际 MPPD）

基本最大可能财产损失与安全措施补偿系数的乘积就是实际最大可能财产损失。它表示采取适当的（但不完全理想）防护措施后事故造成的财产损失。

13. 最大可能工作日损失（MPDO）

估算最大可能工作日的损失是为了评价停产损失（BI）。$MPDO$ 可根据道化学公司技术手册查出。

14. 停产损失（BI）估算

$$BI=\frac{MPDO}{30}\times VPM\times 0.7 \tag{10-2}$$

式中　VPM——月产值；

　　　0.7——固定成本和利润。

单元分析之后，最后根据造成损失的大小确定其安全程度，各单元分析结果汇总于表 10-5。

表 10-5　生产单元危险分析汇总表

国家/地区：		部门：		场所：	
位置：		生产单元：		操作类型：	
评价人：		生产单元总替换价值：		日期：	

工艺单元主要物质	物质系数	火灾爆炸指数 F&EI	影响区内财产价值	基本 MPPD	实际 MPPD	停工天数 MPDO	停产损失 BI

三、应用说明

本书所介绍的道化学火灾、爆炸指数评价法的评价步骤,"一般工艺"、"特殊工艺"、"控制措施"等的参数系数确定对评价结果有很大的影响,因而评价过程中一定要熟悉系统,系数值的选取很大程度上依据专家的经验。在进行"暴露区域内财产价值"、"基本最大可能财产损失"、"实际最大可能财产损失"和"最大可能工作日损失"等步骤时,一定在参照道化学公司火灾、爆炸指数评价法资料的基础上结合我国的生产和经济发展状况。

国际劳工组织在《重大事故控制实用手册》中推荐荷兰劳动总管理局的单元危险性快速排序法。该法是道化学公司的火灾爆炸指数法的简化方法,使用起来简捷方便。该法主要用于评价生产装置火灾、爆炸潜在危险性大小,找出危险设备、危险部位。

第三节 英国帝国化学公司蒙德法

一、方法概述

英国帝国化学公司(ICI)蒙德(Mond)工厂,在美国道化学公司安全评价法的基础上,提出了一个更加全面、更加系统的安全评价法——英国帝国化学公司蒙德法,简称 ICI/Mond 法。

该方法与道化学公司的方法原理相同,都是基于物质系数法。在肯定道化学公司的火灾、爆炸危险指数评价法的同时,增加了毒性的概念和计算,增加了几个特殊工程类型的危险性并发展了某些补偿系数。该方法在考虑对系统安全的影响因素方面更加全面,更注意系统性,而且注意到在采取措施、改进工艺后根据反馈的信息修正危险性指数,能对较广范围内的工程及储存设备进行研究,突出了该方法的动态特性。

二、评价步骤

蒙德火灾、爆炸、毒性指标评价方法的步骤如图 10-4 所示。

1. 确定需要评价的单元

根据工厂的实际情况,选择危险性比较大的工艺生产线、车间或工段为需要评价的单元或子系统。

2. 计算道氏综合指数(D)

该指标的确定与物质系数(B)、特殊物质危险性(M)、一般工艺危险性(P)、特殊工艺危险性(S)、数量危险值(Q)、设备布置危险值(L)以及毒性危险值(T)有关,综合指数 D 按公式(10-3)求出。

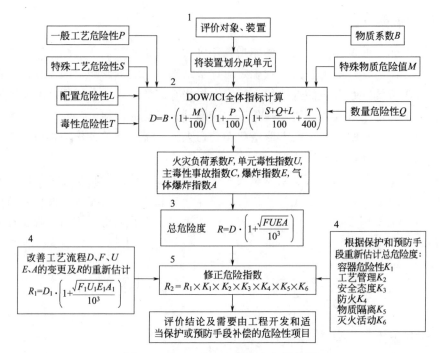

图 10-4 DOW/ICI Mond 安全评价图

$$D=B\left(1+\frac{M}{100}\right)\left(1+\frac{P}{100}\right)\left[1+\frac{S+Q+L}{100}+\frac{T}{400}\right] \tag{10-3}$$

式中　B——物质系数，也写作 MF，一般是由物质的燃烧热值计算得来的；

　　　M——特殊物质危险值，即 SMH；

　　　P——一般工艺危险值，即 GPH；

　　　S——特殊工艺危险值，即 SPH；

　　　Q——数量危险值；

　　　L——设备布置危险值；

　　　T——毒性危险值。

表 10-6 中给出了各个指标所涉及的影响因素及取值，其中，物质系数 B 的确定同上一节道化学火灾、爆炸指数评价法物质系数的确定，由表 10-2 查取；特殊物质危险性 M 由"氧化性物质"、"与水反应生成可燃气体"等 10 项因素确定，表 10-6 中给出了各因素的建议系数范围，根据生产具体情况结合蒙德法更详尽的技术资料确定相应的系数值，将 10 项的和填入"特殊物质危险性合计 $M\%$"后的空格。"一般工艺危险"和"特殊工艺危险"求法同道化学火灾、爆炸指数评价法，表 10-6 给出了蒙德法各因素的建议系数，将实际确定的系数值填入其后对应的空格，并将各系数值的合填入"一般工艺危险性合计 $P\%$"和"特殊工艺危险性合计 $S\%$"后的空格。设备布置危险值 L 与毒性危险值 T 确定的方法相同，也分别将各系数实际值的和填入对应的空格。数量危险值 Q 的确定可根据单元中物质质量直

接计算，也可根据根据体积和密度计算，还看查阅蒙德法的技术手册获取。

表 10-6　火灾、爆炸、毒性指标

场所			引火性构造物质	0～25	
装置			工程温度/K		
单元			(5)腐蚀与浸蚀	0～150	
物质			(6)接头与垫圈泄漏	0～60	
反应			(7)振动负荷、循环等	0～50	
1. 物质系数			(8)难控制的工程或反应	20～300	
燃烧热 H_c/(kJ/kg)			(9)在燃烧范围或其附件条件下操作	0～150	
物质系数 $B(B=\Delta 1.8 H_c/1000)$			(10)平均爆炸危险以下	40～100	
2. 特殊物质危险性	建议系数/%	采用系数/%	(11)粉尘或烟雾的危险性	30～70	
(1)氧化性物质	0～20		(12)强氧化剂	0～300	
(2)与水反应生成可燃气体	0～30		(13)工程着火敏感度	0～70	
(3)混合及扩散特性	−60～60		(14)静电危险性	0～200	
(4)自然发热性	30～250		特殊工艺危险性合计 S%		
(5)自然聚合性	25～75		5. 量的危险性	建议系数	采用系数
(6)着火敏感度	−75～150		物质合计/m³		
(7)爆炸的分解性	125		密度		
(8)气体的爆炸性	150		量系数 Q	1～1000	
(9)凝集层爆炸性	200～1500		6. 配置危险性	建议系数	采用系数
(10)其他性质	0～150		单元详细配置		
特殊物质危险性合计 M%			高度 H/m		
3. 一般工艺危险性	建议系数/%	采用系数/%	通常作业区域/m²		
(1)使用仅物理变化	10～50		(1)构造设计	0～200	
(2)单一连续反应	0～50		(2)多米诺效应	0～250	
(3)单一间断反应	10～60		(3)地下	0～150	
(4)同一装置内的重复反应	0～75		(4)地面排水沟	0～100	
(5)物质移动	0～75		(5)其他	0～250	
(6)可能输送的容器	10～100		配置危险性合计 L		
一般工艺危险性合计 P%			7. 毒性危险性	建议系数	采用系数
4. 特殊工艺危险性	建议系数/%	采用系数/%	(1)TLV 值	0～300	
(1)低压(<103kPa 绝对压力)	0～100		(2)物质类型	25～200	
(2)高压	0～150		(3)短期爆炸危险性	−100～150	
(3)低温: 碳钢−10～10℃	15		(4)皮肤吸收	0～300	
碳钢−10℃以下	30～100		(5)物理性因素	0～50	
其他物质	0～100		毒性危险性合计 T		
(4)高温:	0～40				

应说明的是，蒙德法的特殊工艺危险值除包括道氏法中的几项指标外，又增加腐蚀、接头和垫圈造成的泄漏、振动、基础、使用强氧化剂、泄漏易燃物的着火点、静电危害等因素。

量危险值是生产过程中与物质状态无关的、单元中关键材料的量，以质量表示，这个数值与物质系数中单位质量物质产生的燃烧热或反应热是一致的。

设备布置危险值是指当设备发生事故时，对其临近设备所造成的影响。这种影响有火灾、爆炸、设备倒塌，倾覆以及设备喷出的有害物等。其影响大小与设备形状、高度与基础比以及支承情况有关。毒性危险值是蒙德法的一个指数。毒性的大小用毒物的阈限值（TLV）表示。在计算时，主要用单元毒性指数即单元中物质的毒性（TLV）和主毒性指数即单元毒性指数乘以量危险值。虽然由毒性造成的事故比较少，但在有爆炸危险的设备内阻制毒物的量是必要的。

蒙德法对特殊物质危险值也有明确规定。对一般工艺危险值除道氏法规定的几种外，还有物质输送方式、可移动的容器，特殊工艺危险值包括腐蚀、泄漏、振动、基础、使用高浓度气体氧化剂、着火感度较高的工艺材料及静电危害。量危险值可以从蒙德法更详尽的技术资料查出。设备布置危险值包括结构设计、通风情况、多米诺效应、地下结构、下水道收集溅出的污染物，以及厂房与主控制室、办公室的距离等。毒性危险值是由于维修、工艺过程失控、火灾、各种泄漏而引起毒物外漏，根据关键阈限值、暴露时间、暴露方式、物理因素确定。

确定道氏综合指数 D 值后，可根据表 10-7 确定的危险程度等级。

表 10-7　D 值与危险程度判断表

道氏综合指数（D）范围	危险程度	道氏综合指数（D）范围	危险程度
0～20	缓和	90～115	极端
20～40	轻微	115～150	非常严重
40～60	中等	150～200	可能是灾难性的
60～75	中等偏大	200 以上	高度灾难性的
75～90	大		

3. 计算综合危险性指数 R

综合危险性指数 R 与道氏综合指数 D、火灾荷载系数 F、单元毒性指数 U、爆炸指数 E 及空气爆炸指数 A 有关，其算法见公式（10-4），毒性指数分为单元毒性指数 U 和主毒性指数 C。U 表示对毒性的影响和有关设备控制监督需要考虑的问题。C 由单元毒性指数 U 乘量危险值 Q 得到。Q 是毒物的量，U 是单元中毒物得出的指数。各参数值的选取分别依据表 10-8 火灾荷载与火灾类别判断表、表 10-9 爆炸指数与危险性分类、表 10-10 毒性指数与危险性分类确定。

$$R=D+(1+\frac{\sqrt{FUEA}}{10^3}) \tag{10-4}$$

式中　R——综合危险性指数；

F——火灾荷载系数;

U——单元毒性指数;

E——爆炸指数;

A——空气爆炸指数(易爆物从设备内泄漏到本车间内与空气混合引起爆炸)。

表 10-8　火灾荷载与火灾类别判断表

正常工作区的火灾荷载/(kJ/m²)	危险性分类	预期火灾持续时间/h	备注
0~4292	轻微	1/4~1/2	
4292~8585	低		住宅
8585~17170	中等	1~2	工厂
17170~34340	高	2~4	工厂
34340~68678	很高	4~10	占建筑物量大
68678~137357	强烈	10~20	
137357~274714	极端	20~50	
274714~54942	极端严重	50~100	

表 10-9　爆炸指数与危险性分类

设备内爆炸指数	空气爆炸指数	危险性分类	设备内爆炸指数	空气爆炸指数	危险性分类
0~1	0~10	轻微	4~6	100~500	高
1~2.5	10~30	低	6以上	500以上	很高
2.5~4	30~100	中等			

表 10-10　毒性指数与危险性分类

主毒性事故指数 C	单元毒性指数 U	危险性分类	主毒性事故指数 C	单元毒性指数 U	危险性分类
0~20	0~1	轻微	200~500	6~10	高
20~50	1~3	低	500以上	10以上	很高
50~200	3~6	中等			

综合危险性指数 R 和危险性分类见表 10-11。在 R 值的计算中,如 F、U、E、A 其中任一影响因素为零时,则计算时以 1 计。

表 10-11　综合危险性指数与危险性分类

综合危险性指数 R	综合危险性分类	综合危险性指数 R	综合危险性分类
1~20	缓和	1100~2500	高(第一类)
20~100	低	2500~12500	很高
100~500	中等	12500~65000	极端危险
500~1100	高(第二类)	65000以上	极端严重

4. 采取安全措施后对综合危险性重新进行评价

在设计中采取的安全措施分为降低事故率和降低严重度两种。后者是指一旦发生事故,可以减轻造成的后果和损伤,因此对应于各项安全措施分别给出了抵消系数,使综合危险性指数下降。

采取的措施主要有改进容器设计（K_1）、加强工艺过程的控制（K_2）、安全态度教育（K_3）、防火措施（K_4）、隔离危险的装置（K_5）、消防（K_6）等。每项都包括数项安全措施，根据其降低危险所起的作用给予小于1的补偿系数。各类安全措施补偿系数等于该类各项取值之积。安全措施补偿系数见表10-12，其求法同道化学火灾、爆炸指数评价法，分别求出各类控制影响因素的控制措施补偿系数值，填入对应的空格，某类控制的影响因素等于各因素的乘积。

表10-12 安全措施补偿系数

	选用系数		选用系数
1. 容器危险性		(2)安全训练	
(1)压力容器		(3)维修及安全程序	
(2)非压力容器		安全态度的合计 $K_3=$	
(3)输送配管①设计应变		4. 防火	
②接头和垫圈		(1)检测结构的防火	
(4)附加的容器及防护堤		(2)防火墙、障碍等	
(5)泄漏检查与响应		(3)装置火灾的预防	
(6)排放物质的废弃		防火系数积的合计 $K_4=$	
容器系数相乘积的合计 $K_1=$		5. 物质隔离	
2. 工艺管理		(1)阀门系统	
(1)警报系统		(2)通风	
(2)紧急用电力供应		物质隔离系数积的合计 $K_5=$	
(3)工程冷却系统		6. 灭火活动	
(4)惰性气体系统		(1)火灾报警	
(5)危险性研究活动		(2)手动灭火器	
(6)安全停止系统		(3)防火用水	
(7)计算机管理		(4)洒水器及水枪系统	
(8)爆炸及不正常反应的预防		(5)泡沫及惰性化设备	
(9)操作指南		(6)消防队	
(10)装置监督		(7)灭火活动的地域合作	
工业管理的合计 $K_2=$		(8)排烟换气装置	
3. 安全态度		灭火活动系数积的合计 $K_6=$	
(1)管理者参加			

计算抵消后的危险性等级 R_2 的公式为：
$$R_2 = R_1 \cdot K_1 \cdot K_2 \cdot K_3 \cdot K_4 \cdot K_4 \cdot K_6 \tag{10-5}$$

式中 R_2——抵消后的综合危险性指数；

R_1——通过工艺改进，D、F、U、E、A 之值发生变化后重新计算的综合

危险性指数，

$$R_1 = D_1 \left(1 + \frac{\sqrt{F_1 U_1 E_1 A_1}}{10^3}\right);$$

K_1——容器抵消系数（改进压力容器和管道设计标准等）；
K_2——工艺控制抵消系数；
K_3——安全态度抵消系数（安全法规、安全操作规范的教育等）；
K_4——防火措施抵消系数；
K_5——隔离危险性抵消系数；
K_6——消防协作活动抵消系数。

其中，容器抵消系数包括设备设计、解决泄漏、检测系统、废料处理等因素造成的影响；工艺过程控制措施包括采用报警系统、备用施工电源、紧急冷却系统、情报系统、水蒸气灭火系统、抑爆装置、计算机控制等；安全态度包括企业领导人的态度、维修和安全规程、事故报告制度等；防火措施包括建筑防火、设备防火等；隔离措施包括隔离阀、安全水池、单向阀等；消防活动包括与友邻单位协作，以及消防器材、灭火系统、排烟装置等。

以上每项在 ICI/Mond 工厂的火灾爆炸毒性指数技术手册中都列出具体的抵消系数。

通过反复评价，确定经补偿后的危险性降到可接受的水平，则可以建设或运转装置，否则必须更改设计或增加安全措施，然后重新进行评价，直至达到安全为止。

三、应用说明

本书所介绍的蒙德火灾、爆炸、毒性指数评价法的评价步骤，各参数系数确定对评价结果有很大的影响，因而评价过程中一定要熟悉系统，系数值的选取即要参照 ICI/Mond 法更详尽的技术资料，很大程度上又要依据专家的经验。

复习思考题

1. 了解作业条件危险性评价法的评价过程及适用条件。
2. 试说明道化学火灾爆炸指数评价法的评价步骤，评价过程中需要的基础资料。
3. 试说明蒙德法的评价步骤以及评价过程中需要的基础资料。
4. 试理解本章的三种评价法与第一章风险评价之间的关系。

第十一章 系统安全工程模拟实践

系统安全工程课程学习的最终目的是为了"学以致用",但在校学生很少有机会全面了解某一系统,更难以了解系统的生命周期各阶段的危险辨识、危险分析、风险评估及危险控制的过程,因而本章选用了氯乙烯单体(VCM)生产的系统安全工程模拟实践,主要介绍如何使用危险性分析方法对实际的化工过程进行分析。该模拟实践包括系统的设计、安装、开车、正常操作,以及装置超过 30 年的使用寿命后拆除等过程所进行的危险性分析。本章对假定的工艺过程进行说明,并以此工艺过程为例,用各种危险性分析方法进行分析。我们试图针对生产系统生命周期不同生产阶段进行危险分析,通过其生产背景状况选择危险分析方法并进行分析。虽然我们无法参与到分析的过程中,但分析过程中的讨论都记录下来了,读者可以身临其境,体会各种危险分析方法在实践中的应用。

第一节 TMC 公司 VCM 生产项目概述

本项目选择氯乙烯单体(VCM)的生产过程为例进行危险性分析有几个方面的原因。首先它是一普通的化工过程,而且已有一些公司在进行生产;其次是因为该工艺过程有几个固有的危险的情况需要用危险分析方法来识别,例如,该工艺过程所使用的物料有毒、易燃、有较高的反应活性;另外是因为该工艺过程涉及间隙和连续操作。所有这些使得 VCM 生产过程非常适合作为危险分析的例子。

虽然所举的例子尽量接近实际情况,但是读者不能把分析过程中所使用的物化数据、设计资料以及装置的操作特点等用于实际的工艺过程(本书仅是举例说明危险性分析方法的使用)。所设计的"安全问题"涉及人员和工艺过程,使得各种危险分析方法能更好地发现工艺过程的安全问题。此外,本例所描述的公司、人员、工艺过程纯粹是因为举例的需要而杜撰的。例中所用人名,为便于读者知道他(或她)们的专业背景,例中所用名字作了处理,如李安全,表示此人来自安全部门,负责安全方面的工作;又如张工艺,表示此人负责装置的工艺等。

下面简要介绍假设的化工公司、人员及 VCM 生产过程等有关情况。

一、公司及人员情况

TMC 公司是一大型化学工业公司,生产氯气、烧碱、硫酸以及盐酸。TMC

公司有 50 余年的良好安全记录，并作为经验得到推广。经过认真分析，TMC 公司决定进一步拓展 VCM 市场，TMC 公司打算再建成一套世界上最大、最先进的 VCM 生产装置。为此，公司组成项目部对该项目进行管理，该项目拟用三年建成。按照公司和有关安全管理的要求，TMC 公司将在项目发展的各个阶段进行危险性分析。

二、工艺过程简述

TMC 公司项目部查阅了大量的有关 VCM 生产技术的文献和专利，他们初步决定采用高温下二氯乙烯（EDC）气相脱除氯化氢生产 VCM 的工艺路线。中间物 EDC 由乙烯和氯气直接催化反应而得到，TMC 公司还打算在后期用该装置生产聚氯乙烯（PVC）。表 11-1 列出了该工艺过程的原料、中间物和产品，以及它们的危险特点。

TMC 公司无 VCM 生产经验，关于工艺过程中的物料的经验也很有限。因此，他们打算对 VCM 装置采用先进的控制手段和安全系统。图 11-1 是 VCM 工艺流程简图。在危险分析例中，则选取其中的一部分来说明危险分析方法，在每一次分析时将提供需要的安全资料、图纸及数据。

表 11-1 VCM 过程化学物质及危险

物 质	危 险 性	物 质	危 险 性
氯气	有毒,易反应	氯化氢	有毒,易反应
乙烯	易燃,易反应	氯乙烯单体	易燃,有毒,易反应
二氯乙烯	易燃,有毒		

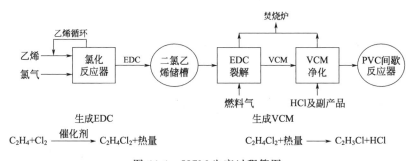

图 11-1 VCM 生产过程简图

三、工艺过程各阶段的说明

系统安全的理念应该贯穿工艺过程发展的各个阶段。系统安全包括系统安全工程和系统安全管理、（危险性分析和安全管理）。管理者和危险分析人员面临着这样的挑战，即如何找到一种有效和高质量危险分析方法。为过程的安全管理提供决策依据。

分析人员在进行危险性分析时面临许多因素的影响。一个重要的因素就是什么时候需要进行危险性分析，本模拟实践的主要目的是说明各种危险分析方法可用于项目生命周期的各个阶段的危险性分析，危险分析贯穿系统的整个生命循环周期。

本部分内容以虚拟的 TMC 化学工业公司为例，选择 VCM 工艺过程中 9 个特殊的点作为危险分析应该完成的内容，这些危险性分析的主要目的是确定设计或操作的薄弱环节，找到提高过程安全性的途径，不同阶段危险性分析的侧重点不同。

表 11-2 列出了工艺过程中的 9 个特殊阶段，并以此为例进行分析。有些是任何工业装置都会遇到的阶段（如概念设计阶段、详细工程设计阶段、开车阶段等），有些是为了说明危险分析方法而专门设置的（如装置的扩建、事故调查、装置的拆除等），因此列出的各点时间是对应于分析的时间（开车是在 0 年）以及分析的目的。

表 11-2　VCM 过程发展的各个阶段

阶　　段	时间点	分析目的/动机
研究和开发	−3 年	检查安全可行性,支持工艺和物料的初步选择
概念设计	−2.5 年	为厂址选择和初步工艺流程的布置提供依据
中间试验	−2 年	满足安全要求,包括中试操作;为安全系统设计提供依据
详细工程设计	−1.5 年	在确定设备之前把安全设计最终确定下来
建筑安装/开车	0 年	确保过程按设计要求进行建筑安装、安全措施项目得到落实
正常操作	+2 年	按公司过程安全管理要求完成危险性分析;分析自开车后因工艺改变可能出现的安全问题(要完成其他的定期检查,但未列入本表中)
装置扩建	+5 年	分析安装聚乙烯间隙反应系统后的安全问题
事故调查	+20 年	分析有毒物质发生严重事故排放的可能原因
拆除	+30 年	识别拆除一台 VCM 裂解炉并把其管束用到另一设备的所有安全问题

注：若以"建筑安装/开车"（即正式投入生产）为一个时间点的话，则"−3 年"表示 3 年前；"+2 年"表示 2 年后。

实际上不一定对工艺过程发展的各个阶段都进行危险性分析。事实上，可能在新的工艺过程开车或建设阶段才进行危险性分析。因此，当必须进行过程的危险性分析时，例中所进行的各个阶段的危险性分析并不能作为标准来看待。公司可以根据需要在装置的操作过程中对其化学过程进行多次的危险性检查，这种检查是系统安全的重要组成部分，是化工过程操作风险管理的必要内容。

下一节将要说明与 VCM 过程有关的危险，接下来的其他各节将讨论用各种危险分析方法对这些危险进行分析。

第二节　VCM 工艺过程的危险性识别

在进行危险性分析之前，分析人员必须知道对过程中哪些固有的危险或活动进行分析。本章简述虚拟的 VCM 过程的危险分析结果，这些结果将用于 VCM 工艺过程各种危险分析方法的举例说明。

一、物质性质的分析

VCM 的生产过程需要许多不同的化学物质。表 11-3 列出了 VCM 工艺过程需要的物料。在进行危险分析之前，TMC 公司通过查阅文献，如物性数据手册等，获得了这些物质的性质及危险特性。

表 11-3　VCM 工艺过程使用的化学物质

• 催化剂	• 乙烯	• 氯化氢	• 氧
• 碱	• 二氯乙烯(EDC)	• 天然气	• 氯乙烯单体(VCM)
• 氯	• 氢	• 丙烯	• 水

此外，TMC 公司还与化工设计院、物性数据中心、相关的研究所、原料供应商取得了联系，这些部门提供了另外一些危险物质的数据。表 11-4 汇总了所有化学物质的危险数据。

表 11-4　VCM 过程化学物质的危险特性

过程物质	危险							
	窒息	急性中毒	慢性中毒	腐蚀	燃烧/爆炸	反应	刺激皮肤	氧化剂
催化剂			√					
碱				√			√	
氯		√		√		√	√	√
乙烯	√				√	√		
EDC		√	√			√		
氢	√				√			
氯化氢		√		√			√	
天然气	√							
丙烯	√				√	√		
氧								√
VCM	√	√	√		√	√	√	
水	√							

二、分析经验的获取

对 TMC 化学工业公司来说 VCM 装置的技术复杂，许多化学物质和反应过程是第一次遇到，特别是 TMC 公司几乎没有加工处理烃类物质（如乙烯），以及化学物质 EDC 和 VCM 的经验。因此，他们主要根据文献综述、化学物质的供货商、咨询以及物性的分析来分析这些物质的危险性。他们还打算首先进行实验研究（研究开发）并最终建立一套中试装置，以便进一步掌握 VCM 工艺过程以及弄清与这些物质有关的危险性。

此外，TMC 公司对氯碱装置的化学物质如氯、烧碱、氯化氢、水以及某些烃类具有丰富的经验。作为危险分析过程的一部分，TMC 的工程师们审查了他们的氯碱装置的事故报告，通过该审查知道了氯具有较高的反应活性（比他们设想的要高得多），而且他们特别注意到氯将与下列物质反应：

① 大多数的烃类（因此，必须保证工艺和仪表的流体和润滑剂不与氯反应）；
② 少量的水；
③ 高温下的碳钢（高温，氯存在下碳钢将被腐蚀）。

三、相容性矩阵

相容性矩阵用来表示两种不同的化学物质或同一化学物质在一定条件下不能配装（相容）的问题。TMC 公司的工程部建立了 VCM 装置的化学物质相容性矩阵，该矩阵的建立是在横轴和纵轴列出所有的化学物质，此外，工程师们考虑到的其他一些参数列在纵轴上，这就是矩阵的框架。框架建立起来后，TMC 公司的工程师和化学专业的人员一起审查可能发生相容性的物质，并对不能相容（不能配装）的在相容性矩阵中进行标识。图 11-2 是 VCM 装置化学物质的相容性矩阵。"×"表示存在与物质或工艺条件不能相容的问题；在表后注释中对某些问题作了进一步的说明。"?"表示其相容性未知，对这些项目以及分析组提出的其他的一些问题（表 11-5）将要作进一步的分析研究。

	催化剂	碱	氯	乙烯	EDC	氢	HCl	天然气	丙烯	氧	VCM	水
催化剂												
碱												
氯		×										
乙烯			×	?								
EDC			×									
氢			×									
HCl	?		×									
天然气			×									
丙烯			×						?			
氧	×		?	×	×	×		×	×			
VCM		?								×	×	
水	×	×①	×				×①⑤					
高压				×③		×④					×	
高温			×②								×	
污染物(尘,油)	×										×	
环境(管理影响)		×	×					×			×	

① 放出稀释热。
② 高温、有氯存在下碳钢被腐蚀。
③ 高压下乙烯分解。
④ 焦耳-汤姆逊作用。
⑤ 干的 HCl 无腐蚀作用，但在有水存在下则有腐蚀作用。

图 11-2　VCM 工艺过程化学物料的相容性矩阵

表 11-5　由相容性矩阵提出的问题举例

• HCl 将与过程中所使用的催化剂反应吗？ • VCM 将与碱反应吗？ • 氯—氧的反应动力学是什么？	• 乙烯自身反应的活性如何？丙烯呢？ • 在过程的操作温度下，碳钢将会被氯腐蚀吗？ • 过程的波动会使温度超过要求的温度吗？

分析组发现某些三元物系的相容性也很重要，然而在相容性矩阵中只表示了二元物系的不相容问题，TMC 公司的化学专家将对这一问题进行分析调查。

四、危险性分析方法

TMC 公司的分析人员将使用各种分析方法对 VCM 的各个发展阶段进行分析。在项目的研究发展和概念设计阶段，将首先使用危险分析方法找出危险，在这个阶段使用故障假设（What-If）和预先危险性分析（PHA）这两种分析方法对 VCM 的"想法"进行分析，在厂址选择时用相容性矩阵或分析装置的操作经验和物料性质不能识别的一些问题用危险分析方法就能识别。

第三节　VCM 研究发展阶段——故障假设分析方法

一、背景

TMC 公司已有 50 年生产氯、碱、硫酸、盐酸以及其他化学品的历史。该公司具有非常好的安全纪律，有一批世界公认的安全处理这些化学物质的专家。

过去 5 年来，由于其他公司相继进入市场，氯（TMC 公司的主导产品）市场的竞争愈来愈激烈。由于对环保的要求越来越高，使得氯的生产成本上扬，再加上由于使用氯的替代物使得对氯的需求萎缩，因此 TMC 公司的利润下滑。为此，TMC 公司开始着手改造生产线，期望能生产出具有强劲市场竞争力并能带来较好效益的产品。市场调查显示，氯乙烯单体（VCM）的市场需求正在迅速上升，并可能带来丰厚利润，这引起了 TMC 公司的注意。

根据市场调查，TMC 管理层考虑在氯装置的基础上建一条 VCM 生产线。在最终决定之前，首先需要对该装置的操作和费用等问题进行调查。按计划该装置 3 年后开车试运行。

为此，TMC 公司成立了 VCM 项目部，首先探讨 VCM 生产技术的可行性。项目部组织 VCM 生产过程的实验研究、生产能力评估以及安全审查。项目部完成了一些基础性工作，包括收集 VCM 生产化学原理、工艺路线、生产过程的危险性、事故报告等。此时，项目部负责人决定应进一步对 VCM 生产过程的危险性进行分析，分析结果将作为项目部和 TMC 管理决策层决定是否生产 VCM 的依据。

项目部首先进行 VCM 风险调查，此时工程设计尚未完成。TMC 公司的化学专家确定了生产 VCM 的基本化学过程（如图 11-3）如下：

$$C_2H_4 + Cl_2 \longrightarrow C_2H_4Cl_2 + 热量$$
$$C_2H_4Cl_2 + 热量 \longrightarrow C_2H_3Cl + HCl$$

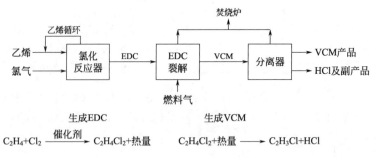

图 11-3　VCM 生产过程方框图

项目组首先广泛收集 C_2H_4、Cl_2、$C_2H_4Cl_2$、HCl、C_2H_3Cl 的有关资料，此外项目组还查阅了有关专利文献及相关物质的安全数据。表 11-6 列出这些化学物质的主要特性。

表 11-6　VCM 生产过程中有关化学物质的特性[①]

性质	氯	乙烯	二氯乙烯	氯化氢	氯乙烯单体
沸点(101325Pa, 即1 atm)	−29.4 ℉ −34.1℃	−154.7 ℉ −103.7℃	182.3 ℉ −83.5℃	−121 ℉ −85℃	7.2 ℉ −13.8℃
闪点	不易燃	−213 ℉ C.C.[②]	60 ℉ O.C.[②]	不易燃	−110 ℉ O.C.[②]
阈限值	1ppm	简单窒息剂	10ppm	5ppm	5ppm
短时接触剂量限制	3ppm 5 分钟	无此项内容	200ppm 5 分钟,在任意 3 小时内	5ppm 5 分钟	500ppm 5 分钟
燃烧（DOT）等级	不易燃气体	易燃气体	易燃液体	不易燃气体	易燃气体
标态下在空气中的燃烧极限（体积分数）/%	不易燃	2.75～28.6	6.2～15.6	不易燃	4～26
致死或中毒最低浓度[③]	873ppm 30 分钟 (LC_{LO}—人)	950000ppm 5 分钟 (LC_{LO}—动物)	无	1300ppm 30 分钟 (LC_{LO}—人)	550ppm 4 小时 (LC_{LO}—人)
安全预防措施	避免与液体或蒸汽接触 佩带护目镜、SCBA、橡胶衣 用水喷洒控制蒸汽 如果吸入将中度中毒 燃烧时产生有毒气体	避免与液体或蒸汽接触 佩带 SCBA 用水喷洒控制蒸汽 沿蒸汽尾可能发生逆燃	避免与液体或蒸汽接触 佩带护目镜、SCBA、橡胶衣 用泡沫、化学物质或 CO_2 灭火,燃烧时产生有毒气体	避免与液体或蒸汽接触 佩带防化学物质的 SCBA 用水喷洒控制蒸汽 如果吸入或吞入将中度中毒	避免与液体或蒸汽接触 用水喷洒控制蒸汽 沿蒸汽管道可能发生逆燃 让其自己烧掉 如果吸入将中毒

① 除致死或中毒浓度数据外，其余资料来自 United States Coas Guard, CHRIS Hazardous Chemical Data, United States Government Printing Office, Washington, DC, 1984。
② C.C.＝密闭容器，O.C.＝敞开容器。
③ 致死或中毒浓度数据来自 N. Irving Sax and Richard J. Lewis, Sr., Dangerous Properties of Industrial Materials, 7th Edition, Van Nostrand Reinhold, New York, NY, 1990。
注：为保证数据准确，本表中保留了 ppm，$1ppm=1×10^{-6}$。LC 为致死浓度；LO 为无毒界量；SCBA 为防毒面具。

项目部还从 TMC 公司内部找到了几位熟知 VCM 过程中所使用的一些化学物质的安全问题的专家，特别是 TMC 公司有 Cl_2 和 HCl 方面的专家、装置安全专家以及环保专家，但他们对 C_2H_4、EDC 和 VCM 则几乎没有什么经验。

二、危险性分析方法的选择

VCM 项目部认为需要进行危险性分析，但是应该采用何种分析方法没有实际经验。项目部要求 TMC 公司的过程危险分析组推荐危险分析方法。因为 VCM 的生产过程和工艺还不是很清楚，因此过程危险分析组很快确定不能使用那些需要首先知道详细工艺过程的分析方法，很显然如 HAZOP、FMEA、事件树与事故树、原因结果分析、人的可靠性分析都不能采用，而如安全审查这样的分析方法通常用于已投入运行的系统也不予考虑。

TMC 公司的过程危险分析组对分析方法的选择集中在安全检查表分析、危险等级分析、预先危险性分析、故障假设分析这些分析方法上。因为在这个阶段对装置的布置、设备的型号和大小、使用的化学物质知之甚少，因此不宜采用危险等级及预先危险性分析这两种分析方法。似乎可以采用安全检查表分析，但分析组并没有采用这种方法，原因是他们无法拿出一份符合该项目的检查表。因此，推荐使用故障假设分析方法，因为该方法不必知道 VCM 装置设计的详细情况，在分析过程中具有较大的灵活性。

三、分析准备

项目部决定由张化学来组织对 VCM 的故障假设分析。因为他从未进行过故障假设分析，因此张化学请 TMC 公司的安全和紧急事务协调员刘安全负责故障假设分析。刘安全多次领导并参与了氯气装置的危险性分析，包括故障假设分析。刘安全选择以下专业人员进行 VCM 过程的故障假设分析。

化学专家 熟悉氯、盐酸、EDC、VCM 等，帮助确定这些化学物质可能发生的危险。张化学可以胜任这一工作（同时有助于与项目部的联系）。

氯专家 识别处理大量氯时的危险性。王工程有 10 余年氯气装置的工作经验，可以胜任这一工作。

乙烯专家 识别处理大量乙烯时的危险性。TMC 公司没有这方面的专家，但在石油化工厂有这方面的专家，为此刘安全经与几家公司联系后聘请了烃加工公司的周石油帮助进行 VCM 过程的故障假设分析。

安全专家 安全专家帮助了解和识别与新项目有关的特殊安全需要，希望安全专家（包括其他人员）了解 VCM 过去发生的事故及有关安全考虑，刘安全满足这一要求。

故障假设分析在刘安全的领导下进行。根据项目部提供的资料以及该项目正处在初始阶段的实际情况，刘安全认为该分析需要一至两天。他首先拟定了分析会议的时间和地点，在分析会议开始两周前，刘安全将有关资料送达到每个分析人员手中，这些资料包括 VCM 生产过程以及项目部收集到的其他资料。

刘安全的最后一项工作就是列出欲进行分析的假设故障。故障假设分析方法就是让分析人员充分考虑可能出现的安全问题，刘安全根据图 11-3 和表 11-6，用了近一个小时列出了假设故障，如表 11-7。

表 11-7　VCM 研究发展阶段故障假设问题举例

如果……将产生什么样的后果？	
• 乙烯进料中含有其他杂质	• 所用材质（设备等）不符合要求
• 氯气进料中含有其他杂质	• 管道破裂
• 氯化反应速度太快	• 大量氯与 EDC 带到下一工序
• 反应炉发生爆炸	• 无 EDC 送入裂解炉
• 乙烯随 HCl 副产品一起排出	• VCM 进入副产品中
	• 副产品被送入 VCM 储槽

四、分析过程说明

两个星期后，危险分析组来到培训楼开始故障假设分析会议。首先刘安全让各成员做自我介绍，张化学同意做会议的记录，刘安全对会议日程和其他事项做了说明；然后，刘安全简要介绍了 VCM 项目的背景、化学过程以及为什么要进行故障假设分析。在举行正式分析会议之前，刘安全提出了分析组应当遵守的几个原则：

① 所有分析人员有同等的发言权；
② 所有的考虑，无论是否有实际的意义，都尽可能提出来；
③ 所有分析人员都应为该分析发表意见；
④ 在进行下一分析问题之前对前一问题所演绎出的问题应分析完毕；
⑤ 无需对问题进行详细分析和判断；
⑥ 重要的是发现危险，而不是找出解决问题的方法。

分析结果由张化学和刘安全负责整理成分析文件，并提交分析组审查，然后作为正式报告交项目部。

以下为故障假设分析会议的记录摘要。

刘安全　首先我们来看看 VCM 生产过程简图，请提出故障假设问题（暂停），那么请看第一项：假定乙烯进料中含有其他杂质将产生什么样的后果？

王工程　可能含有什么杂质？

周石油　乙烯中最主要的杂质是轻油，也不排除水。

张化学　根据我们原来作的实验和有关文献，油和氯很容易反应。至于乙烯和油也可能发生反应，通常情况下乙烯中油的含量是多少？

周石油 这很难说，主要取决于供货商。若由管道输送，则乙烯中的油分很少，如果需要可进行分析检测。

刘安全 我认为需要对乙烯中的油分进行分析。我们还需要知道含有杂质（如油）的乙烯，发生反应的剧烈程度。张化学，你能对这个问题发表意见吗？

张化学 可以。如果油的含量较少，我认为反应器中大量的氯、乙烯、EDC 有可能抑制油和氯的反应，但需进一步确认。

刘安全 还有别的问题吗？（暂停）

张化学 如果氯进料中含有杂质呢？

王工程 氯中的主要杂质是水分。我们首先要确定氯在送入本系统前是否带有水分，大量带水将因为产生次氯酸而引起设备和管道的腐蚀。

刘安全 ……是的。但是我们没有考虑到乙烯中也可能带水，这样次氯酸也将被带入 VCM 系统中。我想我们是不是主要考虑乙烯中的杂质。

张化学 我同意。我认为少量的水分不会引起什么大的问题，但需要进一步核实。

王工程 如果某根管道断裂呢？

周石油 如果是乙烯管道，将引起大火或产生易燃蒸汽云；如果是氯管道，将是毒气释放问题。

刘安全 我想我们能够处理氯气管道的问题，因为我们有相应的设备，而且人员训练有素；乙烯则不同了。顺便问一下，输送的氯是液体还是气体？

张化学 目前我们考虑液体输送。我想你的意思是，在管道破裂时气体输送的释放量少，我将让研究组探讨一下气体输送的可能性。乙烯管道破裂会怎么样？

周石油 我认为这正是你们公司应该慎重考虑的问题。虽然有很多企业能够很安全的处理乙烯，但在减少或避免乙烯释放方面你们公司还是有大量的工作要做，如安装可靠的远距离隔离阀；而且，你们公司还需加强这方面的学习了解，尽可能增加防火设备。

刘安全 张化学，请记下这个意见。管理层必须落实这件事，你记下来了吗？

张化学 没记下来，请重复一下最后一点好吗？

刘安全 好的。TMC 公司必须增加安全处理乙烯的设备并进行必要的训练（暂停）。还有什么问题吗？

王工程 如果进料速率不平衡会怎样？反应会不会失控而使反应器爆炸？

张化学 现在我还不能回答你这个问题。当然，我们会进行必要的研究并提请在设计中加以注意。

王工程 如果 EDC 裂解炉的温度过高会怎样？

张化学 同样，这个问题我们还未考虑。从掌握的有关资料来看，温度高将得到更多的 VCM 和副产品。

刘安全 裂解炉的温度有多高？

张化学 现在还不知道。

刘安全 大家知道，超过一定温度钢材将被氯腐蚀，会超过这个温度吗？（无人回答）有谁

知道这个温度吗？（沉默）

  张化学 我将记下这些内容。目前情况下我们暂时放下这个问题，留待工程设计时再考虑。

  刘安全 好的。但是我的观点是，能否在氯化阶段消耗掉所有的氯气，从而避免上述问题。

  张化学 从理论上讲是可行的，但实际上做不到，我们将进一步进行研究。

  会议继续进行，逐个分析所提出的问题。所有分析组成员提出或分析问题，直到所有的故障假设问题都进行了分析。

五、结果讨论

  将故障假设问题的分析结果以表格形式汇总。一般应包括所提出的问题、对问题的回答、采取何种措施、分析组的建议，TMC公司根据自己的需要设计了表格形式。当然，其他的公司也可根据自己的情况决定。每栏内容按照讨论过程进行的顺序来填写。

  提出的许多问题在分析会议上可很快得出结论，对那些不能很快作出结论的问题，应当安排参加会议的人员作进一步的调查研究，接受任务的人员应尽快将他们收集到的有关资料或调查研究情况提交给分析组负责人，接下来对有关问题进行分析并做出结论。

表 11-8 研究发展阶段故障假设分析工作表

故障假设分析工作表   日期：1996-01-16

过程和阶段：VCM装置，概念分析   内容：危险与安全

分析组成员：刘安全（组织和负责人）、张化学（TMC公司研究与发展部）、王工程（TMC公司的工程师）、周石油（外聘顾问）

设备/任务内容：氯化反应器进料

如果……将会发生什么情况？	结果/危险	建议	负责人	完成起止日期
1. 乙烯进料中含有杂质	乙烯中的主要杂质是油，油将与氯剧烈反应；然而，乙烯中的氯通常很少，反应器中大量的EDC将抑制氯和油反应；水的量也很少	a. 确保乙烯纯度高而且供应可靠 b. 测定油/氯的反应动力学，分析氯/水的反应动力学	a. 乙烯专家 b. 化学专家	
2. 氯进料被污染	氯中的主要杂质是水，氯中存在大量水将导致设备损坏，而且会导致停车；少量的水不会有问题	确保氯中水含量很低	氯专家	
3. 进料管断裂	大量液态氯释放出来，产生大量的氯气云大量液态乙烯释放出来，产生大量的乙烯气云，可能导致火灾或爆炸	a. 考虑以气态输送氯 b. 分析TMC公司应付大量易燃物质的能力，考虑增加消防设备并加强训练 c. 考虑安装远距离进料控制装置	a. 化学专家 b. 装置的防火负责人，公司的培训办公室 c. 工程师	
4. 进料不平衡	可能发生失控反应，目前还不知道操作范围	考查各种乙烯/氯进料比下的反应速率	化学专家（与研究人员联系）	

在分析过程中，张化学记录了讨论中提出的有关问题及建议。然后将该记录整理成正式报告提交给项目部，这份报告中还包括分析人员对某些尚未做出结论的问题的建议意见。表 11-8 是故障假设分析正式报告，表中内容按照实际讨论过程填写，此表由张化学在会议过程中记录和整理，并经参加会议的所有人员审查和认可，然后提交给 VCM 项目部。

张化学还对分析会议进行了总结，写出了一个简短的总结报告。这个总结报告包括什么时间、什么地点举行的故障假设分析会议，由哪些人员参加，主要分析了哪些问题，这份总结报告也经过全体人员的审查。

六、小结

故障假设分析非常成功，这是因为：

① 分析组负责人刘安全具有丰富的经验，整个分析过程按预先拟定的问题进行，当某个问题的讨论无法深入时能按计划进行下一问题的讨论；

② 参加分析的人员选择恰当，而且富有经验；

③ 分析组并不致力于立即解决他们发现的所有问题。

分析组向 VCM 项目组提出了应该考虑的安全问题，只提供事实依据，而不对项目的风险进行评估。

故障假设分析组所发现的问题各种各样，从进料是否含油到是否产生严重的后果，并且还考虑到了高温下钢材受氯的腐蚀，故障假设分析为 VCM 项目部找出了许多他们应该发现而又难以发现的问题。故障假设分析弥补了 TMC 公司对 VCM 经验的不足，特别是分析组还考虑到了以下问题。

① TMC 公司是否知道 VCM、EDC 以及与生产 VCM 有关的其他化学物质的环保规定？是否需增加人员以保证 VCM 的安全操作？

② TMC 公司从未使用过乙烯，如何对员工进行训练以能安全操作？此外，如果 TMC 公司开始使用乙烯，应进行消防训练并增加相应的设备。

③ VCM 单体对于 TMC 公司来说也是新产品，在这方面也应加强训练，同时还应考虑聘用具有 VCM 操作经验的操作人员。

④ 所有放空系统必须能处理有毒和易燃物质。

总之，管理层根据故障假设分析的结果认为 VCM 生产过程不存在不可驾驭的危险。所提出的建议为项目部的进一步研究指明了方向，对 TMC 公司制造 VCM 的能力进行了估计，确定了需进一步进行哪些危险分析。

第四节 VCM 概念设计阶段——预先危险分析方法

一、背景

TMC 公司决定继续进行 VCM 项目。在研究开发阶段所完成的故障假设分析没有发现任何不可驾驭的危险；根据该分析提出的建议，TMC 公司可以聘用对 VCM 过程有经验的员工来处理所识别出的危险。根据这些资料，加上良好的市场前景，TMC 公司管理层认为 VCM 项目是可以继续进行的。

TMC 公司选择 K 地的氯装置旁边作为 VCM 装置的厂址，该厂址与故障假设分析时所提出的厂址不同，选择该厂址基于以下三个原因：

① 最近的居住区人口数量小（与其他厂址相比）；
② 离乙烯的输送管线相对较近；
③ 运输方便。

图 11-4 是 VCM 装置的布置图，将 VCM 装置布置在氯装置的东面是因为：
① 有足够的空间使装置分开，而且有管理办公室；
② 该处属于 TMC 公司的财产；
③ 乙烯的输送方便。

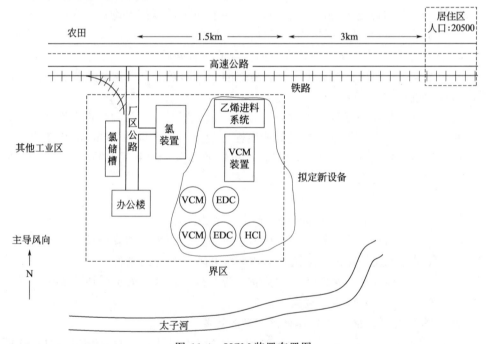

图 11-4 VCM 装置布置图

根据这些新的资料，项目部决定需要进行危险分析。项目部想知道该工艺过程是否还存在其他危险，而且危险分析的重点是 VCM 装置的厂址。项目部推荐由刘安全再次负责分析工作，因为他已熟悉该项目，而且非常出色地完成了 VCM 项目的故障假设分析。然而，张化学向项目部提出此次分析需要新的观察点，于是决定让伍芸负责此次的分析，她来自公司的过程危险分析组。

二、已有资料

此时尚未进行 VCM 装置的设计。然而，工程部将装置的初步布置图（图

11-4）提供给了伍芸，工程部和研究开发部还提供了下列资料：
① 初步拟定的原料、中间产品、最终产品清单（表 11-9）；
② 初步拟定的装置的主要容器清单（表 11-10）；
③ VCM 项目的研究开发报告；
④ 以前收集到的关于 EDC 和 VCM 的文献资料；
⑤ 故障假设分析结果报告；
⑥ 与氯装置有关的系统的初步清单。

表 11-9　VCM 装置的部分物料清单

• 乙烯	• 氯乙烯单体	• 轻烃
• 氯	• 氯化氢	• 重烃
• 二氯乙烯	• 乙烯	• 天然气

表 11-10　VCM 装置的主要设备

设 备	数 量	化 学 物 质	容 积
直接氯化反应器	1	氯、乙烯	大（液体）
压缩机	1	乙烯	中（气体）
球形储罐	4	EDC、VCM	大（液体）
储槽	1	盐酸	大（液体）
精馏塔	4	EDC、VCM、HCl、轻烃、重烃	大（液体/气体）
缓冲罐	尚未确定	EDC、VCM、HCl	大（液体）
裂解炉	1	EDC、VCM	中（液体）
焚烧炉	1	混合物	中（液体）

伍芸还需要氯装置的资料，特别是应急预案、安全设备、紧急停车连锁的资料，这些资料由氯装置的工程师负责收集。

三、危险分析方法的选择

项目部让伍芸决定选择何种分析方法，他们只要求不要再使用故障假设分析方法，除非它是唯一可选用的方法，因为故障假设分析方法在前面已使用过了。

伍芸对大多数常用的分析方法都比较熟悉。因为该工艺过程还未完全确定下来，因此她很快就决定不能采用 HAZOP 分析及人的可靠性分析这两种分析方法；她也不打算使用安全检查表分析，因为没有很好的检查表可供使用；故障假设是可以的，但因为前面已使用过了，所以她也没有选择这种方法。因此只有预先危险分析（PHA）和危险等级（RR）两种方法可供选择，这两种方法都可以使用，难以确定；然而，PHA 比 RR 更适合危险识别，而且伍芸对 PHA 更熟悉，所以选择了 PHA。

四、分析准备

伍芸选择了 TMC 公司的另外两位雇员帮助进行 PHA 分析。一位是蒋大卫，他是过程危险分析员,在公司的工程部工作;伍芸选择他是因为他有一些 VCM 和乙烯的经验(蒋大卫一年前受聘于 TMC 公司,部分原因就是因为 VCM 项目),蒋大卫和伍芸在 TMC 公司的同一部门工作。

伍芸选择的另一位雇员是罗明,他是氯装置富有经验的工艺工程师。罗明在氯装置的大部分工段工作过,对氯装置的雇员、操作、安全、应急情况的处理以及设备布置非常熟悉。

因为没有项目部的人员参加 PHA 分析,为了保证理解项目的意图,保证 PHA 分析满足他们的要求,伍芸与张化学在一起进行了讨论,并解释了 PHA 分析将完成哪些分析内容。

PHA 分析准备的另一项工作是伍芸将有关资料提供给了蒋大卫和罗明,这些资料包括:

① PHA 分析日期、时间(预计需要 1 天)、地点;
② PHA 分析目的的说明;
③ 以前的危险分析报告、研究开发报告、初步工程分析复印件。

分析会议地点在所选厂址旁边的会议室,因为项目部特别关心的是厂址的选择,而伍芸和罗明都没有到过那个地方。

在 PHA 分析会议前,伍芸用了一天的时间研读 VCM 项目的有关资料,在此基础上将形成一些在 PHA 会议上将进行讨论的问题(见表 11-11),而且还要准备 PHA 分析会议记录用的表格。

表 11-11 VCM 概念设计阶段 PHA 分析问题

• VCM 装置离最近的居民区、最近的工厂有多远?	• 太子河发洪水会对装置造成威胁吗?
• 为何装置在东面?在西面、北面或南面呢?	• 该位置的风玫瑰图是什么样?
• 如果大量的氯释放采取何种应急措施?	• 装置内和装置外有何防火措施?

五、分析说明

PHA 分析包括下列任务:

① 现场查看氯装置和拟定的 VCM 装置的位置;
② VCM 装置的 PHA 分析会议;
③ PHA 分析结果审查

一般来说,PHA 分析不包括现场查看,但因为伍芸和蒋大卫对装置的位置不熟悉,因此决定进行简短的现场查看。在查看过程中(由罗明带领),分析组记下了氯装置的设备和人员的位置,以及待建的 VCM 装置的位置;他们还注意到了有哪些用于处理紧急情况的设备(如报警、火灾监视器、消防栓)以及这些设备的位置。

现场查看结束后,PHA 分析组集中在会议室开始进行分析。伍芸对 PHA 分析方法作了简要说明、传阅 PHA 分析表、解释危险分析内容、提请分析组考虑因为危险情况导致相邻设备和系统的损坏（如：起重机倒塌砸断管道，化学物质放出并导致化学物质的储槽爆炸）；为了保证 PHA 分析的正常进行，伍芸还决定由她提出问题，然后从头至尾对工艺过程进行分析，找出原因、后果、改进措施；最后伍芸还对 VCM 的生产过程作了简单的说明，然后开始分析。

以下是 PHA 分析过程的部分内容。

伍　芸　首先从有毒物质的释放危险开始。从乙烯进料开始，有哪些可能的原因？

蒋大卫　烯本身是无毒的，它是窒息剂且有易燃危险。

伍　芸　是的，首先考虑其他有毒物质，然后再考虑这些危险。连结 VCM 装置的氯管道如何？

罗　明　据我所知，氯是以液态送入 VCM 装置的（研究开发部已确认用液氯的氯化产率高）。法兰和垫圈泄漏将释放出氯气，但其量可能很小。至于管道断裂，如起重机倾倒事故，将放出大量的氯。管道内热膨胀也可能从垫圈或阀门密封处泄漏，或者引起管道破裂。

蒋大卫　也许我们应该考虑管道埋入地下，这样就可解决因为起重机倾倒可能导致的事故。

伍　芸　请稍等一下，在建议进行修改之前，让我们来分析一下这种情况的后果如何，已有哪些保护措施。

罗　明　……好的。后果是部分操作人员或办公楼的人员将处在高浓度氯气环境中，这取决于风向。然而，我们已有的安全保护包括：①附近有防毒面具；②有安全避难室；③所有管道的焊缝经 X 射线检测；④管道上装有膨胀节；⑤在该区域装有氯气检测和报警装置；⑥装置的员工已受过氯气释放应对训练。还需要什么？

伍　芸　那么暴露在氯气中的公众呢？

罗　明　最近的居住区离装置大约有 3.5km 远。我们的应急预案中已考虑到了这个问题。

伍　芸　你认为对氯气输送管线还应采取哪些特殊保护措施呢？

罗　明　如果 VCM 装置长期停车，则应保证管道中无残留氯气。

蒋大卫　如果管道断裂，如何进行隔离？

罗　明　我们需要单向关闭阀，或者是管道破裂连锁装置。顺便说一句，VCM 装置的人员还必须学习氯气释放应急预案，并且有保护设备。如果 VCM 系统紧急停车，我们还需要保证氯系统能应付由此带来的冲击。

蒋大卫　将氯气输送管道埋入地下如何？

罗　明　不，那样不好，少量的氯气泄漏很快就变成大的泄漏；因为我们看不到管道，所以无法尽早发现泄漏。

伍　芸　在 PHA 表中我已注明了这些情况。管道泄漏和管道破裂如何分级？

罗　明　少量的氯气泄漏是存在的，但不会有什么麻烦，我把它定为 Ⅳ 级；而破裂则很严重，我把它定为 Ⅰ 级。

蒋大卫　有道理。

伍　芸　好的，如果没有其他问题我们继续往下进行分析。（暂停）下一个主要设备是直接氯化反应器。

罗　明　让我说明一下，液态氯和乙烯在该反应器中混合并生成二氯乙烯，反应是放热的。

伍　芸　是的。

罗　　明　　会爆炸吗？

伍　　芸　　我不知道。我相信设计人员将针对最坏的情况设计压力释放系统。我们假设应该如此，不过我们将提请设计人员注意。

罗　　明　　反应器中有多少氯？温度是多少？

伍　　芸　　现在还无法回答这个问题。我想可能超过10吨，但我不知道温度是多少。

罗　　明　　如果反应器发生爆炸，装置区域将被高浓度的氯气包围。15年前TMC公司把储槽移到公路的东面就是担心发生大量氯气释放，按危险等级为Ⅰ级。我想环境研究部门对此已采取了措施。

伍　　芸　　有哪些安全措施？

蒋大卫　　我们还不知道反应器的型号，我相信我们会考虑合适的连锁装置避免失控反应。但是一旦不能阻止失控反应，将有大量的氯气和乙烯释放出来，氯气检测器如何？

罗　　明　　检测器安装在装置内的某一个确定位置。如果风向是向居住区，检测器则检测不到氯气，如果反应器上的爆破片爆破或安全阀打开，我们会听到的。

伍　　芸　　那么，你是不是认为应该把VCM装置移到道路的西边？

蒋大卫　　我认为我们应该建立大量氯气释放的模型并估计其后果，如果后果很严重，我同意将装置移到西边。

罗　　明　　我认为我们还是应该考虑将装置移到西边。因为已经有液氯管道，因此管道破裂的风险不会增加；另外还增加了居住区保护间距。但是，装置附近的工厂则需要加强防氯气措施。

伍　　芸　　如果这样的话我们将要买更多的土地。我将记下你们这两种观点，由项目部决定。下一个问题是EDC储罐，它们会释放出有毒气体吗？

……

　　这种讨论一直进行下去，分析组将对所有主要设备的有毒气体释放原因加以分析。然后伍芸再引导分析组从头开始分析易燃物质释放的原因。分析组从头至尾对装置进行多次分析，每一次分析一种危险（如失控反应、有毒气体释放、低温作用）以及处理这些危险的建议措施（有些分析组的分析方式可能是对某个设备或工段存在的所有危险进行分析后，再进行下一设备或工段的分析，直至所有的设备或工段都进行了分析，PHA分析结束）。

　　PHA分析结束时，伍芸宣布由她整理PHA分析表并发给大家进行审查，请大家在两个星期内完成，然后根据所提意见和建议最终写出分析报告提交VCM项目部。

六、分析结果

　　表11-12是PHA分析结果举例。表中包括所考虑的危险、这些危险的原因、提请TMC公司考虑改正或采取预防措施的建议。根据前面已进行过的故障假设分析，在进行分析时考虑到了已有的安全保护措施，但未记录在表格中。对建议的改正措施未作具体安排（如由谁负责实施），因为分析组无权或不知道应将任务分配给谁，伍芸将这一工作交给项目部去完成。

表 11-12　VCM 装置概念设计阶段 PHA 工作表

区域:VCM 装置－概念设计
图纸:见图 11-4
会议日期:6/20/1999
分析人员:伍芸(负责人,TMC 过程危险),蒋大卫(TMC 过程危险),罗明(TMC 装置)

危险	原因	主要后果	危险等级①	改正措施/预防方法
有毒物质释放	氯管道法兰/密封泄漏	装置内少量氯气释放	IV	无
	氯管道破裂(如交通事故、管道堵塞)	大量氯气释放,对装置内和装置外有很大影响	I	● 若 VCM 装置停车较长时间应确保管道中无氯 ● 安装阀门或连锁以便管道破裂时能有效隔离 ● 对 VCM 装置的员工进行氯气释放应对训练 ● 为 VCM 装置员工安装防氯气设备 ● 不要将液氯管道埋入地下
	直接氯化反应器放热	大量氯/EDC/乙烯释放,与反应器的大小/操作条件有关,对装置外有影响	I	● 考虑将 VCM 装置移至厂区公路的西面 ● 建立氯气扩散模型估计因放热氯气/EDC 释放对装置外的影响 ● 确认反应器的压力释放系统能否处理这种释放
	直接氯化反应器破裂	大量氯/EDC/乙烯释放,与反应器的大小/操作条件有关,对装置外有影响	I	让进入反应器的氯/EDC 的量最少
	直接氯化反应器安全阀打开	大量的 EDC/氯气/乙烯可能释放出来	II	确认反应器的压力释放系统的焚烧炉和洗涤器能处理这种释放
	EDC 储罐破裂	大量 EDC 释放,对装置外有影响,可能污染太子河	I	考虑将 EDC 储罐远离太子河
	洪水破坏 EDC 储罐	大量 EDC 释放,对装置外有影响,可能污染太子河	I	● 考虑将 EDC 储罐远离太子河 ● 确认 EDC(和其他储槽)的支撑结构能经受洪水冲击

① 危险等级:见第一章危险严重度等级的划分。

除这张 PHA 表外,伍芸还将对此次 PHA 分析作一简要的总结、列出参加分析的人员、对哪些项目进行了分析、有哪些主要的发现。PHA 分析结果对 VCM 装置的设计人员非常有用,在项目的早期就能对不当之处进行修改。

七、结果讨论

PHA 分析组对拟建的 VCM 装置存在的危险进行了分析并提出了相应的建议

措施，一些主要的建议措施如下：

① 考虑将装置移到装置道路的西面（取决于氯气扩散分析结果）；

② 让 EDC、VCM、HCl 储槽远离太子河（分析组考虑到洪水的袭击及释放物有可能污染太子河）；

③ 让 EDC、VCM、HCl 在装置内的储存量最小，这需要对一些设备进行修改使操作紧凑；

④ 修改装置的应急预案并确定易燃物质的释放（装置内的运输工具可能点燃这些易燃物质）；

⑤ 确认装置的消防系统有足够的供水能力，并有防爆保护。

根据 PHA 分析结果可得出以下结论：

① 未发现其他危险（有毒物质、易燃物质等），然而，如果改变拟建的 VCM 装置位置可能有新的危险，这是因为拟建装置和已有装置之间存在相互影响；

② 许多危险性的原因或后果与设备的位置有关，因此，所作出的建议需要重新考虑设备的位置；

③ 发现了用故障假设方法没能发现的一些危险情况（如洪水），这是因为在用故障假设分析方法进行分析时缺乏一些资料（如厂址/装置布置图）；

④ PHA 分析组的经验是分析成功的关键，特别指出的是，罗明想到了大量有毒物质（氯的储存）储存在厂区公路的西侧避免了一些不必要的厂址选择工作。

因为 VCM 项目尚处于早期设计阶段，所以 PHA 分析所用时间较少。

总之，PHA 分析组找出了 VCM 装置设计人员在设备布置设计时应当考虑的危险情况。找出这些危险是为了装置更加安全，而且能够避免在将来进行大的修改，从而节约费用。

第五节　VCM 中试装置——HAZOP 分析

一、背景

VCM 项目的开发经过了一年的时间，工程部已设计出了一套中试装置。这套小装置（图 11-5）将生产 EDC 和 VCM。按照 TMC 公司的计划，小装置每次运行几天。在运行过程中，装置的工程师们将调整工艺参数，并对 EDC 和 VCM 取样分析，确定最佳工艺条件，发现生产过程中可能存在的问题。生产出的产品和副产品将在焚烧炉中立即进行燃烧处理。

TMC 公司将在 K 地建成这套中试装置。之所以选择建在 K 地，是因为将在 K 地建成工业规模的 VCM 装置，TMC 公司希望在 K 地建立中试装置将有助于社区和公司雇员了解这个新的项目。而且，中试装置的运行主要由 TMC 公司工程开发中心的工程师和化学专家进行操作，K 地的操作人员将协助中试装置的操作，因此中试装置还将为将来的工业规模装置培训操作人员。

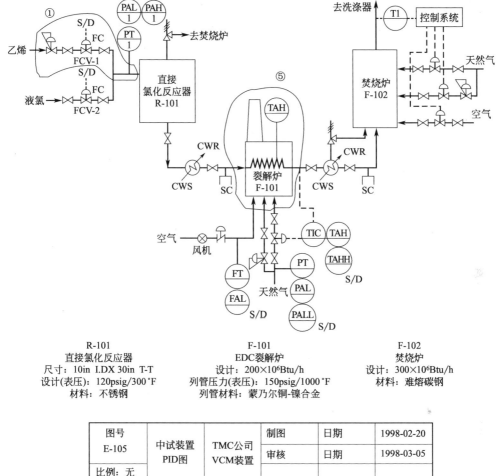

图 11-5 VCM 中试装置 PID 图

$[1in=25.4mm; 1Btu/h=0.2930711W; 1psig=6.89476kPa; x°F=\frac{5}{9}(x-32)°C]$

公司要求化学和工程部在中试装置开车前进行危险性分析,以前所进行的危险性分析为保证或提高 VCM 的安全性提供了许多有用的资料,工程部相信进一步的分析将是十分有益的,而且工程部想确信采用有效的安全手段能将事故发生的可能性减少到最小。

二、已有资料

在过去的一年里,TMC 公司获得了许多 VCM 的知识和实验室经验,负责该项目开发的几位工程师和化学专家已经熟知 VCM 生产过程中的危险,而且还积累了许多 VCM 工艺过程的资料。可为中试装置的危险分析提供下列资料:

① 中试装置的 PFD 图;
② 中试装置的 PID 图;

③ 实验研究报告和经验；

④ 故障假设及 PHA 分析报告（以及这些分析所使用的资料——物质的安全数据表、实验报告、文献等）；

⑤ 操作规程（裂解炉及焚烧炉的开车操作规程）；

⑥ 主要设备的设计说明书。

上述资料将用于危险分析，在这些资料中，PID 图是最主要的资料。

三、分析方法的选择

TMC 公司决定由项目部的张化学组织该中试装置的危险性分析。张化学委托 TMC 公司过程危险分析组的伍芸具体负责这项工作，并由她选择分析方法。

中试装置是一个已经完全确定的系统，有足够的资料供危险分析时使用，因此可选择的分析方法较多。对中试装置进行危险性分析的目的是识别过程存在的危险，因此伍芸不考虑采用事故树分析、事件树分析、原因结果分析、人的可靠性分析这些分析方法，虽然这些方法也可使用，但这些方法更适合对某一特定事故情况进行分析；此外，由于中试装置规模小，而且需要检查所有主要的设备，因此没有选用危险等级这种分析方法；同样也没有选择 PHA 这种分析方法，这是因为在前面的过程危险性分析中已使用该方法，而且伍芸认为 PHA 更适合分析如"厂址选择"这样的分析对象；因为缺乏完整、全面的 VCM 过程安全检查表，因此也不选用安全检查表分析方法。

因此，伍芸将分析方法的选择集中在故障假设、故障模式及影响、HAZOP 分析这三种分析方法上，伍芸具有丰富的 HAZOP 分析经验，因此决定将 HAZOP 分析方法作为该中试装置的危险分析方法。

四、分析的准备

伍芸首先选择有关人员组成 HAZOP 分析组，她决定由下列专业人员组成 HAZOP 分析组。

负责人 应具有组织 HAZOP 分析经验。伍芸将作为负责人。

记录 能快速准确地进行记录。高助理担任过 HAZOP 分析的记录工作（伍芸坚持记录应具有 HAZOP 分析经验），因此由高助理担任记录员负责记录。

工艺设计人员 具有中试装置的设计（包括设计说明书的依据）的知识，知道如何对过程的波动作出反应。唐设计是该中试装置的主要设计者，符合这一要求。

化学专家 应当知道 VCM 过程中的原料、中间产品、产品以及设备材质之间将发生哪些化学反应。张化学将负责该中试装置的操作，满足这一要求。另外他还负责与项目部的联络。

操作人员 能解释操作人员如何发现工艺过程的波动并采取措施，有一定的实际操作经验。TMC 公司没有有经验的 VCM 操作人员，因此由氯装置的叶操作来担任这一角色，他有 10 年的操作经验。

仪表及控制工程师 熟悉装置的控制及停车连锁系统，帮助 HAZOP 分析人员懂得中试装置对过程偏差作何反应。夏控制来自公司工程办公室，满足这一要求。

安全专家 熟悉K地装置的安全及应急预案。罗明参加了VCM项目的PHA分析，满足这一要求。

在进行HAZOP分析之前，伍芸和唐设计一起分析确定中试装置的分析节点（单元），在PID图上用不同的颜色将这些节点表示出来，并分发给分析组的每个成员。在分析节点的选择过程中，伍芸和唐设计主要考虑工艺条件、流体组成及设备的功能，他们确定了以下分析节点。

① 乙烯进料管道。
② VCM到焚烧炉的输送管道。
③ 液氯进料管道。
④ 焚烧炉。
⑤ 直接氯化反应器。
⑥ 空气到焚烧炉的输送管道。
⑦ 裂解炉。
⑧ 天然气输送到焚烧炉。
⑨ 空气到裂解炉的输送管道。
⑩ 天然气输送到裂解炉。
⑪ 工艺气体到裂解炉的输送管道。
⑫ 工艺气体输送到焚烧炉。

伍芸根据她以往的经验估计每个节点的HAZOP分析需两个小时，因此整个装置的HAZOP分析需要3天。

接下来，伍芸发给每个HAZOP分析组成员一份备忘录，该备忘录说明了在什么时间、什么地点开始HAZOP分析会议，同时包括装置的PID图；因为有些成员从未参加过HAZOP分析，因此在备忘录中还对HAZOP分析方法进行了简要说明；备忘录中还包括分析节点，以及每个节点的设计工艺参数；最后，伍芸提请每个分析组成员在开会时带来所有的资料。

伍芸还与高助理一起准备了HAZOP分析记录用的空白表，表中已注明了节点名称；因为她打算使用TMC公司的HAZOP分析软件，因此这些表格已存入计算机中，这些准备工作将加快HAZOP分析会议的进程。在分析过程中，还可能修改或增加分析节点。

五、分析过程的说明

分析会议开始时，伍芸让每个成员做自我介绍，主要是他们各自的专业特长；然后，她把未来3天的会议日程作了简要说明，包括吃饭和休息的安排；她还提请各位分析组成员注意休息，因为3天的分析会议将会很疲劳，为了按计划完成HAZOP分析，必须保持旺盛的精力（通常每天的会议只进行4至5个小时，但是有几位成员参加会议的时间不能超过3天；虽然该中试装置尚未建成，但通常应对装置进行现场察看）。最后伍芸再次强调了本次HAZOP分析的目的——识别该中

试装置的任何安全或操作问题,并规定了三条基本原则:
① 自由平等地发表意见;
② 主要是找出问题而不是这些问题的解决方法;
③ 任何偏差都是重要的,都应进行分析。

接下来进行 HAZOP 分析。伍芸用了 30 分钟与分析组成员一起重温 HAZOP 分析方法,她还指出她将在图板上记下分析组的建议(记录人员还把所有建议存入 HAZOP 分析软件中)以保证所有建议都准确地向上级报告。然后她让唐设计介绍装置的流程和操作,分析组简短提问后,他们开始第一个节点的分析:"乙烯至直接氯化反应器的进料管道"(伍芸和唐设计是按物流顺序划分节点的)。以下是讨论过程节选。

伍 芸 乙烯进料管道设计压力为 100psig(约 689.5kPa,表压),温度为环境温度,物料状态为气态(根据研究结果,液态的乙烯与液态氯的反应很难控制,其产率比预计的低得多;而且前面进行的危险分析结果表明气相反应的安全性比液相反应的安全性好,因此采用气相反应)。进料速率由流量控制阀 FCV-1 控制,设计流量(标态)为 1100scfm(ft^3/min,约合 1.7m^3/min)。我们用 HAZOP 分析的引导词与该工艺参数组成需要进行分析的偏差,引导词是"空白"、"过量"、"减量"、"部分"、"伴随"、"相逆"、"异常",那么有哪些偏差呢?

唐设计 将这些引导词与工艺参数组合就得到:无流量(空白)、流量低(减量)、流量高(过量)、压力高(过量)或低(减量)、温度高(过量)或低(减量),而且"无乙烯"也是一个偏差。

伍 芸 是的,那么引导词"相逆"、"异常"、"伴随"及"部分"呢?

叶操作 "逆流"是可能的,我们是否分析"异常+乙烯"这个偏差?

伍 芸 当然要考虑!请记住我们的基本原则——任何偏差都是重要的。还有其他偏差吗?(暂停较长时间)譬如"相逆+压力"即"真空"?

唐设计 只要有乙烯存在,这种情况就不会发生,因为乙烯在环境温度下的饱和蒸气压很高,所以不会出现真空;但是,我觉得这也是一个偏差。

伍 芸 "伴随"和"部分"呢?(较长时间暂停)

夏控制 "伴随+杂质"应该是一个偏差,即乙烯中含有其他杂质,但我不知道可能是什么杂质进入乙烯中。

伍 芸 当我们分析到这一偏差时再来确定是什么物质。还有其他偏差吗?(无)好的,下面我们从第一个偏差开始分析,"空白+乙烯(即无乙烯送入)"会产生什么后果?

张化学 工艺设计要求在直接氯化反应器中旅全部反应,如果没有乙烯,那么纯氯就会进入裂解炉。然后到焚烧炉。最后进入氯装置的洗涤器中。

伍 芸 那么结果呢?

张化学 一开始洗涤器还能把氯洗涤下来,但不久因为碱耗尽而无法将氯洗涤下来,氯将直接排入大气中;而且大量的氯将破坏裂解炉中的炉管,我不知道炉管材料是否能经受得住氯的腐蚀。

伍 芸 因此"无乙烯"的后果可能是氯气释放出来,而且可能破坏裂解炉炉管;如果炉管破裂,氯气也将释放出来,是这样吗?(大家点头表示赞同)那么,导致"无乙烯"的原因是什么呢?

夏控制 我们来看 PID 图,如果压力控制阀和流量控制阀故障而关闭将导致"无乙烯"。

唐设计 如果没有乙烯送来也会出现上述问题。

伍 芸 还有其他原因吗?(无人发表意见)已有那些安全装置?

叶操作 从 PID 图上看有低压报警器(PAL-1)和进料管道到反应器的连锁装置。另外在洗涤器出口安装了氯气检测报警器，但在图上未表示出来。

伍　芸　　高助理，请在措施栏上记下"确认有报警器并能正常工作"。

高助理　　好的，是否建议在纯氯气存在下检查裂解炉炉管材质？

伍　芸　　是的。还有其他安全装置吗？

唐设计　　我们计划在装置的运行过程中每 30 分钟取样分析、分析样品中的氯含量。

张化学　　如果是纯氯，操作人员在取样时有危险吗？

唐设计　　不会有危险。按要求取样时应穿防护服和面罩。

罗　明　　请等一下，我们现在使用的面罩可能在较高的氯气浓度下不是很好，我想应该建议在取样时使用新鲜空气，还应该对操作人员在取样时高浓度氯气的检测和反应进行训练。

伍　芸　　还有其他安全装置吗？

唐设计　　就低压报警器（PAL-1）谈谈我的意见，我认为低压报警器可能对"无流量"不起作用，因为如果保持适当的氯气压力，即使没有乙烯，压力也不会低到引起报警的程度（PAL-1 位于进料阀门之后），因此我建议检查一下并对报警器的位置进一步确认，以在适当位置设置报警器（换句话说报警器的位置不当）。

伍　芸　　叶控制，你认为如何？

叶控制　　我认为是这样，我们将检查报警器的位置，唐设计的观点可能是对的。

伍　芸　　还有其他意见吗？

夏控制　　我们应该考虑在裂解炉的烟囱上安装氯气检测器或者是气相色谱仪检测氯气的浓度。

伍　芸　　这个建议很好。我们不用去设计特殊的方法，我们应当分析在进入焚烧炉的管道中检测高浓度氯气的方法，还有其他意见吗？（无）好的，刚才讨论的是乙烯"无流量"这个偏差，在这条进料管道上还有其他的偏差吗？

唐设计　　请稍等一下，我还有一建议，我们还应当分析高浓度的氯是否破坏洗涤器。

高助理　　请让我记一下。你的建议是分析高浓度的氯对洗涤器的影响，你认为高浓度的氯气与碱反应造成氯气逸出和洗涤器的破坏？

唐设计　　两者都有，但主要是后者。

伍　芸　　还有什么偏差？

叶操作　　根据我们列出的偏差表，下一个偏差是乙烯的"流量低"。

伍　芸　　会导致哪些后果？

唐设计　　与乙烯"无流量"基本相同—可能从洗涤器放出氯气，以及可能破坏裂解炉炉管。

伍　芸　　原因呢？

叶操作　　乙烯压力调节器因故障部分关闭、或者流量控制阀因故障部分关闭、或者进料的压力降低，另外，电源系统故障也可能引起乙烯"无流量"，因为无电源阀门将关闭。

伍　芸　　有哪些安全保护装置或措施？

唐设计　　与前面一样。（唐设计又重复了一遍前面提到的安全保护装置）。

伍　芸　　有新的建议吗？（无）下一个偏差是乙烯的"流量高"，会导致什么后果？

张化学　　直接氯化反应器将在富乙烯下运行。不会产生破坏，只是会损失一部分乙烯。

伍　芸　　焚烧炉能处理这些过量的乙烯吗？

唐设计　　我看了焚烧炉的设计说明书，应该没有问题，在最大可能的乙烯流量下焚烧炉都能处理。

伍　芸　下一个偏差是"逆流",有什么后果?

唐设计　氯气和 EDC 将进入这条管道,因为这条管道同时向其他用户输送乙烯,这肯定会引起安全问题。例如,其他用户使用的乙烯中将含有氯,可能引起爆炸;另外氯气与水混合,将腐蚀管道,对此我们要进行仔细分析。

伍　芸　原因?

叶操作　乙烯的输送压力低以及反应器的压力过高。

伍　芸　还有其他原因吗?(无)有何安全保护措施?

唐设计　回过头来看进料管道上的压力报警器和连锁,如果乙烯的进料压力较高则可避免逆流的发生。事实上,如果反应器的压力过高,安全释放阀将打开,反应物将不会进入乙烯进料管道中。此外,如果乙烯的进料压力过低或进料量过小,系统将发生波动,操作人员很容易发现这种情况,并在逆流发生前关闭乙烯进料阀。

夏控制　压力报警器并不指示逆流,换句话说,它不是安全装置。但是,由操作人员进行干预看来是可行的。

伍　芸　我同意。还有其他安全保护装置吗?(暂停)可采取什么措施?(暂停)夏控制,你有什么建议吗?

夏控制　我们应当在乙烯进料管道上安装单向阀。

伍　芸　是的。

高助理　这是建议吗?

伍　芸　是,还有其他建议吗?

这种讨论持续进行了一天。根据这种讨论,伍芸决定首先分析所有的"高(过量)"偏差,然后是"低(减量)"偏差,等等。她发现分析组对同一偏差类型进行分析更为全面和协调,下面是第二天的分析讨论过程节选。

伍　芸　下面是第五个节点——裂解炉。唐设计,你能简要介绍一下裂解炉的操作吗?

唐设计　按设计要求在裂解炉中将 EDC 加热到 900°F(482.2℃)左右,EDC 裂解生成 VCM。裂解炉温度越高,裂解越完全,副产品也越多。我们将改变温度以寻找最佳工艺条件。裂解炉由天然气燃烧加热,天然气的流量由裂解炉产品出口的 TIC 阀门控制,出口温度高将使 TIC 阀和直接氯化反应器的进料阀门联锁而关闭;天然气的压力低或空气流量低也将以这种方式将装置联锁,我们在裂解炉的炉管上安装了带高温报警的热电偶,但没有停车联锁。

伍　芸　我们要分析的第一个偏差是 EDC 的"流量高",有哪些原因?

叶操作　正如我前面所说的那样,乙烯或氯的进料量大将增加通过系统的流量,氯或乙烯的流量控制阀因故障而打开是一个原因。

伍　芸　这与我们前面讨论的直接氯化反应器的高压力相似,即上游的高压力导致进入裂解炉的 EDC 流量升高,高助理,你记下来了吗?(高助理点头表示已记下)还有其他原因吗?(无)那么会产生什么后果呢?

张化学　正如我们昨天所说的那样,通过裂解炉的 EDC 流量高,如果 TIC 保持不变,则裂解率就低,结果是大量的 EDC 被带入焚烧炉,即有可能放出 EDC;而且,如果 TIC 保持不变,工艺物料将被冷却下来。

伍　芸　有何安全保护装置?(无)措施?

刘安全　我认为我们应该分析焚烧炉是否能处理大流量的 EDC,我们还应考虑在焚烧炉的烟囱安装 EDC 监视器。

夏控制　在焚烧炉上安装监视器没有必要，因为装置的运行时间短。TIC 报警器将告诉我们问题所在，此外，焚烧炉能够处理大流量的 EDC。

伍 芸　对不起，我提醒大家我们不要去设计解决办法，把它留给工程部去考虑吧，如果这真是一个问题，就让他们去解决好了。还有其他措施吗？下一个偏差是天然气的"流量高"。

叶操作　天然气的联锁阀门全开将导致流量升高，可能是 TIC 或热电偶输出错误信号。

罗 明　天然气的输送压力高也将引起过程温度升高。

唐设计　这不可能发生。当过程温度升高，TIC 将减少天然气的进料量；而且，如果流量控制阀开得太大，安装在炉管上的 TAH 将报警。

伍 芸　等一下，我们还是来找原因，对于这些安全保护装置我们假定它们不能工作。还有其他原因吗？（无）那么，天然气进料阀因故障全开会导致什么后果？

唐设计　假如不能及时发现，炉管将被熔化，而且裂解炉将着火；即使炉管不被熔化，也会被副产品堵塞并在某个地方冲开安全释放阀；我认为还可能吹灭火焰，引起爆炸。

伍 芸　如果 TIC 或热电偶发生故障，导致 TAH 和联锁失效，从而会使流量增加吗？

夏控制　会的，如果 TIC 偏低就会这样。我们应当考虑在裂解炉的出口安装独立的温度高-高报警器和停车联锁装置。

伍 芸　高助理，请你记下这条建议。还有什么安全保护装置吗？

唐设计　在裂解炉出口装有 TAH 和 TAHH 以及在炉管壁上装有 TAH，而且设计的炉管能经受很高的温度，只要有流体通过，要熔化它需要很长时间。

伍 芸　高助理，请记下这些高温下的安全装置，因为它们直接用于对付偏差并与天然气的高流量相互对应。

罗 明　在装置区域我们还有防火监视器，以及训练有素的紧急事件快速反应队伍，而且在控制室可关闭乙烯和液氯进料阀。

叶操作　安装在天然气输送管道上的 TIC 是安全保护装置吗？

唐设计　如果输送的气体压力高，它就是；但如果热电偶发生故障它就不是。

罗 明　我认为应该在天然气进料管道上安装与停车联锁相连接的高压报警器和单向关闭阀。

HAZOP 会议按照这种方式一直进行下去，直到裂解炉所有可能的偏差都进行了分析。然后伍芸指示分析组分析裂解炉的开车操作模式。在分析之前，她让唐设计简要介绍了裂解炉开车程序（表 11-13）。然后分析组假定开车过程可能出现的偏差，并用 HAZOP 分析方法进行分析：偏差原因、后果、安全保护装置、建议措施。下面是裂解炉开车程序的 HAZOP 分析过程节选。

表 11-13　裂解炉开车程序

步骤	说 明	步骤	说 明
1	启动裂解炉风机,置换燃烧室 10 分钟	4	乙烯流经裂解炉后进入焚烧炉
2	确认裂解炉的点火点已点火（观察）	5	天然气开始送入裂解炉燃烧室（缓慢改变 TIC 的设定点）
3	确认焚烧炉已工作	6	确认主燃烧室已点火(工艺温度逐渐升高)

伍 芸　首先分析步骤 1 的偏差，假定偏差为"置换时间过长"，有何后果？

罗 明　"置换时间过长"不会出现安全问题，只是浪费时间而已。（其他人表示同意）

伍 芸　如果是"置换时间短"或"无置换"呢？

罗　明　那就有问题了。如果在裂解炉中有气体积累，则可能发生爆炸。我还是建议安装单向关闭阀以免燃料气漏入裂解炉中。

伍　芸　前面我们已记下了这个意见，而在这里又再次遇到。回过来看看是什么原因吧。

唐设计　可能是风机发生故障，或者是空气室因故障而关闭，或者是风机的电源故障。

罗　明　操作人员可能不按要求而跳过这一步。

伍　芸　还有其他原因吗？（无）有何安全保护？

唐设计　在空气管道上我们安装了低流量报警器及机械停止装置，而且如果无电源所有的阀门都将处于安全位置。

罗　明　我认为还应有更多的安全保护，如气体流量与空气流量的连锁、气体管道上安装单向关闭阀、用空气连续吹扫裂解炉。

伍　芸　这个建议不错。我们应建议工程部考虑对裂解炉设计一个置换检验系统。还有其他建议吗？（无反应）对第1步用引导词"异常"会有什么后果呢？

夏控制　与"无置换"的问题一样。（其他人表示赞同）

伍　芸　对第1步而言，偏差"部分"也与"无置换"一样吗？（大家表示是的）我们在分析步骤2时再来分析偏差"相逆"。在进行步骤1时"伴随"同时进行其他步骤会有什么后果？

夏控制　在进行步骤1时"伴随"同时进行步骤2、3或4没有什么问题；在进行步骤1时"伴随"同时进行步骤5与"无置换"的后果相同。

伍　芸　什么原因？

夏控制　操作人员失误。

伍　芸　还有吗？（无）安全保护装置呢？（无）有何措施？

夏控制　可与天然气的输送联锁，即必须有进行10分钟的置换后才能输入天然气。

伍　芸　好的，请记下来。下一步是确认裂解炉的点火点已点火，如果点火后持续较长时间或多次进行确认会有什么后果？

夏控制　我们的设计是让点火点一直是点着的，因此不会有问题；至于多次进行确认，那最好不过了。

罗　明　如果点火点一直是点着的，那没什么问题；如果不是，一旦有火源将发生爆炸。

伍　芸　原因？

叶操　是因为气体的压力低、点火管道的PVC（压力控制阀）因故障关闭、操作人员因疏忽堵塞管道、气体压力高将火吹灭。

伍　芸　操作人员忘记对点火点进行检查将导致重大事故——可能发生爆炸。安全保护装置呢？

唐设计　在气体输送管道上装有高压和低压报警器以及停车联锁装置。

罗　明　我建议将火焰扫描器与联锁相连。

王助理　我已记下来了。

伍　芸　还有其他措施吗？

夏控制　我们还应考虑在点火管道上安装高压和低压报警器。

伍　芸　这个建议很好。还有其他建议吗？（无）我们来分析第2步的偏差"相逆"，即不按操作顺序。

叶操　如果首先检查点火点，然后空气置换将把它吹灭，同样因为气体（天然气）累积而导致上述问题（爆炸）；如果操作人员检查得太迟，而且如果试图重新点燃，他（或她）将受到严重伤害甚至死亡。

  伍芸 安全保护装置？

  罗明 我认为应加强对操作人员的培训，强调按操作规程进行操作的重要性。要求在点火之前必须进行置换是培训的内容之一，我们最好建立裂解炉开车的检查表。

  HAZOP 分析一直进行下去，直到所有的节点都进行了分析，同时还对焚烧炉的正常操作程序及紧急停车方案进行了分析。每天的分析会议结束后，伍芸（HAZOP 分析的组织者）将记录在图板上的所有意见和建议都再浏览一遍，以确保准确和没有遗漏。全部分析会议结束时，伍芸对大家的工作表示感谢，并请参加分析会议的各位成员对即将提交的 HAZOP 分析报告进行审查。

六、结果讨论

  表 11-14 和表 11-15 列出了部分 HAZOP 分析结果。表 11-13 列出了裂解炉正常操作情况下的偏差分析，内容包括：偏差的原因、后果、安全保护装置。表格按照偏差到偏差的方式填写，即每个偏差的原因、后果、安全保护装置、建议措施放在一起，它们之间不需要一一对应。

表 11-14　VCM 中试装置 HAZOP 工作表

图纸：VCM 中试装置
分析组成员：伍芸（负责人，TMC 公司过程危险分析人员），高助理（TMC 公司 K 地装置雇员），唐设计（TMC 公司工程部），张化学（TMC 公司研究与开发部），叶操作（TMC 公司 K 地装置雇员），夏控制（TMC 公司工程部），罗明（TMC 公司 K 地装置雇员）
版本号：0
会议日期：1998-06-20
页号：第 56 页，共 124 页

项目号	偏差	原因①	后果②	安全保护	建议措施
5.0 裂解炉-VCM 裂解炉（正常操作-将 EDC 加热到 900°F、160psig，生成 VCM；流量-1200lb/h）					
5.1	EDC 流量高	直接氯化反应器中压力高（项目号 3.5）	EDC 转化为 VCM 的转化率低 大量 EDC 带到焚烧炉中，EDC 可能被释放到环境中 VCM 裂解炉中温度低（项目号 5.8）		1
5.2	天然气流量高	气体 FCV 因故障全开天然气输送压力高 TIC 故障——信号弱	火焰可能被熄灭，可能发生爆炸 VCM 裂解炉中的温度升高（项目号 5.7） 炉管可能被损坏，如果炉管破裂还可能着火；产品流中有大量的副产品（项目号 5.12）	过去 15 年来天然气的供应商非常可靠 TIC 控制气体的输送	2 3 4
5.3	空气流量高	空气室调节阀门因故障全开 裂解炉壁泄漏	裂解炉中燃烧不好；EDC 转化为 VCM 的转化率低；大量 EDC 带入焚烧炉，EDC 可能释放到环境中 VCM 裂解炉中温度低（项目号 5.8）	TIC 控制气体输送风机送风量固定	1
5.4	EDC 的流量低	直接氯化反应器中压力低（项目号 3.6） EDC 取样连接未关闭 EDC 冷却器堵塞	VCM 裂解炉中温度高（项目号 5.7） EDC 裂解过程中产生大量的副产品；炉管可能被破坏，如果炉管破裂可能引起火灾，EDC 释放到环境中（项目号 5.12）	使用 EDC 取样连接时操作人员在场	5

续表

项目号	偏差	原因①	后果②	安全保护	建议措施
5.5	天然气流量低	气体 FCV 因故障关闭 天然气的输送压力低 TIC 故障——信号强	EDC 转化为 VCM 的转化率低；大量的 EDC 带入焚烧炉中，EDC 可能释放到环境中 VCM 裂解炉中温度低(项目号 5.8)	过去 15 年来天然气的供应商非常可靠 在天然气的输送管道上装有 PAL TIC 控制气体的输送	1
5.6	空气流量低	空气流量调节阀因故障关闭 空气过滤器堵塞 空气风机故障	VCM 裂解炉中温度低(项目号 5.8) 裂解炉燃烧不完全；EDC 转化为 VCM 的转化率低，炉中火焰可能熄灭或发生爆炸(炉中气体累积) 大量 EDC 带入焚烧炉中，EDC 可能释放到环境中	空气流量调节阀的最小设置 TIC 控制气体输送 空气的 FAL 强制停车	1
5.7	温度高	天然气流量高(项目号 5.2) EDC 流量低(项目号 5.4)	VCM 裂解炉炉管压力高(项目号 5.9) EDC 裂解过程产生大量副产物，炉管损坏，炉管破裂可能引起火灾 裂解炉损坏(项目号 5.12)	炉管表面装置有 TAH 产品出口装有 TAH 和 TAHH 并与停车连锁相连 设计的炉管耐高温	3
5.8	温度低	EDC 流量高(项目号 5.1) 空气流量高(项目号 5.3) 天然气流量低(项目号 5.5) 空气流量低(项目号 5.6)	EDC 转化为 VCM 的转化率低；大量的 EDC 被带入焚烧炉，EDC 可能释放到环境中		1
5.9	压力高		未发现明显的安全问题；参看温度高(项目号 5.7)		
5.10	压力低		未发现明显的安全问题		
5.11	污染物		未发现明显的安全问题		
5.12	炉管泄漏/破裂	堵塞 腐蚀 焊接质量差 天然气流量高(项目号 5.2) EDC 流量低(项目号 5.4)温度高(项目号 5.7)	裂解炉着火，EDC 释放到环境中可能导致设备严重破坏	在裂解炉区域安装炉火监视器 训练应急反应队灭火 乙烯和氯的输送可以远距离关闭 运行前对炉管及焊缝进行 X 射线检查 裂解炉在未来几年只运行较短的时间；发生堵塞的可能性小 炉管材质适合 EDC、氯、乙烯	6
5.13	炉壁泄漏/破裂		未发现明显的安全问题		

① 所有原因并不一定导致所有后果的发生。
② 列出的安全保护不能避免或减轻所有偏差的原因或后果。

注：$x°F = \frac{5}{9}(x-32)°C$；1psig=6.895kPa；1lb/h=0.454kg/h。

表 11-15　VCM 中试装置 HAZOP 分析建议措施举例

表 11-13 中数字	建议措施	负责人	备注	表 11-13 中数字	建议措施	负责人	备注
1	当 EDC 转化为 VCM 的转化率降低时分析焚烧炉的处理能力,考虑在烟囱上安装 EDC 监视器(项目号 5.1、5.3、5.5、5.6、5.8)			3	考虑安装独立的 TAHH 和连锁,当裂解炉出口温度高时关闭裂解炉(项目号 5.2、5.7)		
				4	考虑安装火焰扫描仪和连锁,当裂解炉无火焰时关闭裂解炉		
2	在天然气输送管道上使用单向隔离阀与 PAH 和高压力停车连锁(项目号 5.2)			5	考虑在直接氯化反应器上安装 PAL(项目号 5.4)		
				6	确认建立适当的炉管质量保证程序(项目号 5.12)		

下面是 HAZOP 分析的一些重要发现:

① 危险性分析应当包括中试装置各单元的开车程序（分析组发现了裂解炉开车程序中潜在的重大事故隐患）;

② 应当确认焚化炉处理高流量 EDC 的能力;

③ 裂解炉的控制和停车连锁应具有很高的自动化程度;

④ 对中试装置应当考虑建立独立的洗涤系统（因为中试装置与氯装置共用洗涤器,中试装置的波动可能将氯装置的洗涤器连锁,最终将氯装置也连锁）;

⑤ 需要建立中试装置的取样分析程序;

⑥ 操作人员从中试装置取样时应使用防护设备。

HAZOP 分析报告由伍芸负责,该报告列出了分析组成员名单、专业技术职务、参加了哪些分析会议（需要时,在分析过程中可请相关人员参加）、会议中使用的图纸、操作程序等、建议措施汇总、详细的 HAZOP 分析表。该报告在送达工程部之前由分析组再进行复核。

七、HAZOP 分析的后续工作

在 HAZOP 分析过程中,有些问题不能马上回答,这些问题通常与设备的结构强度（如设备的抗真空强度）、安全阀尺寸的设计以及仪表的检测范围有关。如果可能,在分析会议期间 HAZOP 分析组将与有关人员接触以回答某些具体的问题。在向工程部提交分析报告之前,分析组负责人伍芸力求能够回答分析会议上没有回答的问题（也可将这些问题作为报告的建议措施内容）。

VCM工程部对HAZOP分析组的建议及依据进行认真分析，大部分的建议将被采纳。工程部将把这些建议分成两类，一类是在中试装置开车前必须解决的问题，另一类则是需尽快解决的问题。工程部对拒绝采纳的建议说明理由，这些理由连同HAZOP分析报告一起作为VCM项目的文件。

由张化学负责各项建议的实施。他把每一项建议的实施落实到具体的负责人，并定期向他报告进展情况，若条件许可，可建立计算机档案，对实施进展情况进行监督。建议的实施完成后要提交实施报告，与HAZOP报告一样作为VCM项目文件存档。

八、结论与启示

该HAZOP分析完成得非常好，主要是因为组织者伍芸具有良好的组织领导才能、丰富的HAZOP分析经验及相关知识。当会议走入歧途（如讨论不相干的问题或去设计解决方法时）时，她能及时引导到正确轨道上来，而且能调动大家的积极性。

HAZOP分析能识别安全、操作及环境方面的问题，缩小HAZOP分析的分析范围（如只分析安全问题），则分析时间将减少。然而，TMC公司的项目部和工程部认为在项目的早期阶段对操作及环境问题进行分析将节约大量的费用。此外，对操作性问题进行分析也包含了安全问题，因此HAZOP分析能使装置更安全、运行更平稳。

HAZOP分析软件常用于生成分析文件，这并不是必须的，但使用这些软件能加快分析文件的生成。在分析过程中，记录人员将讨论情况（原因、后果、安全保护装置、建议措施）等输入电脑，会议结束后经简单的校核整理就可拿出HAZOP分析报告，而且在每天的分析会议结束后，负责人可立即得到完整的、清楚的记录，可将该记录发给分析组成员进行审核或进一步对某些偏差阐述新的意见。

第六节 VCM详细工程阶段——事故树和事件树分析方法

一、背景

中试装置的试验已经结束，TMC公司准备建成工业规模的VCM装置。TMC的工程设计公司完成了装置设计的第一稿（版本号：0）。在对装置图纸进行修改之前，TMC公司完成了HAZOP分析，确定了本阶段遗留的有关安全和操作性问题。

HAZOP分析发现的一个问题是焚烧炉的爆炸问题——装置的几个部分都有可能因发生波动而导致焚烧炉爆炸。虽然分析组已注意到焚烧炉已有几个安全连锁装置来避免这一事件的发生，但他们不能确信这些安全装置就一定能避免这一事件的发生。因此，他们建议用事故树和事件树分析方法进一步分析焚烧炉的潜在事故。

项目部接受了HAZOP分析组的建议，但是项目部担心在设计过程进行修改太迟了；因为焚烧炉是成套设备，如果需要TMC公司在两年前就要定货，因此项目部要求TMC公司过程危险分析组尽快完成有关分析，以免延误。但是：①过程危险分析组抽不出人员来完成这一分析；②分析人员缺乏事故树和事件树分析经验。因此，他们建议委托有危险分析和焚烧炉经验的公司来完成焚烧炉的危险分析。

二、已有资料

现在有关VCM装置的资料有很多，但对事故树和事件树分析只需要某些资料就足够了，主要是以下资料：

① 焚烧炉的管道和仪表图（图11-6）；
② 以前进行的危险分析报告（包括最近完成的HAZOP分析）；
③ 焚烧炉的结构及操作程序说明书（由供货商提供）；
④ 焚烧炉的连锁系统说明书（由供货商提供，如表11-16）；
⑤ 焚烧炉、急冷槽、洗涤器的设计说明书。

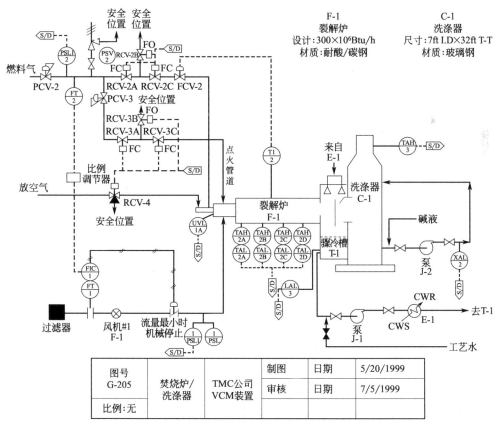

图11-6　VCM装置焚烧炉的PID图

（注：1Btu/h—0.2930711W；1ft—0.3048m）

第六节　VCM详细工程阶段——事故树和事件树分析方法

表 11-16　VCM 装置焚烧炉停车连锁

连锁	数量	连锁	数量
空气风机出口压力低-低	PSLL-1	焚烧炉温度低(4个传感器中有3个指示低)	TAL-2A/B/C/D
未检测到火焰	UVL-I	急冷槽液位低	LAL-3
燃料气压力低-低	PSLL-2	洗涤器 pH 值低	XA-2
焚烧炉温度高(4个传感器中有3个指示高)	TAH-2A/B/C/D	洗涤器烟囱温度高	TAH-3

三、分析方法的选择

到目前为止 VCM 项目已进行了两次危险性分析：装置设计版本号 0 时和焚烧炉爆炸的危险分析。HAZOP 分析方法能准确识别装置的危险与操作性问题，该方法在许多工艺过程中广泛采用。TMC 公司对 VCM 装置设计版本 0 进行了 HAZOP 分析，来自工程设计部门的工程师参加了此次分析。

HAZOP 分析组建议对焚烧炉可能发生爆炸用事故树分析方法进行分析，虽然 TMC 公司过程危险分析组认为可采用其他方法进行分析，但他们认为事故树分析更合适，它特别适合对复杂系统的某一特定问题（事件）进行分析，TMC 公司聘请某公司的谢顾问来完成焚烧炉爆炸的事故树分析。

四、分析准备

谢顾问为事故树分析作了精心准备，所有准备工作包括以下内容：①弄清楚系统的设计和操作；②确定分析问题；③确定分析范围。在准备过程中，谢顾问阅读了焚烧炉系统的有关资料（PID 图、系统说明、停车连锁、供货商提供的操作手册等），以及前面对 VCM 装置进行的危险分析报告。因为该装置还处于设计阶段，谢顾问只能通过阅读设计模型和图纸来掌握 VCM 装置的设备布置情况；他还考查了装置的拟定布置位置，并与操作人员讨论焚烧炉事故是如何发生的，以及如何避免焚烧炉发生事故；最后他还与设计人员一起讨论焚烧炉成套设备的设计依据。

谢顾问在对装置的位置考查之后，还与 TMC 公司的一位过程危险分析人员进行了讨论，进一步确定了分析的问题和范围。TMC 公司最初只要求考虑因为装置波动引起焚烧炉爆炸的问题，但谢顾问指出焚烧炉发生火灾、有毒气体释放以及停车疏忽也应该考虑。他还注意到连锁装置避免发生爆炸（或其他事故）所采取的动作与引起焚烧炉波动的原因有关。在类似的分析中，谢顾问发现事件树分析方法在确定导致不利后果的保护系统故障组合方面很有效。

经过进一步讨论，谢顾问和过程危险分析组同意对焚烧炉系统的所有安全事故建立事故树和事件树模型。但对操作性问题（如停车不当）及外部事件（如洪水、飞机坠毁、地震等）不考虑，对公用系统的故障不进行详细分析。而且假定装置和焚烧炉的操作一开始是正常的。谢顾问和 TMC 公司危险分析组认为开车和停车操作也非常重要，但是因为此阶段尚在设计阶段，资料有限，因此不予考虑。

五、分析说明

谢顾问在本分析中所经过的分析步骤如表 11-17。第一步是确定分析问题，这一步在分析准备阶段已经完成。第二步，在建立基本事件树之前，谢顾问查阅了焚烧炉系统的设计和操作情况，他发现焚烧炉由三个主要部分组成：燃烧室、急冷室、洗涤器，设计的燃烧室是燃烧 VCM 装置释放的所有易燃物质，燃烧后的热气体用水冷却，然后在洗涤器中洗涤除去有毒物质。

表 11-17 事故树和事件树分析步骤

• 确定分析问题	• 建立事故树模型	• 确定事故的最小割集
• 建立事件树模型	• 分析和修改事故树模型	• 分析结果、提出建议
• 分析和修改事件树模型	• 识别导致严重后果的事故情况	

对 VCM 装置的 HAZOP 分析找到了一些设备由于过程波动将导致大量物质释放到焚烧炉中。分析组假定可能超过焚烧炉的处理能力，而且可能熄灭焚烧的火焰，从而引起爆炸，事件树中也必须包括这个因素。

为了建立事件树，谢顾问首先列出了焚烧炉安全系统将遇到的初始事件，他是通过查阅 HAZOP 分析结果报告和通过他的经验来拟定这些事件的；然后对每个初始事件，分析焚烧炉安全系统对波动的保护作用；根据这些资料，他用事件树描述了导致事故后果的条件、安全保护系统的成功或失败。注意，如果只考虑一种后果，则同一安全保护系统面临所有的故障初始事件，只用事故树就能建立焚烧炉的风险模型。

严重波动	燃烧室火焰未熄灭(F)	焚烧炉停车(I)	急冷系统工作(Q)	洗涤器工作(S)	顺序缩写	识别号	后果
IE-1	成功 ↕ 失败				FQS	1-1	安全释放
					$FQ\bar{S}$	1-2	放出部分有毒物质
					$F\bar{Q}$	1-3	放出大量有毒物质，焚烧炉破坏
					$\bar{F}IQS$	1-4	放出部分有毒物质
					$\bar{F}IQ\bar{S}$	1-5	放出部分易燃和有毒物质
					$\bar{F}I\bar{Q}$	1-6	放出部分易燃和有毒物质，洗涤器轻微破坏
					$\bar{F}\bar{I}$	1-7	爆炸，有毒物质放出

图 11-7 VCM 装置事件树（初始事件—过程波动）

$\bar{F}$＝事件 F 失败　F＝事件 F 成功

图 11-7 是谢顾问建立的事件树模型。初始事件为某一工艺波动，事件树各中间事件包括下列安全保护系统功能及工艺条件：

① 装置的某部分发生严重波动；
② 波动将熄灭（或不熄灭）燃烧室火焰；
③ 焚烧炉停车连锁系统工作并关闭焚烧炉（注意：HAZOP 分析组未识别出任意过程波动将使焚烧炉过热）；
④ 急冷系统冷却来自焚烧炉的气体；
⑤ 洗涤器有效地除去废气中的有毒物质。

并不是所有的行动/条件都要用于每个事故情境。例如，事件情况①～③（即发生波动后没有熄灭燃烧室火焰）表明如果急冷系统发生故障，洗涤器就不能有效地除去废气中的有毒物质；同样，如果燃烧室的火焰未熄灭，焚烧炉关闭系统就不会有问题。

图 11-8 表示焚烧炉系统的另一事件树，该事件树的初始事件是"燃料气压力低"。最初谢顾问认为该事件树的结构与图 11-7 的事件树结构一样，只是初始事件不同而已；但是在分析过程中，经与 TMC 的设计工程师和焚烧炉的供货商讨论后得出"燃料压力低"极有可能导致燃烧室火焰熄灭，因此，他删除了安全保护措施中"火焰不熄灭"这一项。

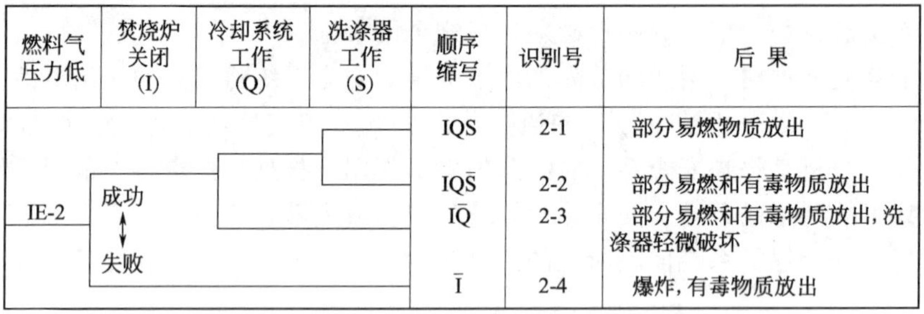

燃料气压力低	焚烧炉关闭(I)	冷却系统工作(Q)	洗涤器工作(S)	顺序缩写	识别号	后 果
IE-2	成功			IQS	2-1	部分易燃物质放出
				IQS̄	2-2	部分易燃和有毒物质放出
				IQ̄	2-3	部分易燃和有毒物质放出,洗涤器轻微破坏
	失败			Ī	2-4	爆炸,有毒物质放出

图 11-8　VCM 装置事件树（初始事件—燃料气压力低）

Ī：事件 I 失败；I：事件 I 成功

事件树构建完成之后，谢顾问与 TMC 公司过程危险分析人员及设计人员对事件树进行了分析和修改。在分析过程中，谢顾问与工程师们讨论了事件树的逻辑问题，特别是每一个事件树的每一个事故顺序；确定哪一个波动是初始事件，哪一个安全保护系统成功或失败，焚烧炉火焰处于哪种情况，根据这些资料分析组对事件树中的每个事故情况的后果进行了定性说明。

事件树模型建立起来后，谢顾问与 TMC 公司的过程危险分析人员和设计组进行了分析和讨论，以便建立事故树模型。在分析讨论过程中，谢顾问和 TMC 公司的工程师讨论了事件树的逻辑过程，特别是每个事件树的事故顺序，确定最初哪个波动导致问题的发生，哪个安全功能成功或失败，以及焚烧炉火焰条件。根据这些资料，分析组对事件树中的每一种事故情况进行定性说明。

接下来谢顾问对每个事故由事件树构建事故树。因为初始事件及它们的原因已全部弄清，因此事故树不构建这些事件。然而，对下列系统的事故应建立模型：
① 焚烧炉停车系统因故障不能将焚烧炉连锁掉（有易燃物质存在）；
② 急冷系统因故障不能充分冷却废气；
③ 洗涤系统因故障不能完全除去废气中的有毒物质。

在构建事故树过程中，谢顾问假定每个系统在正常操作条件下能够完成设计任务。因此，事故树用图形表示系统无法正常操作的设备故障及人为失误。图11-9是谢顾问初步构建的焚烧炉停车系统事故树，事故树从顶事件开始直至基本事件。将顶事件分解为设备故障、人为失误以及子系统故障这些不可再分的基本事件，因为它们已包含识别系统缺陷的详细信息，或者进一步分析已超出分析的边界条件。表11-18是事故树分析步骤。

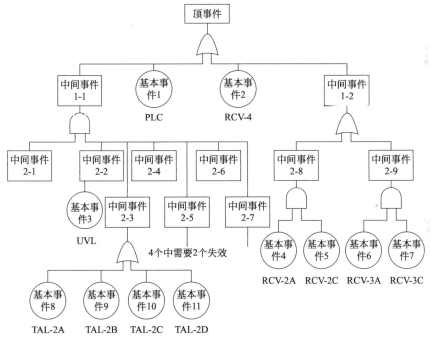

图11-9 初步构建的焚烧炉停车系统事故树
（中间事件和基本事件的名称见表11-18）

表11-18 事故树分析步骤

- 确定顶事件（感兴趣的系统故障）
- 构建事故树的顶层结构
- 根据初始事件条件和其他安全保护系统故障修改事故树顶事件
- 找出基本事件

谢顾问已根据事件树确定了事故树分析的顶事件。为了构建焚烧炉停车系统的事故树，他首先根据输入系统的停车信号确定要使停车系统工作，则应当：①传感器发现波动情况；②发出正确的连锁停车信号；③关闭燃料气及放空气阀门。任何一步发生故障都将导致停车系统失败。因此，构建的事故树的第一个逻辑连接为"或门"（图11-9）。在继续构建过程中，谢顾问注意到所有的传感器（TAH-2A/D 除外）必须全部失效才会导致"无停车信号"；因此，"无停车信号输入"与所有的传感器"无停车信号"的逻辑连接为"与门"。然而，在点火气体管道、气体输入管道、放空管道上的关闭阀门打开都将使阀门的关闭功能失败。

在事故树构建的这一步，谢顾问根据初始事件条件对事故树进行分析和改正。本事故树中，初始事件是"过程波动导致焚烧炉火焰熄灭"；通过分析与停车系统相连的传感器，谢顾问确信焚烧炉高温开关、燃料气输送压力低开关、急冷槽液位低开关、洗涤器 pH，传感器即使正常工作也不能检测到焚烧炉的问题，即它们与焚烧炉无关，因此谢顾问从已建立的事故树中去除了这些事件，即中间事件 2-1、2-4、2-5、2-6 和 2-7，然后对剩下的故障事件找出其基本事件。

接下来，谢顾问现场察看了 TMC 公司在 K 地的装置，并与工程师们一起对建立的事故树进行审查。审查中，工程师们确认事故树反应了焚烧炉系统操作过程中

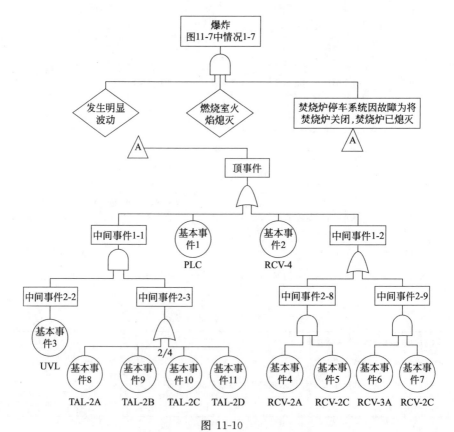

图 11-10
（中间事件和基本事件的名称见表 11-18）
图 11-7 事故情况 1～7（爆炸）的最终事故树图

可能遇到的问题，他们也分析了事故树构建过程中谢顾问所作假定的合理性，工程师们指出了最初的事故树中有一个错误，即当过程波动使焚烧炉火焰熄灭后空气风机压力低-低开关（PSLL-1）不能作为安全保护，谢顾问对此作了改正，最终的事故树如图11-10。

同样建立了急冷槽和洗涤器的事故树模型，这些模型也要经 TMC 公司审查，更正其逻辑错误、不一致性以及不恰当的假设。

使用事故树和事件树能找出导致不希望后果的设备故障与人为失误的组合例如，图 11-10 说明了导致焚烧炉爆炸的条件与故障的组合，它是图 11-7 中的故障情况 1-7，求解该事故树得到爆炸事故顺序的割集，获得的这些信息，连同事故树和事件树构建过程中获得的信息将用于提出提高系统安全性的建议。

图 11-9、图 11-10 中中间事件和基本事件名称列于表 11-19。

表 11-19 图 11-9、图 11-10 中中间事件和基本事件名称

事件代号	名 称	事件代号	名 称
中间事件 1-1	无停车信号输入焚烧炉 S/D 控制器	基本事件 1	焚烧炉 S/D 控制器故障——无连锁信号输出
中间事件 1-2	发出指令后燃料关闭阀因故障未关闭	基本事件 2	RCV-4 因故障处于开
中间事件 2-1	从空气的 PSLL-1 无停车信号	基本事件 3	UVL-1 故障——火焰检测失败
中间事件 2-2	从焚烧炉的 UVL-1 无停车信号	基本事件 4	RCV-2A 因故障处于开
中间事件 2-3	从焚烧炉的 TAL-2A/D 无停车信号	基本事件 5	RCV-2C 因故障处于开
中间事件 2-4	从急冷槽的 LAL-3 无停车信号	基本事件 6	RCV-3A 因故障处于开
中间事件 2-5	从洗涤器的 XAL-2 无停车信号	基本事件 7	RCV-3C 因故障处于开
中间事件 2-6	从 TAH-2A/D 无停车信号	基本事件 8	TAL-2A 故障——错误显示高
中间事件 2-7	从燃料气体的 PSLL-2 无停车信号	基本事件 9	TAL-2B 故障——错误显示高
中间事件 2-8	RCV-2A，RCV-2C 因故障处于开	基本事件 10	TAL-2C 故障——错误显示高
中间事件 2-9	RCV-2A，RCV-2C 因故障处于开	基本事件 11	TAL-2D 故障——错误显示高

六、分析结果

通过事故树和事件树分析得到了一系列的故障逻辑模型、每个重要安全问题的事故顺序的割集、提高系统安全性的建议。表 11-20 列出了发生爆炸事故的割集（使用事故树中基本事件的名称），由表可见，焚烧炉发生爆炸需要三个或三个以上的基本事件发生。进一步分析发现：

① 如果 PLC 或者放空隔离阀 RCV-4 单独出现故障，而且过程的波动（IE-1）严重到足以使燃烧室的火焰熄灭（FFE），将导致爆炸；

② 如果热电偶（TAH/L-2A/B/C/D）不能快速测知火焰已熄灭（对应温度

低），那么火焰扫描仪（UVL-1）是保护焚烧炉的唯一有效传感器。

表 11-21 是谢顾问提出的建议，这些建议都依据对事故顺序的割集的分析。

谢顾问将事故树和事件树分析报告交给了 TMC 公司的危险分析人员，报告中包括所分析问题的范围、使用的分析方法、结论和建议，以及事故树和事件树模型。TMC 公司的分析人员（伍芸）对该报告作了简要总结。

七、结论和启示

事故树和事件树分析有助于 TMC 公司发现焚烧炉的设计缺陷。然而，事故树与事件树分析方法只考虑某个具体的问题，而且非常熟练的分析人员才能很好地使用它们，因此 TMC 公司并不经常使用这两种方法，并且在使用这些方法时委托有关专家进行；还有一个不经常使用这些方法的原因是，使用范围更广的方法如 HAZOP、FMEA、检查表分析等是对 TMC 公司的各装置系统进行危险分析的有效方法。

表 11-20　焚烧炉爆炸的事故顺序的最小割集

最小割集 1 • 过程严重波动 • 燃烧室火焰熄灭 • 焚烧炉停车控制器故障——无联锁输出	最小割集 6 • 过程严重波动 • 燃烧室火焰熄灭 • UVL-1 故障——错误显示高 • TAH/L-2A 故障——错误显示高 • TAH/L-2D 故障——错误显示高
最小割集 2 • 过程严重波动 • 燃烧室火焰熄灭 • RCV-2A 因故障处于开 • RCV-2C 因故障处于开	最小割集 7 • 过程严重波动 • 燃烧室火焰熄灭 • UVL-1 故障——错误显示高 • TAH/L-2B 故障——错误显示高 • TAH/L-2C 故障——错误显示高
最小割集 3 • 过程严重波动 • 燃烧室火焰熄灭 • RCV-3A 因故障处于开 • RCV-3C 因故障处于开	最小割集 8 • 过程严重波动 • 燃烧室火焰熄灭 • UVL-1 故障——错误显示高 • TAH/L-2B 故障——错误显示高 • TAH/L-2D 故障——错误显示高
最小割集 4 • 过程严重波动 • 燃烧室火焰熄灭 • UVL-1 故障——错误显示高 • TAH/L-2A 故障——错误显示高 • TAH/L-2B 故障——错误显示高	最小割集 9 • 过程严重波动 • 燃烧室火焰熄灭 • UVL-1 故障——错误显示高 • TAH/L-2C 故障——错误显示高 • TAH/L-2D 故障——错误显示高
最小割集 5 • 过程严重波动 • 燃烧室火焰熄灭 • UVL-1 故障——错误显示高 • TAH/L-2A 故障——错误显示高 • TAH/L-2C 故障——错误显示高	最小割集 10 • 过程严重波动 • 燃烧室火焰熄灭 • RCV-4 因故障处于开

表 11-21 提高焚烧炉安全性的建议措施

• 在停车系统中考虑采用有自检能力的 PLC • 考虑再安装一套火焰扫描仪 • 对同一管道上多个相同的阀门或仪表进行一般原因故障分析（即 CCFA）	• 确认焚烧炉热电偶是否能在爆炸性气体形成之前快速检测到火焰熄灭并及时停车 • 考虑当发出停车信号后用连锁将燃料气流量控制阀关闭 • 考虑在放空气体管道上安装双截止阀和放气阀

本例中值得注意的是，用一种危险分析方法的结果得到使用另一种分析方法的建议。HAZOP 分析组对 VCM 装置的详细设计进行了分析，他们认为焚烧炉的设计比较复杂而且采用多重控制系统设计，HAZOP 分析能识别单个故障所导致的后果，但无法对多个故障导致严重事故的情况进行分析。HAZOP 分析组能很快辨别出焚烧炉可能发生严重后果的故障情况；然而，因为焚烧炉采用多重安全保护系统，于是 HAZOP 分析组建议采用更恰当的方法——事故树和事件树进行详细分析。

最后，对焚烧炉系统进行了详细的分析，部分原因是因为它不是由 TMC 公司设计的，TMC 公司想弄清楚供货商提供的成套焚烧炉，并且希望有很高的安全水平。然而，TMC 公司还应对他们自己设计的有关设备进行严格的分析审查。

第七节　VCM 装置安装/开车阶段——检查表分析及安全审查

一、背景

VCM 项目的实施已进入第三个年头，TMC 公司正在 K 地安装 VCM 的工业装置，大部分的主要设备已安装就位。按照工作进度，TMC 公司的承包商对厂址和设备的安装进行检查以保证所有工作完全按合同的要求完成，离装置的预定开车时间只有几个月时间了。

TMC 公司希望装置能按期并安全开车，为了做到这一点，TMC 公司项目部要求公司的过程危险分析组对装置的安装进行 HAZOP 分析，但罗明（来自过程危险分析科）认为对装置的安装进行 HAZOP 分析是不恰当的，但是他认为对设备进行分析或检查的主意很好这是因为：①保证按设计进行安装；②发现以前危险分析没有发现的问题。因此，他建议由工程部的人员用检查表分析和安全审查分析方法进行危险性分析，此人必须有装置安装和开车的经验才能完成这项分析检查。

于是项目部与工程部进行联系以选择对开车有经验的工程师来完成 VCM 装置的检查表分析和安全审查。经过分析比较，选择具有 15 年丰富经验的赵安装来负责这一分析工作，赵安装参加了三个装置的开车（两个是 TMC 公司），对 TMC 公司的设计规范也非常熟悉。他将使用检查表对可能的安全问题进行分析以确认设备安装符合 TMC 公司的标准；作为安全审查的一部分，他还将对整个装置进行现场察看以发现存在的安全问题。

二、已有资料

已有大量的资料可供使用，这些资料包括：
① PFD 和 PID 图；
② 中试计划；
③ 安装图；
④ 设备说明书；
⑤ 操作程序（规程）；
⑥ 管道布置图；
⑦ 研究开发报告；
⑧ 以前进行的危险分析报告。

赵安装简单浏览了这些资料以确定最有用的资料。他阅读了 PFD 图、中试计划、工艺说明以掌握 VCM 装置的技术；他还查阅了物质的安全数据和以前的危险分析报告以了解物质的危险性、危险分析组发现的过程危险项目及建议改正措施的落实情况。然而，最有用的资料是 PID 图、安装图、设备说明书。赵安装认为在分析过程中应充分利用这些资料。

在他的初步分析过程中，赵安装注意到 VCM 生产过程中要用到乙烯，虽然他对处理乙烯的设备非常熟悉，但对乙烯的物理化学性质不熟悉，因此他建议由其他人对有乙烯进料的地方进行分析。

三、选择分析方法

本阶段危险分析的目的是确认装置是否按设计要求和安装规范进行安装、有没有忽略任何安全问题。VCM 装置的设计已用各种危险分析方法进行了多次分析，按照罗明的说法，这套装置应该是安全的。然而，TMC 公司想确保由危险分析组提出的建议在设计中得到落实并不会产生新的危险。

根据罗明的建议，赵安装将使用检查表分析方法来完成此次危险分析。TMC 公司建成了许多装置，通过这些装置的安装积累了大量的经验，又依据公司的设计规范、经验、事故报告、以前完成的危险分析，形成了设备分析检查的检查表。

此外，赵安装还要完成厂址和设备位置的安全审查，他将依靠他的安装和开车经验帮助他发现不安全的安装过程，并确定该过程是否具备开车条件。

四、分析准备

检查表分析与安全审查主要由赵安装完成。在准备过程中，赵安装收集了 TMC 公司安装和开车的危险性分析检查表。检查表内容包括常规检查，如消火栓、泵、风机、管道、容器、塔、阀门等，所有检查表（实际上是表格）都可从

TMC 公司的工程部得到。

接下来赵安装用了几天时间阅读 VCM 装置的安装图。在阅读过程中，他用检查表帮助他准备需要考虑的问题，这些问题涉及安装材料、设备安装及设备调试，并将这些问题注明在安装图上以便现场察看时使用。

最后，赵安装约定了与 TMC 公司安装管理者一起察看现场的时间，他将要察看的区域和时间安排交给了管理者，他要求 TMC 公司有关人员和合同商届时都要在场以便回答他提出的问题，特别是下列人员。

安装工程师　负责设备的安装，是合同方工程师。

电气技师　负责电气设备和线路，是合同方监理。

检查员　合同方或 TMC 公司的雇员负责检查设备是否正确安装。

他预计每个设备的分析检查将不超过一个小时，他表示希望能与上述人员一起讨论。

五、分析过程

赵安装于星期一开始了他的检查。他与 VCM 项目的管理者郭管理一起讨论了他进行现场察看的目的和作用。赵安装指出，VCM 装置受到公司的高度重视，特别是它的安全。正如郭管理知道的那样，VCM 装置已进行了多次的危险性分析，从各方面提高了装置的安全性设计，赵安装进行现场察看的目的就是保证安装过程是否按设计要求进行。为了更好地完成这项工作，他将与负责主要设备的人员见面并向他们提出一些问题（这些问题来自他准备的检查表），他还计划对设备的主要部分进行检查，通过与各设备的负责人讨论进一步确定分析用检查表。

讨论过程中，赵安装对装置进行现场察看，在察看过程中他记下了发现的任何不安全问题并立即提请有关人员注意。

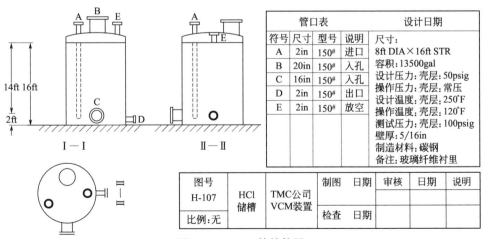

图 11-11　HCl 储槽简图

注：1ft=12in=0.3048m　1gal（英）=4.54609dm³；1psig=6.89476kPa；$x°F=\dfrac{5}{9}(x-32)°C$

现在赵安装准备开始检查表分析，第一个分析项目是 HCl 储槽（图 11-11），参加分析的人员有王五一（合同方工程师）和李国庆（合同方检查员），按照赵安装对储槽准备的检查表开始进行分析。

赵安装　我们开始吧，对 HCl 储槽进行了无损探伤检查吗？
王五一　在两个星期前就进行了。
赵安装　是如何作的？
王五一　由泄漏检测公司完成的无损探伤，用 X 射线检查了所有的焊缝，我个人也对射线图进行了分析并亲自检查了所有焊缝。
赵安装　泄漏检测公司是否有相应的资质证书？是否使用标准检测方法？
王五一　是的。在聘请他们之前我看过他们的资质证书。
赵安装　你们有无损探伤检查结果吗？
王五一　当然有，它们与 HCl 的工程档案放在一起。需要给你看看吗？
赵安装　稍后给我吧。我们继续，你对焊缝进行过热试验吗？
王五一　是的，按规范进行。我们还对使用的钢材进行了 Brinell 硬度试验。
赵安装　结果也放入了档案中？
王五一　是的，与无损探伤结果放在一起，我会一起给你。
赵安装　好。李国庆，你检查过储槽的安装基础和支架吗？
李国庆　是的。在储槽的安装前后都进行了检查。
赵安装　使用什么样的安装材料？储槽材料、焊缝材料以及垫圈与设备的规格一致吗？
王五一　是的。按设备表和安装图的要求用玻璃纤维对碳钢衬里。注意储槽的铭牌上是碳钢。
赵安装　顺便说一句，储槽围堰所围地面外高内低，是不是应该反过来？
李国庆　你是对的。我们将改过来。
赵安装　因为我没有梯度图，请问堰的体积多大？
李国庆　储槽体积的 1.5 倍。
赵安装　好的，请等一下。（赵安装估算了堰的体积，满足要求。开始分析下一个项目）你们说都经过检测，垂直连接处的毛刺如何？已消除了吗？
李国庆　我们已经全部去除了，表面已经平滑。我想王五一也已对此进行了检查。
赵安装　好的，我认为储槽的安装很好很准确，进行了水压试验吗？
王五一　已进行了，试验结果一并放入储槽档案中。
赵安装　你们发现有沉降吗？
李国庆　没有。试验结束后我们进行的检查表明它在规定的范围内。
赵安装　你们对储槽的物理尺寸进行了检查吗？高度、直径、圆形度？
李国庆　全都进行了检查。
赵安装　管口的标高和方位？与储槽垂直并处于中心线上吗？
李国庆　是的，我亲自检查过。
赵安装　我们检查一下顶部到底部孔的距离（李国庆测量了它们之间的距离，结果正确）。

地脚螺栓上紧了吗？

李国庆　上紧了，是按安装图的要求进行的。

赵安装　再检查一下吧！向那位管道工借个扳手好吗？

李国庆　不行，但是他会检查的。小张，你能尽快把这个地脚螺栓检查一下吗？（小张很快过来对地脚螺栓进行了检查并确认已上紧了）

赵安装　我的检查表上第11项是楼梯和平台，看起来没什么问题；第12项是塔盘的位置和水平度，无法直接看见，内部管道的安装正确吗？（李国庆点头表示是的）我们上去从人孔看看。

王五一　好的，但是只有一个楼梯，每次只能有一人在楼梯上。（赵安装爬上楼梯并从人孔往里看）

赵安装　根据我的观察，料腿是对的。李国庆，该储槽有什么连结吗？

李国庆　当然有，它是HCl储槽。

赵安装　我想你最好也来看一看。（赵安装下来，李国庆上去）

李国庆　哎呀不好，他们没有将3#管道和6#管道连接起来！

王五一　那可是个重要项目，我马上检查是怎么回事。

赵安装　好的。到目前为止我们只进行了几个项目，我们要加快速度尽快完成这个储槽的分析检查。储槽用什么型号的密封圈？

李国庆　我们按图纸上设备要求作的，该储槽是在常压下操作。

赵安装　内部塔盘人孔已关闭，我们无法看见；装的填料也无法看见。该储槽是隔离的吗？

李国庆　没有按规定。

赵安装　下面我们将检查仪表的保险装置以及储槽的放空。（他们一起察看了保险装置和放空点）

对HCl储槽的检查完成后，赵安装来到HCl的输送泵，它与HCl储槽在同一区域，同样使用检查表对输送泵进行分析检查。类似这样对设备的分析检查持续了一个星期，有时到现场，有时对照图纸和设备的安装记录进行分析。每天的分析检查结束后都写出报告（主要是那些与设计要求不同之处）交给郭管理，由他负责处理。

六、结果讨论

赵安装在检查过程中同时完成了检查表分析和安全检查报告（表11-22是完成检查表的一部分）。需要进一步查明的检查表项目已在表格中注明，并且在另一份表格中作了进一步说明（表11-23）。

检查表分析的重要发现是：①储槽管道的连接有遗漏；②储槽围堰地面应是内高外低。此外，赵安装在现场察看时还发现存在以下问题，包括：

① 某些加热工作区域存在易燃物质；

② 使用起重设备工作的重型设备并不总能得到恰当的监督；

③ 完整的检查工作并不总是按要求进行（有些地方未检查到）。

赵安装将检查表分析结果报告提交给郭管理。

表 11-22 HCl 储槽检查表分析结果

检查项目	签名,日期	检查项目	签名,日期
1. 完成无损探伤检查 ①无损探伤检查者有资质证书 ②使用规定的无损探伤检查方法 ③无损探伤检查结果放入工程档案	XPL 1999-06-09 XPL 1999-06-09 XPL 1999-06-09	8. 容器水压试验	XPL 1999-06-09
		9. 容器的尺寸检查	XPL 1999-06-09
		10. 孔的标高和水平度检查,容器在中心线上、水平,基础牢固	XPL 1999-06-09
2. 完成焊缝热试验和硬度试验 ① 焊缝热试验按国家标准进行 ② 完成 Brinell 硬度试验 ③ 结果放入工程档案	XPL 1999-06-09 XPL 1999-06-09 XPL 1999-06-09	11. 楼梯和平台按每张图纸的要求安装	XPL 1999-06-09
		12. 塔盘的位置和水平度、冲洗、溢流堰高、排污孔、密封圈、螺栓等,按说明安装	不适用
3. 容器基础标高和倾斜检查	需进行	13. 内部管道使用正确的螺钉和密封圈安装	XPL 1999-06-09
4. 容器材质和安装材料符合要求	XPL 1999-06-09		
5. 所有焊缝进行了检查和测试	XPL 1999-06-09	14. 内部连接完整	需进行
6. 垂直连接处焊缝毛刺已去除	XPL 1999-06-09	15. 内部塔盘人孔关闭	不适用
7. 容器壁处于良好状态(如有损坏已修复)并有相关资料	XPL 1999-06-09	16. 填料安装	不适用

表 11-23 HCl 储槽检查表分析后需要进一步完成的项目

序号	内容	负责人	完成日期
3	确认 HCl 储槽围堰所围地面内高外低		
14	确认 HCl 储槽中的管道已连接		

七、结论和启示

检查表分析/安全检查对发现安装过程中存在的问题非常有效,这主要是因为赵安装具有检查表分析和装置安装方面的经验;此外,赵安装亲自检查每个设备以确保符合要求而不是仅仅依靠装置人员的经验。通过该检查表分析还可得到以下重要启示。

① 检查表分析可作为找出危险的分析工具和检验设计和安装的检查工具。在本例中,已用其他危险分析方法对设计进行了全面的分析,因此检查表分析主要用于检查。

② 检查表分析/安全检查不可能包罗万象,还需要分析(检查)人员进一步完善。赵安装并没有把自己限制在检查表范围内,而是根据他的思考提出新的问题。

③ 赵安装的检查方式灵活,一旦能从设备的记录或有关资料获得满意的回答,

对设备就不再进行具体的检查。

④ 检查表分析需要有经验的人来完成,特别是当它作为检查工具使用的时候。对大量设备的分析检查,检查表分析/安全检查进行得很快。

第八节　VCM装置正常操作阶段——HAZOP分析方法用于定期检查

一、背景

TMC公司在K地的VCM装置已正常运行两年,在这两年中没有出现事故,TMC公司的管理层认为正是在VCM装置的设计和安装阶段进行的危险分析保证了VCM装置的安全运行。为了保证安全操作得以延续,TMC公司要求对VCM装置的所有操作单元进行定期的危险性分析(事实上,TMC公司对公司所属的所有装置都定期进行危险性分析)。

VCM装置的管理者决定在未来三年中分阶段对VCM装置各单元进行危险性分析。第一个阶段是对焚烧炉重新进行分析,因为对这个单元在过去两年试运行过程发现的问题进行了局部技改,特别是以下技改。

工艺改变A:增加了备用风机,当空气流量低(FIC-1)时自动启动。

工艺改变B:停车系统增加了一台火焰扫描器(UVL-1B)。

工艺改变C:增加了第二个焚烧炉温度指示器(TI-3),以及温度控制器,由它对TI-2和TI-3取平均值来调节燃料气流量。

工艺改变D:对急冷槽增加了碱液输送和低pH报警,控制pH值。

所进行的修改是为了解决两年试运行中发现的操作问题,在每个修改实施之前都经过装置工程和安全人员的审查和认可,符合装置技改管理程序。

二、已有资料

现在TMC公司已掌握了大量的有关VCM装置焚烧炉的资料,而且已有两年的实际操作经验,下列资料可提供给危险分析组使用:

① 管道和仪表图(图11-12);

② 工艺流程图;

③ 以前对VCM装置进行的危险分析报告(包括对原设计的焚烧炉进行的HAZOP分析报告);

④ 操作及紧急情况应对规程;

⑤ 维修规程;

⑥ 供货商的设计说明,包括安全放空阀的设计依据;

⑦ 焚烧炉的事故报告。

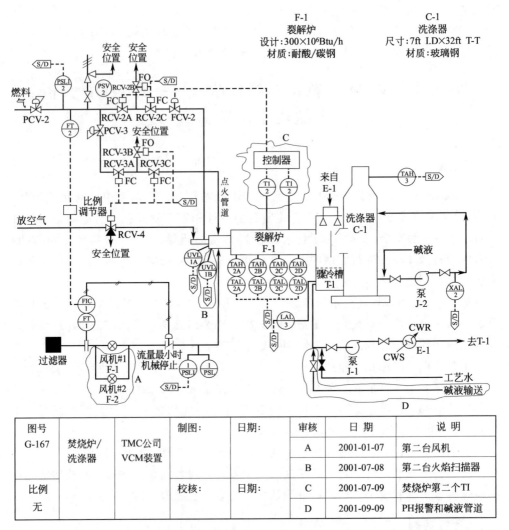

图 11-12 修改后的焚烧炉 PID 图
注：1Btu/h＝0.293071W；1ft＝0.3048m

三、危险性分析方法的选择

VCM 装置的管理者指定由郑天完成焚烧炉的危险性分析，郑天是负责 EDC 生产的工艺工程师；焚烧炉工段的安装、开车以及最初运行的 6 个月，郑天一直在那里工作；而且还参加了氯装置的几次危险性分析（HAZOP 分析和故障假设分析）。

焚烧炉系统有详细的资料，几乎所有的危险方法都适用。然而，郑天的目的是发现因为技改后可能出现的新的危险。根据这个目的，他很快否定了对某一具体问题进行分析的方法（如事故树分析、事件树分析、原因后果分析、人的可靠性分析等方法）；他也不选用基于经验的分析方法，即检查表分析和安全检查，因为技改结束后已经进行了检查。因此，他的选择范围就限制在故障假设、故障假设/检查表分析、FMEA、HAZOP、PHA 以及危险等级这几种分析方法上。因为 PHA 和危险等级分析在此阶段不适用，因此不选用；剩下的几种方法中，因为郑天对 HAZOP 最熟悉而且有经验，因此他决定采用 HAZOP 分析方法。

四、分析准备

郑天必须挑选有经验的熟练的人来参加 HAZOP 分析。因为焚烧炉的技改方案将在装置上实施，因此郑天从该装置选择有关人员参加 HAZOP 分析，包括以下人员。

负责人 具有组织 HAZOP 分析经验。郑天可担任这一角色。

记　录 熟悉相关技术术语、能快速准确记录会议内容。高助理曾经担任过 VCM 装置 HAZOP 分析的记录员，适合担任本次分析的记录人员。

工艺工程师 具有焚烧炉设计和操作方面的知识。已负责该设备一年半的化学工程师李琳是合适的人选。

操作工 富有操作经验的操作工，他知道当焚烧炉波动时操作工如何发现并做出反应。关强自开车以来一直是焚烧炉的操作工，符合上述要求。

仪表及控制专家 熟悉焚烧炉的控制和停车系统的原理。焚烧炉的控制系统设计及修改是黄达完成的，因此他符合上述要求。

在准备 HAZOP 分析会议过程中，郑天将焚烧炉分成几个单元。因为在安装前已用 HAZOP 对焚烧炉进行了全面的分析，为了加快分析进程，郑天决定只对修改部分进行分析，因此他选择的分析节点只是有修改的地方，这样分析节点如下：

① 焚烧炉的空气输送管道（因为在该管道增加了第二台风机）；
② 焚烧炉的燃料气输送管道（因为改变了 FCV-2 的控制方式）；
③ 急冷槽冷却水循环管道（因为碱液输送与该管道相连）。

UVL-1B 和 XAL-3 分别是焚烧炉和急冷槽新增加的安全保护，因此郑天决定查阅以前的焚烧炉系统 HAZOP 分析报告，并在适当位置加上这个保护装置，但即使这样，在本次 HAZOP 分析中他并不打算分析它们是如何发生故障的，因为前面已进行了相同的分析。

接下来，郑天向各位分析组成员发出了会议备忘录，告知他们 HAZOP 分析会议的时间和地点；郑天计划本次 HAZOP 分析只进行一天，备忘录中包括修改后的焚烧炉图纸、需分析的节点、每个节点的选择原因、HAZOP 分析的简要说明；郑天要求每个成员将焚烧炉的有关资料都带来（如操作规程、事故报告、连锁示意图等）。

作为准备工作的最后一步，郑天还准备了 HAZOP 的空白表供分析时使用，同时还初步拟定待分析的偏差，当然在分析过程中还会补充一些偏差。

五、分析说明

　　HAZOP 分析首先是现场察看，然后集中在会议室开始分析会议。郑天首先对公司决定定期进行危险分析的有关规定作了说明；他还解释了为什么选择焚烧炉作为第一个分析对象的原因——不是因为它有什么特别的安全考虑，而是因为它在过去两年中进行了几次修改。郑天对一天的会议安排做了说明并申明了 HAZOP 分析的几条基本原则；然后他简要说明了如何使用 HAZOP 分析方法以及高助理如何记录分析结果；郑天还对选择的节点进行了说明，包括每个节点的设计目的、每个节点的分析顺序等。

　　开始分析时，郑天首先请关强说明：①焚烧炉空气输送管道的操作；②为什么要增加第二台风机。接下来，郑天从偏差"无空气流量"开始 HAZOP 分析。

　　郑　天　我们开始 HAZOP 分析。第一个偏差是焚烧炉"无空气流量"，这个偏差有什么后果？

　　关　强　除非电力系统发生故障，否则不会出现"无空气流量"的情况，因为一台风机出现故障，另一台会立即自动启动供给空气。

　　郑　天　不！不！不！我知道你的意思，但是，请记住我们在分析后果的时候首先是假设安全设施不能工作，接下来才是安全保护装置。关强，如果没有空气送入焚烧炉将导致何种后果？

　　关　强　焚烧炉中的温度会降低，燃烧不充分，很快因为温度太低或者无火焰焚烧炉将停车。

　　郑　天　会损坏设备或者是放出有毒和易燃物质吗？

　　李　琳　因为焚烧炉中的温度还足够高，如果继续送入燃料气，则可能发生爆炸；如果没有送入燃料气，则将从烟囱放出易燃物质。

　　郑　天　是的，那么"无空气流量"的可能后果是放出易燃物质或者是发生爆炸。高助理，你记下来了吗？（高助理点头表示已记录）导致空气流量低的原因是什么？

　　李　琳　一个明显的原因是空气风机故障，以及空气流量控制阀（FCV-1）因故障关闭。

　　黄　达　燃料气流量显示器（FT-2）的信号弱或空气流量变送器（FT-1）的信号强也将关闭空气流量控制阀（FCV-1）。

　　关　强　空气过滤器也可能阻塞从而使空气流量降低。

　　郑　天　高助理，你都记下来了吗？（高助理说没有）归纳起来有这么一些原因：空气过滤器堵塞、空气风机故障、FT-1 的信号假强、FT-2 的信号假弱、空气流量控制阀 FCV-1 因故障关闭。还有其他原因吗？（没有人发言）如果电力系统出现故障呢？

　　关　强　风机将停止运转，但是电力系统出现故障后焚烧炉将停车，因为燃料管道上的 RCV-2A/B 和 RCV-3A/B 将关闭，同时焚烧炉因为掉电将被连锁；如果仅仅是某台风机掉电，另一台风机会自动启动送风。

　　郑　天　是的，那是安全保护。还有其他原因吗？（沉默）好，对"无空气流量"有哪些安全保护呢？

　　李　琳　空气流量控制阀（FCV-1）有一机械装置避免全关；另外还有一台自动启动的备

用风机；空气过滤器每周都进行清洗；还有空气压力低—低（PSLL-1）停车连锁；焚烧炉会有多个连锁装置；如果掉电焚烧炉会自动停车。

郑 天　自动启动风机多长时间测试一次？
李 琳　过去18个月来我们实际使用备用风机三次，我不知道何时进行测试？
郑 天　有什么建议吗？
黄 达　有，我们应该对风机的自动启动进行定期测试。
郑 天　燃料/空气比例控制器和燃料/空气流量变送器是如何安排的？
李 琳　我认为我们现有的安全保护已足够了。
郑 天　下一个偏差是"空气流量低"，什么后果？
关 强　低到何种程度？
郑 天　在正常操作极限以下，如空气流量控制阀（FCV-1）完全关闭。
关 强　与前面"无空气流量"有相似的后果，可能严重程度低一些。
李 琳　我认为是这样。安全保护和原因也一样。
郑 天　高助理，请你把前面的记录念一下好吗？（高助理将记录念了一遍）是这样吗？
关 强　除掉电和风机因故障停止外都是导致偏差的原因，安全保护是一样的。
郑 天　大家同意吗？（同意）有何建议？（无）下一个偏差是"空气流量高"，有什么后果？
李 琳　如果燃料/空气的比例不对，燃烧也不好。因为空气的流量高，可能把未燃烧的易燃气体从烟囱排出；如果空气流量太高，有可能将火焰吹灭，使焚烧炉关闭。
郑 天　还有其他破坏吗？
关 强　我们希望是将燃料气从烟囱吹出，但我最担心的是焚烧炉中火焰熄灭后发生爆炸。
郑 天　那么导致"空气流量高"的原因是什么呢？
李 琳　与"空气流量低"的原因相反，一是空气流量控制阀FCV-1因故障全开；二是燃料流量变送器FT-2输出假的强信号，或者是空气流量变送器FT-1输出假的弱信号。
郑 天　如果两台风机一起全速运转会引起什么问题？
李 琳　两台风机不可能同时运转，除非第一台风机切断供电；而且，空气流量变送器将关闭空气室。
黄 达　我认为是这样。按照仪表控制回路，当从FT-1来的信号弱时2#风机自动启动；而且当1#风机运转时操作人员可从控制板上启动2#风机。
郑 天　这就意味着空气流量变送器FT-1输出假弱信号时将启动2#风机并且打开空气流量控制阀FCV-1？
黄 达　是的，我认为是这样。我建议我们用低压力开关PSL-1来触发自动启动。在低—低连锁之前我们需要确认第二台风机已全速运转。
郑 天　高助理，记下了吗？（高助理请示等一下）我们先提出了建议，现在回过头来讨论安全保护。
关 强　风机的转速是固定的，而且与焚烧炉的全部连锁装置相连。
郑 天　还有其他的吗？
关 强　我们把监视空气流量作为常规检查的一部分，负责的操作工将发现空气流量读数不对并采取相应的纠正措施。

郑　天　在焚烧炉关闭之前会发现吗？

关　强　有可能，取决于焚烧炉连锁前需要多长时间。

李　琳　如果吹灭了焚烧炉的火焰，只需1秒钟。

郑　天　有什么建议吗？

李　琳　我同意黄达的观点，即用压力开关PSL-1触发备用风机的启动；我们还应考虑安装高流量报警器告诉操作工FT-1或FCV-1发生故障，对于该报警器考虑使用独立的变送器。

郑　天　好的，但不要去设计解决方案，我们只是提出建议，把设计工作留给工程、仪表、控制部门的人员去完成吧。还有其他建议吗？（暂停）下一个偏差是"空气温度低"，什么后果？

李　琳　我们使用的是大气，即使在最冷的天，对焚烧炉也不会有什么影响，它与燃料稍微过量不同。

郑　天　那么不会产生严重后果。下一个偏差是"空气温度高"。

李　琳　同样也不会有什么危险。

　　会议继续进行，直到3个节点的偏差都全部进行了分析。此时，郑天打算把提出的建议审查一遍后就结束会议，但李琳提出了另一个问题。

李　琳　在结束之前，我认为我们应该分析新增加的火焰检测器，除这一项外，我们对所有设备和仪表的修改都进行了讨论。

郑　天　我没有把这项修改作为分析的一个项目是因为它仅仅是增加了一个安全设施，我认为这项修改不会对安全造成威胁。

李　琳　我明白你的意思，但是在分析了第二台风机之后我不这样认为。

郑　天　你是对的。但是，对整个焚烧炉或停车系统而言失效模式与效应分析方法比HAZOP分析更适合。（郑天简要介绍了这种FMEA分析方法，大家表示赞同）那么，UVL检测器会发生什么故障？

黄　达　它没有检测到火焰已熄灭，或者是本来没有问题而发出停车信号。

郑　天　还有其他失效模式吗？（无回答）如果UVL没有检测到火焰已熄灭有什么后果？

李　琳　如果焚烧炉处于正常操作，没关系；如果焚烧炉已熄灭，就只有一台检测器起保护作用了，有可能在焚烧炉中形成爆炸气体混合物。

郑　天　安全保护？

李　琳　我们有第二个火焰检测器；而且在焚烧炉上还有温度连锁。

郑　天　有何建议？（无）如果发出假火焰熄灭信号有何后果？

黄　达　任何一个UVL发出假信号都将使焚烧炉停车，只要切断燃料供应就没有危险。

郑　天　如果没有切断燃料，不就可能发生爆炸吗？

李　琳　是的！焚烧炉中在一定时间内将出现富燃料情况，但操作工最终会切断燃料的输送。然后，空气漏入焚烧炉形成燃料和空气的易燃混合物。

郑　天　有何安全保护？

关　强　至今为止UVL还没有出现过问题，我想安装第二个UVL将使我们更有信心。

郑　天　好，我们将记下UVL是可靠的。（无人发表意见）有何建议？

黄　达　我想对UVL应该考虑采用表决系统，就像焚烧炉的热电偶一样。

郑　天　我想在决定采用表决系统之前应对 UVL 的可靠性进行分析，对吗？（其他人表示同意）

到这里郑天对一天的分析会议提出的建议进行了审查，然后结束了会议。他还要求分析组成员对他即将完成的分析报告进行审查，最后对全体分析组成员的合作表示感谢。

六、结果讨论

HAZOP 分析和 FMEA 分析结果都填入郑天准备的空白表中。会议结束后，郑天和高助理将会议记录变成正式的打印表格；在表格中，从原因到原因对分析结果进行说明。表 11-24～表 11-26 是分析结果的一部分。

此次 HAZOP 分析有以下重要发现：

① 保证备用风机的启动不会被 FT-1 假信号触发；

② 检验 UVL 的可靠性，如果 UVL 的可靠性不能令人满意，则考虑采用表决系统；

③ 将与 TI-2 和 TI-3 相连的控制器编程以忽略温度范围以外的信号；

④ 检查循环泵和热交换器的设计和制造材料能经受高 pH 值的工作环境。

表 11-24　正常操作阶段 HAZOP 分析工作表

PID 图号：E-250
版本号：D
会议日期：2001-10-12
分析组：郑天、高助理、李琳、关强、黄达（全部来自 TMC 公司的 VCM 装置）

项目号	偏差	原　因①	后　果	安 全 保 护	措施
1. 管道——到焚烧炉的空气输送管道[设计工艺指标：环境温度下将 15000ft3（标态）的空气送入焚烧炉]					
1.1	无流量	1—1#风机因故障停 2—FCV-1 因故障关闭 3—FT-1 故障——信号假强 4—FT-2 故障——信号假弱 5—无电力输入（掉电） 6—空气过滤器堵塞	A—焚烧炉停车；可能从洗涤器烟囱放出；如果停车连锁出现故障焚烧炉可能爆炸	1—自动启动的备用风机 A—空气压力低—低（PSLL-1）停车连锁 1,2,3,4,6—多重焚烧炉停车连锁（温度、火焰） 1,5—如果掉电自动停车 6—每周清洁空气过滤器 5—FCV-I 在掉电时关闭 2,3,4—FCV-1 上有机械停止	1 2
1.2	流量低	1—FCV-1 故障——部分关闭 2—FT-1 故障——信号假强 3—FT-2 故障——信号假弱 4—空气过滤器堵塞	A—焚烧炉停车；可能从洗涤器烟囱放出；如果停车连锁出现故障焚烧炉可能爆炸	1,2,3—FCV-1 上有机械停止 4—每周清洁空气过滤器 A—压力低—低（PSLL-1）停车连锁 A—焚烧炉多重停车连锁（温度、火焰）	

续表

项目号	偏差	原因①	后果	安全保护	措施
1. 管道——到焚烧炉的空气输送管道[设计工艺指标：环境温度下将15000ft³(标态)的空气送入焚烧炉]					
1.3	流量高	1—FCV-1 故障开 2—FT-2 故障——信号强 3—FT-1 故障——信号弱 4—操作工在 1# 风机运转时启动 2#. 风机	A—燃烧不好，可能从洗涤器烟囱放出易燃气体，大量空气进入可能熄灭火焰导致焚烧炉停车	A—焚烧炉多重停车连锁（温度、火焰） 4—FT-1 关闭减少空气流量	2 3
1.4	温度低		无不良后果		
1.5	温度高		无不良后果		

① "后果"及"安全保护"的序号与"原因"的序号对应，字母"A"表示"后果"与"安全保护"适用于列出的所有"原因"。

注：1ft³—28.3168dm³。

表 11-25 正常操作阶段安全措施项目

序号	拟定措施	负责人	完成日期
1	建立自动启动风机的测试规程（项目号 1.1）	李琳	50 天内完成
2	考虑用 PSL-1 启动备用风机（项目号 1.1 和 1.2）	黄达	60 天内
3	考虑在空气输送管道上安装高流量报警器（独立于 FT-1）（项目号 1.3）	黄达	30 天内

表 11-26 正常操作阶段 FMEA 工作表

项目号	部件	失效模式	效应(后果)	安全保护	措施
1	火焰扫描器 UVL-1B	无信号改变 假火焰熄灭信号	火焰熄灭后无法让焚烧炉停车；如果火焰熄灭焚烧炉可能着火或爆炸 焚烧炉停车；如果未切断焚烧炉燃料可能发生爆炸	双重 UVL 焚烧炉多重连锁（温度、燃料、空气） 停车报警，操作工确认停车行动 燃料管道上有双向止逆阀 放空管道上有三向关闭阀	确认 UVL 的可靠性

接下来，郑天准备了 HAZOP 分析和 FMEA 报告。报告中包括分析组成员、使用的资料、分析组的建议汇总、详细的 HAZOP 和 FMEA 表格；报告中还包括对审查范围的说明以及最新的用于分析的 PID 图。分析组对该报告审查后，郑天将提交给装置的管理机构。

七、结论和启示

HAZOP 分析（以及 FMEA）进行得非常顺利，完成得很好。主要是因为郑天准备充分，人员安排得当，调度有方。HAZOP 分析只用了 6 个小时就完成了；为了让分析顺利进行，郑天在询问原因和安全保护之前首先对偏差的后果进行分析；这样，如果没有什么不良后果，很快就分析下一个偏差；郑天还善于集中分析组的注意力，能快速地纠正无谓的讨论，避免把时间花在设计解决方案上。

郑天加速分析进程的另一个方法是不局限在某个危险分析方法上。在认识到必须对火焰扫描器进行分析时，他选择了FMEA这种分析方法对这个问题进行分析，FMEA方法非常适合对硬件故障的分析。

郑天没有把以前的HAZOP分析作为此次HAZOP分析的依据，此次HAZOP分析用到了以前HAZOP分析的结果，但是没有把它作为此次HAZOP分析的"清单"；虽然使用以前的分析结果可能更为有效，但根据郑天对氯装置的分析经验证明这是一种错误，分析组重点是分析修改部分可能引起的过程波动而不是考虑这些波动以其他方式发生。

最终的启示是对所作的修改进行分析后提出的建议意见。TMC公司针对过去两年来焚烧炉的一些操作问题作了少量修改，这些修改的目的是为了提高焚烧炉的可靠性和安全性，但HAZOP分析结果表明某些修改产生了新的安全问题——即使这些修改已经通过装置工程部的审查。

第九节 装置扩建阶段——间歇过程的HAZOP分析方法

一、背景

VCM装置证明是非常成功的装置。该装置已运行五年，TMC公司市场调查部建议扩建一条生产线，用氯乙烯单体（VCM）生产聚氯乙烯（PVC）；TMC公司项目部经过对该建议进行分析后，决定实施该建议。为了加快扩建进程，TMC公司决定从PMD公司购买PVC生产技术，PMD公司是PVC生产技术的专利所有者，而且具有生产PVC的资质，同时在安全方面也是领先的。TMC公司在对PVC反应器进行初步分析后认为PMD公司的设计和安全标准与TMC公司一样，甚至更好。

因为PVC单元是整个VCM装置的一部分，因此TMC公司项目部和公司管理层要求对PVC单元同样进行危险性分析。TMC公司之所以对PVC产品特别重视，因为它是一个间歇过程，而TMC公司的大多数工艺过程是连续的；有证据表明，间歇过程比连续过程易于产生生产事故，因此TMC公司项目部要求过程危险分析组对PVC过程进行危险性分析。

TMC公司考虑PVC反应器放在两个不同的位置（图11-13）。1#位置靠近VCM储槽，倾向于选择这个位置，因为在这个位置VCM的输送距离近，可以较大幅度地减少输入管道和泵输送的费用；不利的方面是1#位置离高速公路太近；PVC反应器一旦发生灾难性的事故将危及过往车辆，而且由于PVC反应器是露天放置的，可能发生冷冻和堵塞问题，因为PVC过程用水作载体。

考虑的第二个位置是靠近VCM纯化区域，这个位置与社区有足够远的距离，而且反应器位于已有的带加热的建筑物内，因此可减少发生冷冻和堵塞问题的可能

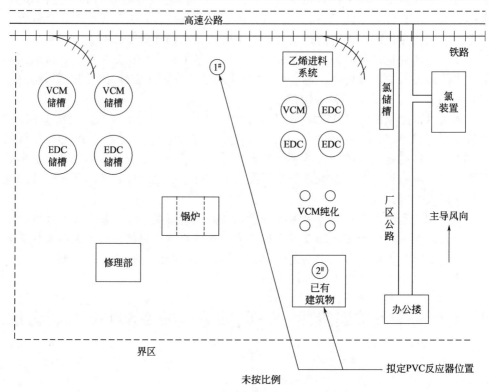

图 11-13 VCM 装置布置图—PVC 位置选择

性；但是，PVC 反应器发生事故将对装置管理办公楼的人员构成威胁。

除这两个位置的选择外，TMC 公司还打算使用已拆除的容器，虽然该容器的设计压力是 150psig ［1psig＝6.89476kPa（表压），下同］，但作为 PVC 反应器已足够了（反应器的操作压力是 75psig）；但 PMD 公司建议 PVC 反应器的设计压力是 250psig。

二、已有资料

虽然 TMC 公司具有生产 VCM 的经验，但对 PVC 的生产无任何经验。但 PMD 公司在该领域有丰富的经验，可为 TMC 公司的危险分析提供下列资料：

① PID 图（图 11-14）；
② 设计说明书；
③ PFD 图；
④ PVC 过程所有物料的危险数据；
⑤ 操作经验；
⑥ 操作规程；
⑦ 报警点设置和连锁说明；
⑧ 紧急情况应对计划；
⑨ PVC 技术的危险分析。

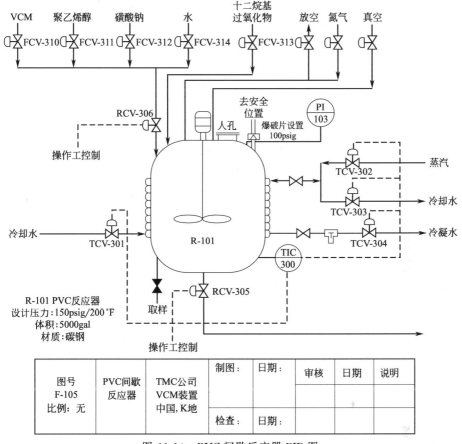

图 11-14 PVC 间歇反应器 PID 图

注：1psig=6.89476kPa（表压）；x°F=$\frac{5}{9}$(x−32)℃；1gal（英）=4.54609dm³。

此外，PMD 公司还指派了一位 PVC 工艺设计人员协助 TMC 公司进行危险性分析。

三、分析方法的选择

指定由 TMC 公司过程危险分析组的蒋大卫负责 PVC 生产过程的危险性分析。在初步浏览了 PVC 反应器的设计后，蒋大卫认为需要两种分析方法：一种分析方法是分析 PVC 反应器的位置，另一种方法是分析与 PVC 反应器有关的过程中的危险。只有 PVC 反应器需要考虑它的位置，因为 VCM 的投料量很大；当 VCM 转化为 PVC 后，物料的危险性很小。

对于位置的选择，蒋大卫很快将他的选择集中在 PHA 和危险等级这两种方法上，这两种方法主要是针对待分析设备和相关设备以及区域内的建筑物。对于位置的选择，PHA 通常只提供定性的范围，而蒋大卫需要更为详细的结果，基于这种考虑，他选择了危险等级这种方法，因为它能对每个备选位置给出"安全评价"（这里对这部分内容不讨论，读者可参考第十章第二节道化学公司火灾爆炸指数评价法）。

第九节 装置扩建阶段——间歇过程的 HAZOP 分析方法

PVC 单元的详细分析应该覆盖较大范围的危险，因此蒋大卫认为故障假设、FMEA、HAZOP 分析以及检查表分析都可选用。因为对该新技术缺乏检查表，因此不选用检查表分析（蒋大卫有一些通用工艺过程的检查，但他对用于不熟悉的技术感到不方便）；在剩余的方法中，蒋大卫相信 HAZOP 分析方法是最好的方法，因为它的引导词能方便地用于间歇过程，因此他选择了 HAZOP 分析方法。

四、分析准备

与其他 HAZOP 分析一样，蒋大卫首先选择合适的、熟练的人员参加 HAZOP 分析。因为几乎所有将参加分析的人员都没有 PVC 的生产经验，蒋大卫重点考虑选择有相近经验的人员（如聚合物生产、间歇操作等）。他还决定请 PMD 公司有相应经验的雇员参加分析，下列人员将组成分析组。

负责人 具有组织 HAZOP 分析经验的人。蒋大卫可担任这一角色。

记 录 熟悉相关技术术语、能快速准确记录会议内容。周红适合担任本次分析的记录人员。

工艺工程师 熟悉过程的设计并知道过程发生偏差时会出现何种情况及应对措施。王自立是 PMD 公司 PVC 装置的设计人员之一，符合这一要求。

操作工 富有操作经验的操作工，他知道当反应器波动时操作工如何发现并做出反应。TMC 公司没有有经验的反应器系统操作工。史开来作为 VCM 装置的操作工已工作 4 年，而且曾在 PMD 公司的间歇反应器上工作了一段时间，基本符合上述要求。

安全专家 熟悉 VCM 装置的安全特点。刘东方是化学工程师，在氯装置和 VCM 装置已工作了 15 年，满足上述要求。

在准备 HAZOP 分析会议过程中，蒋大卫与王自立一起把 PVC 单元划分成分析节点。对每个节点，他确定了设计参数：节点完成的功能以及正常操作参数。因为它是一间歇过程，在整个间歇过程中设计参数可能发生变化，为了能对此进行分析，蒋大卫将领导 HAZOP 分析组对间歇操作程序和工艺设备进行分析。

接下来，蒋大卫通知每个成员 HAZOP 会议日期和地点。蒋大卫把会议地点选在 VCM 装置附近，以便分析组能进行现场察看（蒋大卫计划在 HAZOP 分析之前完成危险等级分析；HAZOP 分析时对现场再次察看有助于对危险等级分析时所使用的有关资料进行检查）。同时，PMD 公司提供的有关资料（PID 图、操作规程）、确定的分析节点、设计参数等资料也随会议通知发到分析组成员手中。

最后，蒋大卫请周红准备 HAZOP 分析记录用的空白表，她将用铅笔将讨论内容记录在空白表上。

五、分析说明

会议开始时，蒋大卫介绍了各位分析组成员及他们各自的专业或专长，然后对会议的时间安排作了说明。按惯例，蒋大卫应与分析组一起重温 HAZOP 分析方法，但因为所有的分析组成员，包括 PMD 公司的王自力都曾经参加过 HAZOP 分析，在讨论了本次 HAZOP 分析的目的后，蒋大卫请王自力讲解 PVC 的生产过程。

王自力 PVC 的生产过程相对来说比较简单（如图 11-15）。首先是向 PVC 反应器进料，进料完毕后加入工艺水、分散剂、单体以及引发剂，加热到 50℃ 时开始反应；PVC 生产开始时的压力是 75psig，但当反应结束时压力降到 7psig；然后加热让多余的单体逸出，接下来是反应产物送入离心机，在离心机中脱去 PVC 中的水分；粒状的 PVC 用空气输送到热空气干燥器；从干燥器出来后进行筛分。除去大颗粒后，得产品送去包装。

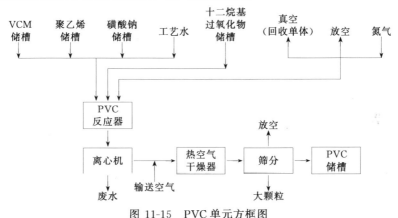

图 11-15 PVC 单元方框图

蒋大卫 谢谢。我们将用 HAZOP 分析方法对间歇过程操作步骤进行分析；王自力，请你给我们详细介绍一下操作程序好吗？

王自力 好的。在座的各位都有一份操作程序的复印件（见表 11-27），因此我在这里只解释每一步操作的原因。首先，我们要确认所有的进料阀门都已关闭以保证开始时反应器是空的；接着是反应器抽真空以让反应器中氧气的浓度最小，从而减少气相中产生易燃物质的可能性；然后是向反应器中加入工艺水，加入量约为反应器容积的一半，水是作为聚合的连续相；然后启动搅拌器，加入分散剂；最后我们加入引发剂——十二烷基过氧化物，然后加入单体。加入所有组分后，我们用蒸汽夹套加热将反应器的温度升至 50℃（反应器中的压力最初为 75psig）；保持这个温度直到达到约 90% 的转化率，约需 8 个小时；这时反应器中压力约为 7.5psig；抽真空让多余的单体逸出并回收，一般情况下这一步需要 5 分钟时间，但是为安全起见，我们推荐采用 15 分钟；单体回收结束后，将反应器冷却；然后反应器充氮置换；PVC 和水的混合物送入离心机分离，然后开始干燥过程。

表 11-27 PVC 间歇反应器操作程序

步骤	说明	步骤	说明
1	检查 PVC 反应器的所有进料阀门都已关闭，反应器是空的	4	开动搅拌器
2	打开真空管道阀门，将反应器中压力降到 10psi	5	关闭真空管道阀门
3	打开工艺水管道阀门，加入 2250gal 的水到反应器（设置水流量计量器）	6	打开乙烯醇管道阀门，加入 7gal 打开磺酸钠管道阀门，加入 1gal

续表

步骤	说　明	步骤	说　明
7	打开十二烷基储槽管道阀门，加入 7gal	11	将反应器冷却至 16℃
8	打开 VCM 管道阀门，加入 1700gal 单体	12	打开氮气输送管道阀门，充氮置换，在大气压力下排空
9	设置反应器温度控制器为 50℃，反应器加热，约需 8 个小时；在 50℃下保温 8 个小时	13	打开反应器排出阀门，将反应产物送入离心机
10	当反应器中压力降至 7psig 时，打开真空管道阀门约 15 分钟		

注：1psi＝6.89476kPa；1gal（英）＝4.54609dm³；1psig＝6.89476kPa（表压）。

蒋大卫　谢谢！第一个引导词是"空白"，将此引导词与间歇操作的第一步组合就得到偏差"空白＋检查（未检查）"，即没有对进料阀门是否关闭进行检查有何后果？

史开来　如果前面的操作都正确，我认为不会有什么问题。但是如果在这之前反应器卸料不完全，那么在加水时就会导致溢流。反应器中因为 PVC 和水将产生固体，从而返回到进料管道、真空管道或者是氮气管道，虽然不会引起什么危险后果，但这些管道的清理非常麻烦。

王自力　我认为是这样。然而，这种失误可能迫使你花时间清理离心机和间歇反应器；另外，如果某个化学品的进料管道是打开的，要么加入了过量的分散剂，这样将降低产品的质量；要么加入过量的单体，将有发生火灾的危险，即使你前面的操作步骤都是对的，这些问题依然存在。

周红　我不太明白。在什么地方发生火灾危险？

王自力　如果单体过量，在回收那一步就会有单体从反应器逸出，当这些单体进入热空气干燥器时就会出现问题。

蒋大卫　忽略第一步的原因是什么？

史开来　我想是因为操作人员忘记了这一步。

蒋大卫　还有其他原因吗？（无）安全保护呢？

刘东方　我们应该为操作工建立检查表。在 PID 图上我没有发现有液位指示器或装填显示，我认为应增加：①液位指示器，操作工能根据液位发现阀门是否关闭；②高液位报警器。

蒋大卫　周红，你同意这个意见吗？（点头表示同意）

王自力　水和单体是联结反应器的两条大管道，液位指示器能发现这两条管道的问题，但对其他进料是否有效，我表示怀疑。

蒋大卫　请等一下，我们这是在设计解决方法。我们只需提请操作工注意检查阀门是否关闭，而且反应器是空的，如果没有其他意见，我们继续往下吧。

刘东方　从进料管道上的流量计可以发现阀门是否打开。

蒋大卫　引导词"过量"和"减量"对第一步适用吗？（分析组表示不适用）那么"相逆"呢？"异常"以及"部分"呢？

王自力　这一步"相逆"意味着首先检查反应器，然后检查阀门，这没什么。问题在第一步只完成"部分"或"异常"就等于没有作这一步；结果可能是分散剂、引发剂或单体过量，导致产品质量下降或者干燥器发生火灾危险。

蒋大卫　原因呢？

王自力　原因、安全保护、措施与前面的一样。（其他人同意）

周　红　我读给大家听听。(她读了一遍，分析组同意)

蒋大卫　我计划在分析完下一步后再回过头来分析偏差"伴随"。下一步是将反应器的压力降到10psi，在第一步和第二步之间有遗漏吗？(分析组说无) 如果跳过这一步会发生什么情况？

王自力　反应器上部有空气，有火灾和爆炸危险。

蒋大卫　原因？

史开来　操作工失误。

蒋大卫　还有吗？(沉默了几分钟) 如果是真空系统发生故障或真空管道上的阀门卡住了呢？

刘东方　虽然出现这种情况时会报警，但有这种可能。

王自力　真空系统发生故障将触发报警器，阀门的位置在控制室显示，这些都应是安全保护。另一个可能原因是反应器的压力测量仪表出现故障。

蒋大卫　安全保护？

王自力　我刚才已提到了报警器的指示器，你还在前面提到对操作工进行培训。

蒋大卫　其他呢？(无) 有何措施？(无建议) 那么下一个偏差是"过量"，如果真空度过高有何后果？

王自力　真空系统不可能使反应器的压力在4psi以下。

蒋大卫　那么，存在反应器被破坏的可能性。周红，请记下：建议对真空系统的最大能力进行检测。

王自力　请等一下，若反应器的设计压力是250psig，这已足够大了，而且其壁厚能抵抗绝对真空；但是对设计压力为150psig的反应器我就不敢保证了。

刘东方　应该是可以的，但最好检查一下。请问，10psi是表压还是绝压？

王自力　是绝压。你的意思是担心操作工搞错，我建议在对操作规程修订时进一步明确它。

蒋大卫　不要急，慢慢来：是什么原因使真空度过高呢？

史开来　操作工失误。

蒋大卫　但不能总是操作工失误吧。老史，还有其他原因吗？

史开来　有，反应器上的压力表损坏也可能误导操作工；而且堵塞也是经常出现的故障。

蒋大卫　还有其他原因吗？(无) 安全保护？

刘东方　对操作工的培训。一旦反应器投入运行，操作工应该知道反应器达到10psig的压力所需时间。

蒋大卫　有何建议？

史开来　除刚才所说的外，应该再增加一块压力表，因为在这个过程中压力是一个很重要的工艺参数，通过第二块表可以发现堵塞问题。

周　红　请慢一点，让我记下来。

蒋大卫　好，还有其他建议吗？(沉默) 如果"真空度太小"呢？

刘东方　如果是这样相当于跳过这一步。

蒋大卫　大家同意吗？(其他人表示先赞同) 如果第一步和第二步的顺序倒过来会有什么后果？

王自力　如果上一次的间歇反应过程完全正常，就没有什么问题；否则，如果在反应器中有残留物、阀门打开或泄漏或者搅拌器密封圈泄漏，就达不到10psi的压力，而且物料会从真空管道排出。因为我们以相同的方式移走过量的单体，所以我认为最多是带来一些经济上的损失。

刘东方　如何从反应器中脱除空气呢？是不是与"无真空"有相同的后果？

王自力 可能是。我不知道是否应该脱除一定量的空气,我们应该再作深入的调查分析?

蒋大卫 这个偏差除了因为操作工失误外还有其他原因吗?(无)安全保护措施是对操作工进行培训和反应器上的压力表,还有其他吗?(无人发言)有何建议?

刘东方 为什么该反应器不用自动程序控制呢?

王自力 实现程序控制是没有问题的,我想 TMC 公司可能主要考虑到投资问题。

刘东方 我们应该建议采用程序控制,根据我们的分析,操作工太容易出差错了。

蒋大卫 还有其他建议吗?(无)周红,你记下来了吗?(周红点头)"部分"与"真空度低"的结果一样,操作工会因为做其他的事而没有打开真空管道阀门吗?

周 红 按规定是不允许操作工做其他的事,也没有其他的反应器同时运行而让操作工出错。

蒋大卫 我们再来看"伴随(又)",如果在进行第二步操作时又进行下一步的操作会发生什么情况?

王自力 反应器在抽真空时又给反应器进料将无法按计划脱除反应器中的空气,从而可能发生火灾危险。如果真空管道是打开的,将损失大量的单体,而且单体回收冷凝器的放空阀打开,压力将降低。

蒋大卫 除操作工失误外还有什么原因?(无)安全保护?

王自力 对操作工的培训以及反应器的压力表。应该说,操作工不应该出现这种失误。

蒋大卫 有何建议?

刘东方 我还是建议采用程序控制。

六、结果讨论

表 11-28 是本次 HAZOP 分析的部分结果。周红把记录结果整理成表格。因为以前未对 PVC 反应器的设计进行分析,而且也未按 TMC 公司的标准设计,HAZOP 分析组提出了许多改进意见,表 11-29 列出了一些重要建议。

表 11-28 PVC 反应器部分分析结果

PID 图号:E-101
操作程序拟定时间:2004-6-3
会议日期:2004-6-5
版本号:5
分析组:蒋大卫(负责人,过程危险分析员),周红(K 地 VCM 装置雇员),史开来(K 地 VCM 装置雇员),刘东方(K 地 VCM 装置雇员),王自力(PMD 公司)

项目号	偏差	原因	后果	安全保护	措施
1.0 PVC 间歇反应器——步骤1:检查所有进料管道阀门已关闭,而且反应器是空的					
1.1	空白+检查	操作工失误——跳过这一步	当有空气存在时物料可能漏进反应器,有火灾危险(单体和空气)	操作工培训将操作程序写出来	建立间歇操作检查表 用仪表检查阀门位置和反应器状态 增加反应器液位指示和高液位报警

续表

项目号	偏差	原因	后果	安全保护	措施
1.0 PVC 间歇反应器——步骤 1:检查所有进料管道阀门已关闭,而且反应器是空的					
1.2	部分+检查	操作工失误——跳过这一步	当有空气存在时物料可能漏进反应器,有火灾危险(单体和空气)	操作工培训 将操作程序写出来	建立间歇操作检查表 用仪表检查阀门位置和反应器状态 增加反应器液位指示和高液位报警
2.0 PVC 间歇反应器——步骤 2:打开真空管道阀门让反应器压力降到 10psi					
2.1	空白+抽真空	操作工失误——跳过这一步 真空系统故障 真空阀卡住而关闭 反应器压力表故障——错误显示低	反应器上部形成易燃物质或有毒物质混合物	操作工培训 将操作程序写出来 真空系统报警 在控制室设有真空阀门位置显示	
2.2	过量+抽真空(真空度高)	操作工失误 反应器压力表故障——错误显示高	可能破坏反应器(假定使用低压反应器)	操作工培训 在控制室设有反应器压力显示	分析真空系统的能力 颠倒操作程序使反应器清洁 在反应器上安装第二块压力表
2.3	减量+抽真空(真空度低)	操作工失误——跳过这一步 真空系统故障 真空系统阀门卡住关闭 反应器压力表故障——错误显示低	反应器上部形成易燃物质或有毒物质混合物	操作工培训 将操作程序写出来 真空系统报警 控制室压力显示 在控制室设有真空阀门位置显示	
2.4	逆+步骤 1 和步骤 2(步骤 1 和步骤 2 操作顺序相反)	操作工失误	反应器上部形成易燃物质或有毒物质混合物	操作工培训 将操作程序写出来	考虑对间歇反应器使用程序控制
2.5	步骤 2+伴随+其他步骤(同时进行)	操作工失误	大量热的单体从冷凝器放空阀排入大气中有火灾危险	操作工培训 将操作程序写出来	考虑对间歇反应器使用程序控制器

表 11-29 根据 PVC 间歇反应器 HAZOP 分析结果提出的建议

- 间歇反应器的操作采用程序控制器,由控制程序中在一步操作前确认反应器是否处于正常状态
- 在反应器上再安装一块压力表和温度指示器
- 在操作程序上明确每一步阀门的位置状态和工艺条件
- 为操作工建立检查表
- 规定进入反应器清理排出管道堵塞的安全规程
- 在离心机上再安装一套振动检测器和停车连锁
- 将离心机安装在无人的房间以免碎片飞出伤人
- 检测是否有其他 VCM 的反应物进入反应器
- 估计真空系统破坏反应器的能力
- 增加反应器液位指示器和报警
- 用仪表检查阀门的位置和反应器的状态

七、结论与启示

实践证明，HAZOP 分析是危险分析的重要组成部分，因为对于以前 TMC 公司没有设计或分析过的新技术用 HAZOP 分析发现了不少的安全问题；在采用新的技术时，项目部将充分考虑分析组所提出的建议。

本次 HAZOP 分析进行得很顺利，这是因为蒋大卫具有丰富的 HAZOP 分析经验，而且分析组成员也具有 HAZOP 分析经验并且通力合作。王自力在整个分析过程中起了关键性的作用，如果没有他对 PVC 的经验，分析组对整个设计可能都难于理解。

第十节　事故调查阶段——FMEA 分析方法

一、背景

VCM 装置已运行了 20 年。总的说来，VCM 装置的安全操作记录良好，只有几次小的事故引起暂时停车，没有发生引起设备严重破坏和人员伤亡的重大事故。

但不幸的是，最近 VCM 装置发生了 HCl 从 HCl 精馏塔减压阀放出的事故，结果造成精馏塔停车而且尚未恢复（HCl 是副产品，必须从 VCM 产品物流中除去）。TMC 公司向有关部门报告了此次事故并承诺将采取措施避免类似事件再次发生；TMC 公司的安全与卫生管理人员也要求尽快解决这个问题以维护公司的形象（事实上他已向有关部门表示在 VCM 装置重新开车之前，这个问题一定会得到纠正）。

VCM 装置的管理者决定由伍芸负责这次事故调查，她的主要目的是找出本次事故中 HCl 释放原因及改正措施，同时也要求她能找出还可能导致释放的其他原因及改进措施。

二、已有资料

经过 20 年的操作，TMC 公司积累了大量的 HCl 精馏塔的资料，这些资料包括工艺流程图、PID 图、操作程序、操作记录、维修记录、事故记录、以前进行的危险分析报告。当然，装置恢复是越快越好，但在短期内还看不完这些资料，为了加快调查进程，伍芸收集了以下资料：

① HCl 精馏塔 PID 图（图 11-16）；
② HCl 塔的操作程序；
③ 事故发生当天的操作记录；
④ 事故发生当天的记录（塔的温度和再沸器流量）。

三、选择分析方法

伍芸不是专业的过程危险分析人员，但她在 VCM 装置作为化学工程师已工作

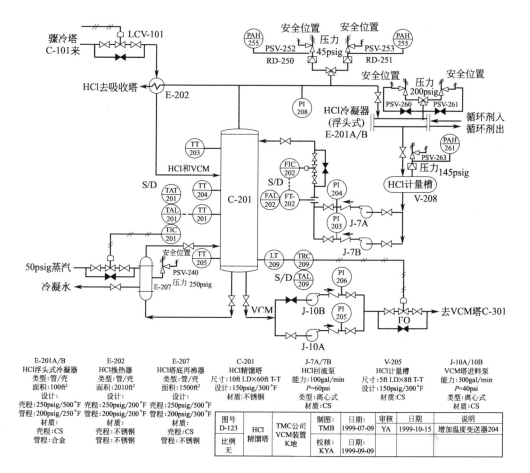

图 11-16　HCl 精馏塔 PID 图

注：1pslg＝6.89476kPa（表压）；$x\,°F=5/9(x-32)\,°C$；1ft＝0.3048m；
1psi＝6.89476kPa；1gal（英）＝4.54609dm³

了 20 年，自从她在 TMC 公司工作以来，她先后参加和组织了多次危险分析（这些分析包括 HAZOP 分析、故障假设分析以及 FMEA 分析）。

为了选择适用于事故调查的分析方法，伍芸首先征求 TMC 公司过程危险分析组的意见和建议。因为伍芸只是分析 HCl 从 HCl 精馏塔释放，危险分析组很快就否定了更为通用和广泛的分析方法如 PHA、危险等级、安全审查这些方法；也否定了事故树分析、事件树分析、原因后果分析、HRA 方法，因为伍芸对这些方法缺乏经验；对于检查表分析，虽然它在保证系统安全方面很有效，但对事故调查不适用（因为清单所提的问题都是一些普通的问题）。

因此他们建议伍芸使用故障假设、HAZOP 分析或 FMEA 分析作为事故调查的分析方法，因为她只考虑一种结果，因此 FMEA 或许是她的最佳选择，而且伍芸以前也使用过 FMEA，所以伍芸将用 FMEA 分析方法进行事故调查。

第十节　事故调查阶段——FMEA 分析方法

四、分析准备

对 HCl 释放事故的调查要求要快，伍芸从 K 地的装置选择了参加调查的人员，这些人员如下所述。

负责人 具有组织领导危险分析的经验。伍芸符合这一要求。

记　录 能快速、准确地进行记录。何莉是 VCM 储存工段的工程师，可担任记录员（在上次伍芸组织进行的 HAZOP 分析中，她担任记录员）。

工艺工程师 具有 HCl 精馏塔的设计和操作的知识。郑工艺两年前安排到精馏塔工段当工程师，符合这一要求。

操作工 1 HCl 释放时在控制室内的值班操作工。李操作就是。

操作工 2 HCl 释放时在控制室外的操作工。王操作就是。

罗　兰 熟悉 K 地 VCM 装置的安全和应急预案。罗兰是 VCM 装置的安全管理员，符合这一要求（罗兰已在 K 地工作了 30 年）。

安全与卫生管理 熟知与 VCM 装置 HCl 精馏过程有关的危险。周国庆来自 TMC 公司卫生安全环境科，符合这一要求。

两天后将进行 HCl 释放事故调查会议，伍芸作准备并把有关材料发给分析组的时间就很紧张。鉴于此，她只是将会议的时间和地点通知了分析组成员，在通知中只列出了她将带到会议上的资料目录（参看本节已有资料），要求各成员将他们认为有用的资料也带来。

在准备过程中，伍芸将 HCl 精馏塔的所有设备都编了号；她还准备了一些 FMEA 的空白表并存在计算机中；她还对 HCl 塔的各个部分拟定了故障模式，准备在会议上讨论；为了拟定故障模式，她还查阅了以前的 FMEA 分析报告。

最后，伍芸还对 HCl 精馏塔进行了现场察看。察看时，她到控制室了解它的布置；涉及操作工对设备进行干预的问题上，她将用她现场察看掌握的资料进行提问。

五、分析说明

分析会议按时举行。伍芸首先请周国庆就此次 TMC 公司危险分析目的做一简单介绍（因为所有的分析组成员彼此都很熟悉，就不用再介绍分析组成员）。周国庆指出，TMC 公司过去相当长一段时间具有非常好的安全记录，但也发生过 3 次释放事故，虽然都不严重，但安全部门要求 TMC 公司进行详细检查，TMC 公司主管生产的副经理已承诺要采取可能的步骤避免类似事件的发生，因此 VCM 装置的所有员工必须尽最大努力避免释放事故的再次发生。

伍芸接下来介绍了本次 FMEA 分析计划。FMEA 只对 HCl 精馏塔进行分析，而且只是导致 HCl 释放的故障。为了完成 FMEA 分析，她将对该系统的每一个部件假定故障模式，对每一个故障模式，分析组将分析它的影响（即后果）；如果后果对安全带来危险，分析组将分析已有的安全保护装置并提出相应的改进措施，否则分析下一个故障模式。伍芸也可能要求分析组提出另外的故障模式。

　　伍芸引导分析组分析最近发生的释放事故的原因，以及其他可能引起 HCl 释放的原因；她还告诉分析组要分析可以减少或阻止释放事故发生的安全保护装置；伍芸进一步强调事故调查不是追查某人的责任，而是从事故中学到如何避免事故再次发生的方法。开始讨论时，伍芸请李操作介绍事故发生前后的情况。

　　李操作　事故发生前一用，该系统的运行一直都很正常。但是在下午约 3 时 45 分，我发现塔底温度（TI-205）略有上升，因为塔的其他点的温度都正常，我想再对它检查几次；几分钟后，焚烧炉报警—急冷塔低 pH 值报警；因为该传感器发生过误报警，我就关闭了该报警器并且请王操作（控制室外的操作）去检查 pH 值；当我再次检查精馏塔的温度时，塔底温度已上升了好几度，而且塔的其他点的温度也上升，但 TIC-201 的读数降低。

　　此时，我关闭了 TCV-201 停止蒸汽加热，而且关闭了 LCV-101 停止向塔进料；我通知王操作启动另一台 HCl 浮头式冷凝器，但是塔内压力已超过 145psig，减压阀打开，15 秒钟后减压阀复位。

　　（郑工艺带来了事故发生前后精馏塔操作的记录图以及工程部对记录图的分析结果）

　　伍　芸　我想我们首先分析最近这一次释放事故的原因，然后再分析其他可能发生释放的原因。根据李操作所说的情况，似乎是输入塔的热量过大。我们首先分析再沸器蒸汽控制阀，该阀门的故障模式是什么？

　　郑工艺　控制阀（TCV-201）的位置可能发生故障，故障打开、故障关闭或者向外泄漏。

　　王操作　控制阀门（TCV-201）也可能内部泄漏，即不需要时蒸汽也可能进入再沸器。

　　伍　芸　好，我们来分析这些故障。那么 TCV-201 因故障打开的后果是什么？

　　李操作　增加了再沸器的加热能力、使塔的温度和压力升高，如果停车系统和操作工不干预的话最终将冲开减压阀（PSV-252 或 PSV-253）。

　　伍　芸　结果就是 HCl 放出。有何安全保护？

　　李操作　从 PID 图上可以看出，在塔上有多个温度指示器，而且我们连续进行监视；有高温报警器（TAH-201），它能使塔停车；低回流报警器（FAL-202）；塔低液位报警器（LAL-209），而且如果致冷压缩机出现故障，塔将停车；当然在塔上还有爆破片和减压阀；还有备用的 HCl 浮头式冷凝器和换热器。

　　伍　芸　听起来好像有不少的安全保护装置嘛！但是到底是哪一个能实际上帮助你当 TCV-201 因故障打开后避免 HCl 放出？

　　李操作　温度指示和 TAH-201 确能帮助我们发现问题，打开备用冷凝器能提供额外的冷凝面积避免 HCl 从减压阀逸出；如果塔的流量是正常的，则其他报警就没什么作用。

　　伍　芸　大家认为 TCV-201 因故障打开是导致这个事故的原因吗？

　　李操作　不是，因为当我发现温度太高时我关闭了这个阀门，而且这个阀门处于正常工作状态。

　　伍　芸　你如何知道阀门处于正常工作状态？

　　李操作　在阀门上有限制开关指示阀门完全关闭，而且很快塔的温度就开始下降了。

　　伍　芸　好，有什么建议？

　　郑工艺　我认为应该在塔上安装压力报警器。而目前操作工只能凭借温度报警器来发现这个问题；而且我们还应有应急方案指导操作工当塔的温度较高时启动备用冷凝器。

罗　兰　还应加上打开 LCV-101，因为它是塔的冷却剂。

伍　芸　另外一个故障就是 TCV-201 关闭，这个故障有什么后果？

李操作　将停止向再沸器输入蒸汽，塔将冷却下来，结果是 HCl 随 VCM 一起进入冷凝器，但不会使 HCl 放出。

伍　芸　我们继续吧！阀门向外泄漏有何后果？

李操作　只要泄漏量不大，塔的操作正常，只是损失了蒸汽；如果泄漏量大，塔的温度将降低，与关闭阀门的结果一样，但不至于放出 HCl。

伍　芸　如果阀门是内部泄漏呢？

郑工艺　这个故障只有当塔已停车才会有实际意义。如果是加热，该泄漏将使塔的温度慢慢升高并最终引起 HCl 的放出。

伍　芸　安全保护？

郑工艺　与 TCV-201 故障打开一样。但是加上操作工有足够的时间诊断这个问题并采取纠正措施。

伍　芸　有何建议？（无）我们来分析控制 TCV-201、温度变送器（TT-201）、控制器（TIC-201）的仪表。该设备的故障模式是：①输出假的温度高信号；②输出假的温度低信号；③即使塔的温度发生变化输出信号不变化。还有其他故障模式吗？（无回答）那么，如果 TT-201 或 TIC-201 输出假的温度高信号有何后果？

李操作　因为切断了输入再沸器的蒸汽，HCl 塔将被冷下来，将使 HCl 与 VCM 一起从塔底排出，从而降低产品的质量。

伍　芸　会引起 HCl 放出吗？

李操作　不会。

伍　芸　我们继续。输出假的温度低信号有何后果？

李操作　我认为那正是导致事故的原因。假的温度低信号将使 TCV-201 打开，从而使塔的温度升高而且没有报警声；如果我们不能及时发现它，减压阀就将打开；而且一旦变送器或 TIC 发生故障，塔的温度连锁将失效。

伍　芸　那肯定就是设计的缺陷，即用同一个变送器实现塔的控制、报警和连锁，应该把报警和联锁放在另一个变送器上。你们对 TT-201 和 TIC-201 进行过测试吗？

郑工艺　我们进行过测试。

伍　芸　那么，温度变送器和控制器故障应该是 HCl 放出的原因。有何安全保护？它们出现故障了吗？

郑工艺　安全保护与李操作前面讲的相同—塔的温度指示和 TAH-201，但我认为温度报警不能算是安全保护。

伍　芸　还有其他安全保护吗？

罗　兰　冷凝器和换热器可以当作安全保护，因为它们能避免超压；我前面已讲过，停止 HCl 和 VCM 经过换热器进料将降低冷凝器的能力，可能导致 HCl 放出。

伍　芸　同意这个意见吗？（点头表示同意）那么，假设这也是导致 HCl 放出的一个原因，有什么建议？

郑工艺　我再次提出我前面的建议。我们应该在塔上安装高压报警器，为操作工建立紧急情况应对方案，当塔的温度升高时，操作工能按照这个方案采取相应的措施；我也同意大家关于对塔的温度报警和连锁采用不同的变送器的意见。

李操作 在方案中加上"增加回流量"，它可以为我们启动备用冷凝器赢得时间。

伍 芸 这些建议都很好，但是不要去设计详细的解决方案，那不是分析组的事。何莉，你都记下来了吗？（点头）还有其他建议吗？（无反应）该仪表的最后一个故障模式是输出信号不变化，有什么后果？

李操作 如果各点流量稳定，不会发生什么事。如果流量有变化，塔的温度可能升高或降低一点，取决于流量变化的大小；我认为塔的压力有可能升得比较高，但速度比较缓慢。

伍 芸 安全保护？

罗 兰 与输出假的低信号的安全保护一样。但是，我们可以告诉操作工有足够的时间发现问题并采取措施；而且操作工可手动控制蒸汽流量。

伍 芸 有什么建议？

李操作 与我们前面提出的一样。在塔上增加高压报警、紧急情况应对方案、报警和连锁采用不同的温度变送器。

伍 芸 下一个分析项目是浮头式冷凝器。我想到的故障模式是壳体泄漏、管束泄漏、失去冷却能力，还有其他的吗？（无）壳体泄漏有什么后果？

王操作 被冷凝物料是在壳程，壳体泄漏将放出 HCl。

伍 芸 安全保护？

王操作 壳体的设计压力是 250psig，高于塔的减压阀额定值；该换热器的密封压力是 600psig，而且每年都要进行测试；我们还从未发现壳体泄漏的情况。

伍 芸 有何建议？（无）管束泄漏会有什么后果？

郑工艺 致冷剂将进入过程中。因为它的沸点低，它在塔中将成为不凝物质，使塔的压力升高。如果泄漏量很大，将打开塔的减压阀。曾经发生过因为管束泄漏使塔的压力升高这样的事故，我们就使用备用冷凝器，修复发生泄漏的管束，从减压阀将不凝气体排出。

伍 芸 安全保护？

王操作 管束采用蒙乃尔合金钢，其设计温度和压力能承受最坏的操作情况，设计压力是 200psig，每年进行检查；除了有少量泄漏外还没有出现过大的问题，因为我们通过分析产品中致冷剂的含量或者是观察浮头处的压力指示 PI（稍微升高）可以较早发现泄漏问题。

伍 芸 有什么建议吗？（无）如果致冷剂系统停车会产生什么后果？

李操作 塔很快就超压，减压阀打开。但是，致冷剂停车与精馏塔停车连锁。

伍 芸 还有其他的安全保护吗？

罗 兰 还有另一个安全保护装置—高温连锁、压力报警以及紧急情况应对方案。

伍 芸 请等一下。压力报警和紧急情况应对方案还只是建议措施，现在还不能算作是安全保护装置；但高温连锁可以算。还有其他安全保护吗？（无）有何建议（无）好像 HCl 塔的压力对冷凝器的操作很敏感，除压缩机停车外还有其他可能造成无致冷剂的情况发生吗？

王操作 当然有，比如储槽中致冷剂用完了，但是这样压缩机的打气量不足，会自动将精馏塔连锁，致冷剂储槽上装有液位报警；另一种可能是致冷剂的输送管道破裂，但是这种机会很小，因为这些管道都在地面上并贴上了标签，每年都要进行检查。

  伍 芸 冷凝器中可能发生堵塞吗？
  王操作 不太可能。我们完全按操作程序进行操作。
  伍 芸 就安全保护装置而言，除已有的操作程序外，还有其他报警告诉你冷凝器工作不正常吗？王操作当然有，减压阀打开了！
  伍 芸 我建议在致冷剂输送管道上安装低流量报警器。
  郑工艺 等等，在那个地方不止一台冷凝器，可能要安装十几个仪表和报警器，这样操作工将很累；我认为我们应该首先分析发生这种情况的可能性，然后再作决定。
  伍 芸 我懂了。我们应该建议计算机过程危险分析组对冷凝器的操作进行人的可靠性分析（HRA），然后决定是否需要增加仪表和报警。
  郑工艺 我同意。（其他人也赞同）
  伍 芸 下一个设备是 HCl 计量槽，它有哪些失效模式？
  王操作 计量槽可能发生泄漏，放出 HCl。
  伍 芸 嗯，还有吗？
  郑工艺 计量槽有可能溢出。
  伍 芸 实际上是因为回流泵发生故障、回流阀因故障关闭等引起的。休息后，我们将分析这些设备的故障及它们的后果。

  FMEA 分析继续进行，直至围绕 HCl 精馏塔的所有设备都进行了分析。为了加快分析进程，伍芸分析某一工艺管道上的所有设备，从塔开始至塔结束（如沿回流管道的设备）或其他单元（如沿 HCl 塔底排出管道）。完成 FMEA 分析后，伍芸很快浏览了分析组所提的建议，并且将打印好的 FMEA 表格发给分析组的各位成员；她将在一两天内根据分析结果写出分析报告。

六、结果讨论

  FMEA 的分析结果由何莉用 FMEA 软件记录，打印出的 FMEA 结果在会议即将结束时由分析组进行审查。表 11-30 列出了部分分析结果。
  危险分析组根据 FMEA 结果的建议如下：
  ① 在塔上考虑安装高压报警；
  ② 建立紧急情况应对方案，高温或高压时让操作工按方案进行操作；
  ③ 在回流管道上安装另外的流量变送器和低流量报警器；
  ④ 对备用的 HCl 回流泵考虑安装自动启动回路；
  ⑤ 对塔的高低温度报警和连锁考虑使用不同的温度变送器。
  会议结束几天后伍芸准备了一份报告，报告中说明了分析组发现的问题；报告列出了分析组成员和使用的资料；说明了最近发生的 HCl 释放事故的可能原因（仪表技术员的检测报告证实了分析组的结论，即 TT-201 故障是事故的直接原因）；根据分析结果提出的建议措施；FMEA 表格和 HRA 事件树也作为报告内容的一部分；还包括罗明完成的 HRA 分析复印件，在罗明的简短报告中说明了

HRA、分析结论、HRA 结论事件树。这份事故报告经分析组审查后交给了装置的管理者和 TMC 公司安全卫生办公室。

表 11-30　FMEA 事件调查工作表

工段：HCl 精馏塔
图号：E-708
会议日期：2019-10-11
版本号：F
分析组：伍芸（负责人，K 地 VCM 装置雇员），李操作，王操作，郑工艺，罗兰，周国庆（TMC 公司卫生安全环境科）

项目号	组成	故障模式	后果	安全保护	措施
1	温度控制阀 TCV-201	a. 因故障打开 b. 因故障全关 c. 向外泄漏 d. 内部泄漏	增加了 HCl 塔的加热量；塔可能超压，放出 HCl HCl 塔冷却下来，无严重后果 无加热蒸汽，无严重后果 增加了 HCl 塔的加热量，但速度慢	塔上有多个温度指示器 塔上高温报警和连锁 冷凝器能力富裕（备用冷凝器） — 塔上有多个温度指示器 塔的高温报警和连锁 冷凝器能力富裕（备用冷凝器） 操作工有足够时间发现问题并手动隔离 TCV-201	增加高压报警 建立紧急情况应对方案，高温时让操作工按方案进操作
2	温度变送器（TT-201）和温度控制器（TIC-201）	a. 输出假的高信号 b. 输出假的低信号 c. 无信号变化	HCl 塔冷却下来，无严重后果 增加了 HCl 塔的加热量，可能使塔超压，放出 HCl 过程微小波动可能引起温度升高，超压和放出 HCl 的可能性不大	塔上有多个温度指示器 冷凝器能力富裕（备用冷凝器） 注意：温度报警和连锁在这种情况下不起作用 塔上有多个温度指示器冷凝器能力富裕（备用冷凝器） 操作工有足够时间发现问题并手动控制塔的温度 注意：温度报警和连锁在这种情况下不起作用	增加高压报警 建立紧急情况应对方案，高温时让操作工按方案进行操作 高温和低温报警器使用另外的变送器 增加高压报警 建立紧急情况应对方案，高温时让操作工按方案进行操作 高温和低温报警器使用另外的变送器

七、结论和启示

FMEA 对 HCl 精馏塔的分析证明是非常有效的方法。此外，伍芸将分析限制在 HCl 的释放上，对与该后果无关的情况不作分析。

FMEA 成功的另一原因是因为伍芸是非常熟练的调查员。她不是单单只依靠 FMEA 工具去发现问题，而是把 FMEA 作为系统地分析问题的一个工具。例如，伍芸很快就从分析组得到了与无致冷剂有关的后果和安全保护的回答，但是她怀疑可能存在与冷凝器有关的其他问题，她分析了无冷却的其他原因（而不是把它当作一个"黑箱"），从而提出了避免发生冷凝器无冷却作用的建议。

伍芸的不足之处是没有让周国庆参与到讨论过程中来。除了他站在 TMC 公司的立场上讲了几句话外，对分析会议没有什么贡献。伍芸应该向周国庆提出一些简单的、直接的问题让他参与讨论。

第十一节　装置拆除阶段——故障假设和检查表分析方法

一、背景

TMC 公司已进行了 30 年的 VCM 生产，他们所生产的 VCM 占领了市场并获得了巨大的经济利益；除原有的旧装置外，TMC 公司还建成了三套新的装置。然而，因为旧装置的服役期已较长，其效率逐渐降低，生产成本相应加大，TMC 公司决定减少旧装置的产量，而由新装置来增加 VCM 的产量。

为了减少旧装置的生产能力，TMC 公司决定拆除其中一套装置的四台裂解炉，这四台裂解炉是将 EDC 裂解生产 VCM（按计划将对裂解炉管束进行检测）。在拆除前，按装置的管理要求需对待拆除装置进行危险性分析。

没有人参加过装置拆除的危险性分析，因此 TMC 公司的管理者请 TMC 公司的过程危险分析组提供帮助，该组的负责人罗明指定牛新具体负责该项目。牛新完成了好几个过程的危险性分析，包括对拆除设备的危险性分析。根据他和过程危险分析组分析人员的经验，建立了分析待拆除设备的分析检查表（表 11-31），牛新计划用这份检查表对待拆除的裂解炉进行分析。

二、已有资料

TMC 公司被认为是 VCM 生产的权威，具有丰富的实践经验，有 VCM 装置的设计操作资料，包括裂解炉的 PID 图和设计说明书等，还有下列资料供危险分析时使用：

① 裂解炉管道及仪表图；
② 以前进行的危险分析报告；
③ 裂解炉设计说明书；

表 11-31　待拆除设备分析检查表例

停 车 与 隔 离

1. 有停车操作程序吗？操作工熟悉该程序吗？以前停过车吗？操作工知道待拆除设备吗？
2. 有拆除程序吗？经过技术审查吗？
3. 在有关文件中是否反应了设备的修改情况？这些修改对设备的危险有何影响？
4. 是否切断了与公用系统的连接？有恰当的操作程序吗？断开是永久性的？这种断开对其他工段有影响吗？
5. 安全或控制装置是暂时还是永久失效？对其他正运行的设备有何影响？会触发停车吗？
6. 紧急情况时总有熟悉拆除计划的人在吗？有应急预案吗？
7. 在拆除过程中需要特殊的医疗措施吗？
8. 作为拆除的一部分灭火系统失效吗？
9. 设备是否可靠接地？
10. 连接的管道如何与其他系统隔离？有人检查这些隔离吗？
11. 所有隔离的容器都有安全保护（如减压阀）吗？安全放空路径畅通并在拆除过程中可操作吗？
12. 拆除过程中某些设备是否需要真空保护？拆除过程中阀门需要冷却吗？

排　　污

1. 有工艺物料从设备排出的操作程序吗？
2. 在排污操作中需要特殊的保护措施吗？
3. 排污时需要切断管道吗？如何保证管道中无高温、低温、或高压物料？如何保证不放出易燃或有毒物质？需要动火许可吗？
4. 如何处理排出的物料？容器中有不能配装的物料吗？
5. 有无适当的通风措施？有适当的排污管道吗？有防火措施吗？
6. 在排污过程中进入现场有限制吗？
7. 现场清除了火源吗？清除了易燃物质吗？
8. 用于排污的设备与工艺物料相容吗？
9. 需要进入设备排污时有足够的空间吗？需要得到许可吗？
10. 排污管道会发生逆流吗？

清　　洗

1. 设备排污后将进行清洗吗？
2. 清洗剂会与工艺物料反应吗？能使用危险程度小的清洗剂吗？
3. 清洗剂需要特殊操作吗？需要人员保护设备吗？
4. 可以使用不同的清洗剂吗？
5. 如何喷洒清洗剂？
6. 清洗剂是可燃的吗？有适当的防火保护措施吗？
7. 对清洗后的残留物有什么考虑？

拆　　除

1. 需要起重设备来拆除吗？有适当的措施来监视起重设备吗？需要严格的检查吗？照明情况好吗？
2. 发生事故时有危险或易燃物质放出吗？有适当的保护措施吗？
3. 这些设备还要使用吗？满足新设计的要求吗？
4. 设备贴上标签了吗？
5. 设备放在什么地方？是否需要特殊保存？
6. 需要采取特殊的操作程序以符合环保要求吗？
7. 拆除用的起重设备会碰到其他设备、管道等吗？

④ VCM装置所有工艺物料的危险性数据；
⑤ 工艺流程图（图11-17）；
⑥ 布置图；
⑦ 操作程序和操作记录；
⑧ 环保法规；
⑨ 维修程序和维修记录；
⑩ 事故记录。

此外，有关人员对裂解炉的拆除提出了一个初步计划。所有这些资料，包括有关人员的经验将在待拆除裂解炉的分析时使用。

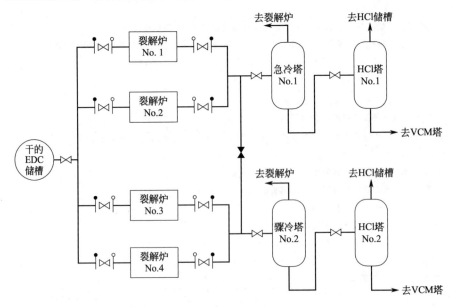

图11-17 VCM裂解炉工段工艺流程图

三、选择分析方法

裂解炉的拆除可能会遇到许多不同的危险。为此，牛新决定采用能广泛地分析并发现危险的方法。因此，他很快确定应在PHA、故障假设、检查表分析、HAZOP分析及FMEA这几种方法中选择；因为裂解炉在拆除过程中不运行，HAZOP和FMEA就不适用了；在剩下的三种方法中，牛新选择了检查表分析方法，这是因为：

① 检查表分析能在较大的范围内发生危险；
② 他有待拆除设备的危险分析检查表，而且已成功地使用过；
③ 该方法使用快速、方便。

然而，牛新从未对VCM装置的待拆除设备进行过检查表分析，因为这个原因，他决定用故障假设分析方法来对检查表分析方法进行补充。为此，牛新鼓励分析组在使用检查表进行分析的过程中提出故障假设问题。牛新在过去同时使用故障假设和检查表分析时采用两种不同的方式：①分析检查表上的每个项目，然后提出故障假设问题；②根据检查表上的项目提出故障假设问题。他喜欢后一种方式，因此在本次分析中决定采用。牛新希望检查表上所列项目能促进分析组提出问题并发现可能的危险。

四、分析准备

为了完成故障假设/检查表分析，牛新需要那些熟悉待拆除设备的人员。因为政府对 EDC 和 VCM 提出了更为严格的环保规定和要求，牛新决定环保人员也参加分析，分析组由下列人员组成。

负责人　能熟练领导故障假设/检查表分析。牛新将担任本次分析的负责人。

工艺工程师　熟悉 VCM 装置的操作特别是裂解炉工段的操作。陈化工是裂解炉工段的工艺工程师，而且是拆除计划的起草人，符合这一要求。

维修工程师　熟悉裂解炉工段的维修。李维修是裂解炉工段的维修工程师，协助起草了裂解炉的拆除计划，符合这一要求。

环保专家　熟悉 EDC 和 VCM 的环保规定。凯丽是 TMC 公司的环境工程师，符合这一要求。

在分析准备过程中，牛新阅读了裂解炉的有关资料，特别是拆除计划、设备的布置（因为需要起重设备来拆除裂解炉）、PID 图（显示裂解炉与其他设备的连接）。然而他把有关资料整理后发给每一位分析组成员，这些资料包括裂解炉工段的有关图纸、拆除计划以及牛新的检查表，同时还包括牛新对故障假设/检查表分析方法的说明。

计划故障假设/检查表分析进行一天。牛新计划首先到裂解炉的现场进行察看，让分析组成员知道设备位置，并收集其他的资料。

最后，牛新请分析组成员准备故障假设问题。虽然随着分析过程的进行，在相互启发下可以提出一些问题，但事先作些准备效果会更好。

五、分析说明

故障假设/检查表分析从上午九点开始。分析组首先来到裂解炉工段进行现场察看。在察看过程中，陈化工和李维修对裂解炉如何与其他设备隔离、排空、拆除进行了讲解。现场察看结束后，分析组来到培训会议室开始进行分析讨论。在开始前，牛新规定了几条基本原则：

① 每个成员有权利和以负责任的态度提出有关问题；

② 所提出的问题无重要与次要之分；

③ 分析的目的是发现问题而不是去解决它；

④ 不允许成员之间相互批评；

⑤ 所有成员一律平等。

这几条基本原则宣布后，正式开始讨论。

牛　新　正如我发给每位的通知上所说的，我们这次将对第4号裂解炉的拆除进行故障假设/检查表分析。我们将讨论大家手上拿到的检查表Ⅰ上的所有项目（表11-30，已发给每位分析组成员）；但是讨论并不局限在检查表所列的项目，我希望检查表有助大家提出故障假设问题；我在图板上已注明了那些重要的项目，陈化工也同意这样做，有什么问题吗？

凯　丽　我们没来得及阅读拆除计划。我们能否在开始前简单的看一下？

陈化工　让我来给大家讲一遍。作为减少装置生产能力的一部分，我们将拆除4号裂解炉。为了拆除它，我们首先关闭裂解炉，有三个步骤：第一步，控制室内的操作工关闭裂解炉的燃料气体，然后现场操作工切断裂解炉燃料气体输送管道，最后由现场操作工切断裂解炉工艺输送管道，我们按这种方法已对裂解炉停车多次。然后我们用氮气对管束进行置换并切断裂解炉出口管道。当裂解炉冷下来之后，我们将打开它并将管束取出来，当然我们要用起重机。管束将送到维修车间进行清洗，然后用船运到M地重新使用，剩余部分将封存。

凯　丽　（点头）谢谢！

牛　新　我们来看检查表。你们有裂解炉的停车操作程序吗？操作工熟悉吗？

李维修　有，有。正如刚才陈化工所说的那样，操作工过去已对裂解炉停车多次。

牛　新　检查表上的下一个项目已作了回答，关于拆除计划，操作工对拆除计划进行了讨论吗？

陈化工　李维修和我就拆除计划与操作工一起进行了讨论，并作了相应的修改，但是他们还没有仔细看。

凯　丽　有人对该计划进行审查吗？

李维修　那就是今天在座的各位。

牛　新　我建议将这个计划交装置的监理员、维修管理员以及安全协调员审查。（牛新将这个建议写在图板上）

李维修　好的。

牛　新　下一个项目是设备的修改。你们对设备进行过修改吗？这些修改是否需要改变停车程序或拆除计划？

陈化工　过去10年来未对裂解炉进行修改，我们的几次停车都没有遇到什么困难。

牛　新　很好。下一个项目是裂解炉的公用系统，它们将永久断开吗？会影响其他设备吗？

李维修　对电力系统，我们将切断向裂解炉送电；对于仪表空气，只有一个气动调节阀，我们将让它继续连接；天然气输送管道将切断并用堵头堵起来。

牛　新　断开后对其他设备有影响吗？

李维修　我认为没什么问题，过去裂解炉停车后对其他设备没有影响。陈化工是这样的吗？（点头）

凯　丽　牛新，你说过我们可以提出故障假设问题，现在我可以提出问题吗？

牛　新　当然可以，我很高兴你能提出其他问题。

凯　丽　如果电工对电源开关上错了锁（而不是裂解炉的电源开关）或者是后来又把锁拿掉了会发生什么问题？

李维修　就上错锁而言，在维修前都要进行检查；至于把锁拿掉，除非有人要求这样做。

牛　新　但是计划是不再使用这台裂解炉了,我认为应该将裂解炉的电源全部拆除,这样就不会有任何危险了。

陈化工　我同意,这样我们就不会担心电的问题了。(牛新在图板上写下了这条建议)

凯　丽　如果空气管道至气动调节阀之间有泄漏将发生什么问题?如果气体输送压力波动将发生什么问题?

李维修　仪表空气泄漏引起控制问题,即使到这个阀门的空气管道破裂也不会影响其他裂解炉。

陈　化　我不这样看,发生泄漏问题不大;但是一旦发生破裂我认为应该将管道堵起来。(牛新点头表示赞同)天然气的压力波动可能引起操作问题,过去曾发生过因为压力波动导致四台裂解炉短时过热的情况,但未发生其他事故。如果只有三台裂解炉,压力波动可能熄灭燃烧室火焰引起连锁停车,或者使裂解炉的温度达到高温连锁设置,对此需要认真分析。

牛　新　还有其他问题吗?

李维修　如果凯丽不提问题今天我们将早些完成分析。

牛　新　作为停车/拆除的一部分将使安全设施失效吗?

陈化工　不会。四台裂解炉有各自的连锁系统,在拆除过程中其他三台的连锁系统照常工作。

故障假设/检查表分析会议持续了一天,下面是分析的最后部分。

牛　新　好,我们现在已把管束取了出来并送到了维修车间,最后一步是对管束进行清洗并装船运出去。清洗剂会与工艺物料反应吗?

李维修　不会,以前对管束进行的清洗没出现任何问题。

牛　新　洗液如何排放,有危险性小的清洗剂吗?

李维修　几年前,当环保科要求尽量减少危险物品时公司就开始考虑了,我们现在使用的清洗剂绝对没有危险。

凯　丽　他们使用的清洗剂不会有问题。

牛　新　需要防护服及特殊的工具吗?

李维修　需要,但不是因为清洗剂,而是因为管束中的 EDC 和 VCM。我们将遵守管束清洗的有关规定。

牛　新　有可能用错清洗剂吗?

李维修　不会,我们已清洗过几次都没有出现这样的问题。

凯　丽　如果用错了工人会受到伤害吗?

李维修　我不知道,这取决于用了哪种清洗剂。

凯　丽　车间里有其他清洗剂吗?(点头)我建议对现有清洗剂进行检查,看是否有可能导致严重事故的清洗剂。(牛新在图板上记下了这个建议)

牛　新　废液如何处理?

李维修　废液收集在 50gal［1gal(英)＝4.54609dm^3］的桶内,贴上标签后运往废物处理站。

牛　新　你前面曾说过清洗剂是不可燃的,是吗?(点头)还有其他问题吗?

凯　丽　如果管束未清理干净会怎样?

李维修 清洗的目的是尽量减少与 EDC 和 VCM 的接触,在装船前管束内将充满干燥剂并且密封。假如有残留,也没有关系,因为它将作为 M 地装置的备件。

凯 丽 我个人认为应该对清洗后的管束进行检测,有两个原因:第一,管束有可能作其他用途,如果有残留物将会有危险;第二,如果我们不能证明管束是干净的话,它将作为危险品来运输,其费用要高得多。此外,一旦在船运过程中发生事故,我们公司的形象将严重受损(扩散危险品)。(牛新记下了这个建议)

牛 新 还有其他问题吗?(暂停)好吧,我们把提出的建议浏览一遍看有没有遗漏。(牛新把图板上的建议看了一遍)好了,会议结束,谢谢各位。李维修,我将尽快写出分析报告,经分析组认可后请你来负责建议的落实好吗?

李维修 好的。

六、结果讨论

故障假设和检查表分析结果包括检查表项目、建议表(表 11-32)。建议表由牛新根据分析记录完成,牛新只记录了那些分析组建议进行修改的地方。在分析报告中所有的检查表项目、故障假设问题都进行了分析。

表 11-32 裂解炉拆除的故障假设/检查表分析建议意见

• 需要设备监理、维修管理员、安全协调员对拆除计划进行审查 • 完全切断 4 号裂解炉的电源 • 在 4 号裂解炉的仪表空气管道上安装盲板	• 分析天然气压力波动对另外三台裂解炉的影响 • 检查维修车间的清洗剂,是否与 EDC 和 VCM 不能配装 • 制订保证管束装船前清洗干净的计划

七、结论和启示

牛新对拆除计划用故障假设和检查表分析方法进行了分析,证明非常成功。所有的分析成员都参与了讨论,大家可以发现有两位成员对裂解炉非常熟悉,大多数的建议都由他们两位提出,他们的安全和环保知识发现了那些可能漏掉的地方。

参 考 文 献

[1] 冯肇瑞,崔国璋. 安全系统工程. 北京:冶金工业出版社,1987.
[2] 张景林,崔国璋. 安全系统工程. 北京:煤炭工业出版社,2002.
[3] 汪元辉. 安全系统工程. 天津:天津大学出版社,1987.
[4] 沈斐敏. 安全系统工程理论与应用. 北京:煤炭工业出版社,2001.
[5] 卢岚. 安全工程. 天津:天津大学出版社,2003.
[6] 罗云. 安全系统工程. 武汉:中国地质大学印刷厂,1989.
[7] 罗云等. 注册安全工程师手册. 北京:化学工业出版社,2004.
[8] 廖学品. 化工过程危险性分析. 北京:化学工业出版社,2000.
[9] Nicholas J. Bahr. System Safety Engineering and Risk Assessment:A Practical Approach,Washington DC:Taylor & Rrancis,1997.
[10] System Safety 2000, A Practical Guide For Planning, Managing, and Conducting System Safety Programs, Joe Stephenson, New York:Van Nostrand Reinhold,1991.
[11] Bloswick, Donald S.. Systems Safety Analysis. NIOSH P. O. #939341.
[12] Goldberg, B. E., et al. System Engineering "Toolbox" for Design-Oriented Engineers,1994.
[13] NASA Reference Publication 1358, Marshall Space Flight Center, Alabama, 1994.
[14] Hammer, W.. Occupational Safety Management and Engineering. Fourth Edition, NewYork:American Society Engineers,1993.
[15] Harold E. Roland, Brian Moriarty. System Safety Engineering and Management, New York Wiley, 1983
[16] Vincoli, Jeffrey W.. Basic Guide to System Safety. New York:Van Nostrand Reinhold,1993.
[17] Clifton A. Ericson, Hazard Analysis Techniques for System Safety, John Wiley & Sons, Inc, 2005.
[18] Jerome Lederer. How Far Have We Come? A Look Back at the Leading Edge of System Safety Eighteen Years Ago, Hazard Prevention,1986.
[19] 傅贵,周心权等. 安全工程本科的"工程型大安全"教学方案构建. 中国安全科学学报,2004,14(8):64~67.
[20] 许江,鲜学福等. 关于安全工程专业培养计划的思考. 中国安全科学学报,2004,14(4):16~19.
[21] 赵丽丽. 安全工程专业本科教学方案设计研究. 北京:中国矿业大学,2007.
[22] 程五一,罗云,樊运晓等. 通才式安全工程专业课程设置的探讨,中国安全科学学报,2004,14(3):36~39.
[23] 左东红,贡凯青. 安全系统工程. 北京:化学工业出版社,2004.
[24] 隋鹏程,陈宝智,隋旭. 安全原理. 北京:化学工业出版社,2005.
[25] 罗云,徐德蜀等. 注册安全工程师手册. 北京:化学工业出版社,2004.
[26] 傅贵. 安全工程专业部分课程内容的划分. 中国安全科学学报,2008,18(1):77~81.
[27] 中国石油天然气集团公司质量安全与环保部. 石油风险评价概论. 北京:石油工业出版社,2001.
[28] 王凯全,邵辉等. 事故理论与分析技术. 北京:化学工业出版社,2004.
[29] 白勤虎,白芳,何金梅. 生产系统的状态与危险源结构. 中国安全科学学报,2000,10(5):26~31.
[30] 马国忠,李宗平. 运输系统中的危险辨识及其安全控制. 中国安全科学学报,2004,14(4):51~54.
[31] Nancy Leveson. A New Accident Model for Engineering Safer Systems. Safety Science,2004,42(4):237~270.
[32] 李文魁. 航空安全风险评估模式之研究. 国立成功大学交通管理科学研究所系博士论文,导师张有恒博士,2005.
[33] Schaaf, T. W. Van der, Near Miss Reporting in the Chemical Process Industry:An Overview, Microelectron. Reliab. 1995,(35),9~10.

[34] Heinrich H. W., Dan Petersen, Nestor Roos. Industrial Accident Prevention: A Safety Management Approach (5th). McGraw-Hill, Inc, 1980.

[35] Simon Jones, Christian Kichesteiger, Willy Bjerke. The Importance of Near Miss Reporting to Further Improve Safety Performance. Journal of Loss prevention in the process industries, 1999 (12): 59~67.

[36] James R. Phimister, Ulku Oktem, Paul R. Kleindorfer et. Near-miss Incident Management in the Chemical Process Industry. Risk Analysis, 2003 (23): 119.

[37] Jeas Rasmussen. Risk management in A Dynamics Society: A Modeling Problem. Safety Science, 1997 (27): 183~213.

[38] 傅贵, 陆柏, 陈秀珍. 基于行为科学的组织安全管理方案模型. 中国安全科学学报, 2005, 15 (9): 21~27.

[39] 丁新国, 赵云胜. 危险源与危险源分类研究. 安全与环境工程, 2005, 12 (3): 20~22.

[40] 沈斐敏. 安全系统工程基础与实践. 北京: 煤炭工业出版社, 1991.

[41] 汪应洛. 系统工程理论、方法与应用. 北京: 高等教育出版社, 1992.

[42] 姜璐等. 现代系统工程方法. 沈阳: 沈阳出版社, 1993.

[43] 汪元辉. 安全系统工程. 天津: 天津大学出版社, 1999.

[44] 国家安全生产监督管理局. 化学危险品安全评价. 北京: 中国石化出版社, 2003.

[45] 王守信. 环境污染系统工程. 北京: 冶金工业出版社, 2004.

[46] 何学秋. 安全工程学. 徐州: 中国矿业大学出版社, 2004.

[47] 左东红等. 安全系统工程. 北京: 化学工业出版社, 2004.

[48] 郑津洋等. 长输管道安全: 风险辨识、评价、控制. 北京: 化学工业出版社, 2004.

[49] 徐德蜀. 安全科学与工程导论. 北京: 化学工业出版社, 2004.

[50] 国家安全生产监督管理总局. 安全评价: 第三版. 北京: 煤炭工业出版社, 2005.

[51] 刘铁民等. 安全评价方法应用指南. 北京: 化学工业出版社, 2005.

[52] 黄贯虹等. 系统工程方法与应用. 广州: 暨南大学出版社, 2005.

[53] 袁昌明等. 安全系统工程. 北京: 中国计量出版社, 2006.

[54] 魏新利等. 工业生产过程安全评价. 北京: 化学工业出版社, 2005.

[55] 陈喜山. 系统安全工程学. 北京: 中国建材工业出版社, 2006.

[56] 匡永泰等. 石油化工安全评价技术. 北京: 中国石化出版社, 2005.

[57] 蒋军成等. 安全系统工程. 北京: 化学工业出版社, 2004.

[58] 王志民. 还"系统安全"本来面目. 劳动保护科学技术, 1999, 5, 34~36.

[59] GB 6441—1986,《企业职工伤亡事故分类标准》.

[60] GB 13861—2009,《生产过程危险和有害因素分类与代码》.

[61] GB 18218—2000,《危险化学品重大危险源辨识标准》.

[62] MIL—STD—882B—1984, System Safety Program Requirements.

[63] MIL—STD—882C—1993, Military Standard System Safety Program Require Ments.

[64] MIL—STD—882D—2000, Department Of Defense Standard Practice For System Safety.

[65] MIL—STD—1427D—199, Department Of Defense Design Criteria Standard.